普通高等教育"十一五"国家级规划教材
山东省高校统编教材

计算机文化基础实验教程

（医学版）

山东省教育厅组编

主　编　鲁　燃　雷国华
副主编　胡西厚　曹　慧
编　委　（按姓氏笔画为序）

刁丽娟	王　蕊	王金才	王德臣	卢朝霞
司莹莹	邢慧丽	刘法胜	刘振峰	刘晓蕾
刘海青	杨春波	李龙森	李秀敏	李振阳
李继宏	吴海峰	郑永果	胡西厚	徐　静
曹　慧	曹振丽	鲁　燃	雷国华	解　福
谭业武	滕文杰	薛　慧		

中国石油大学出版社

图书在版编目（CIP）数据

计算机文化基础实验教程：医学版／山东省教育厅组编．—青岛：中国石油大学出版社，2018.3（2023.1重印）
ISBN 978-7-5636-5902-9

Ⅰ.①计… Ⅱ.①山… Ⅲ.①电子计算机－高等学校－教材 Ⅳ.①TP3

中国版本图书馆 CIP 数据核字（2018）第 022763 号

计算机文化基础实验教程
（医学版）

山东省教育厅组编

责任编辑：刘玉兰（电话 0532—86981535）
封面设计：王凌波

出 版 者：中国石油大学出版社
　　　　　（地址：山东省青岛市黄岛区长江西路 66 号　邮编：266580）
网　　址：http://www.uppbook.com.cn
电子邮箱：eyi0213@163.com
排 版 者：青岛友一广告传媒有限公司
印 刷 者：沂南县汇丰印刷有限公司
发 行 者：中国石油大学出版社（电话 0532—86983566）
开　　本：185 mm×260 mm
印　　张：13.25
字　　数：356 千
版 印 次：2018 年 2 月第 1 版　2023 年 1 月第 5 次印刷
书　　号：ISBN 978-7-5636-5902-9
印　　数：10 001—13 500 册
定　　价：28.80 元

版权专有，翻印必究。举报电话：0532—86983566
本书封面贴有带中国石油大学出版社标志的电码防伪标签，无标签者不得销售。

前言
Preface

　　以计算机技术为核心的现代信息技术,正在对人类社会的发展产生难以估量的影响。计算机是人类创造性思维的产物,反过来又促进了人脑思维的延伸与拓展,成为帮助人类思考、计算与决策的有力工具。各个行业都要求其专业技术人员既要熟悉本专业领域知识,又要能够利用计算机解决本专业领域的实际问题。人们已经深刻认识到:在信息时代,计算机信息技术教育已成为素质教育不可或缺的重要组成部分;计算机与语言一样,已是人类社会每时每刻都不可缺少的工具;计算机基础教学已经与数学、英语等基础课同等重要,甚至更具有实用性。计算机成了人类通用的"智力工具"。计算机应用水平的高低已经成为衡量一个专门人才是否合格的指标之一,"计算机文化基础"作为高校学生的必修课,被摆在了越来越重要的位置。

　　为了促进计算机教学的开展,原山东省教委于 1995 年发布了《关于加强计算机教学的意见》,对非计算机专业计算机教学的内容、课时、人机比例做出了明确的规定,设立了山东省高校非计算机专业计算机教学考试中心,组织编写了《计算机文化基础》等公共课教材,开展了计算机文化基础和计算机应用基础教学考试,逐步将计算机基础课教学引上了规范化的道路,有力地推进了我省高校计算机教学工作的开展。

　　众所周知,计算机技术的发展日新月异,我省高校的计算机硬件水平在近几年也得到了迅速提高。随着计算机技术的飞速发展,各高校对计算机教学的要求也在不断提高,因此,我们先后出版了 DOS 版《计算机文化基础》、Windows 95 版《计算机文化基础》、Windows 98 版《计算机文化基础》、Windows 2000 版《计算机文化基础》、Windows XP 版《计算机文化基础》以及 Windows 7 版《计算机文化基础》,这都为我省高校计算机公共课教学环境的改善和教学水平的提高起到了应有的引导和促进作用。各校也对原来的教材给予了充分肯定。而为了更好地满足不同专业大类的需要,我们尝试出版了这套面向医学院校的教材。本教材仍然采用了 Windows 7 操作系统和 Office 2010 版办公软件。

　　教材建设是一项系统工程,需要不断改进。希望各高校广大师生在使用本教材的过程中,积极提出修改意见,以使其不断得到提高和完善。

山东省教育厅
2018 年 1 月

编者的话

近年来，计算机技术迅速发展，已经渗透到医学及管理的各个领域，大数据、互联网、多媒体等技术在医学上得到了广泛的应用，并极大地促进了医学事业的发展，这对医学院校学生的计算机知识结构有了更新、更高的要求，本套教材就是在此背景下编写的。

本教材是《计算机文化基础》（医学版）的配套实验教材，对应教材各章内容编写了相应的实验。实验的编写力求与医学相结合，原则是既考虑基础知识的学习、基本技能的训练和医学及相关专业特点，又力求保持其先进性和实时性，并对教学建设有促进作用。我们真诚地希望通过使用本教材，能进一步促进山东省医学院校计算机公共课教学的发展。

本教材参编人员均是教学一线从事本课程教学多年的教师。本书的第1章由刘海青编写，第2章由王蕊编写，第3章由徐静、薛慧、杨春波、曹振丽编写，第4章由李振阳、曹慧编写，第5章由李秀敏、李龙森、邢慧丽编写，第6章由李继宏、刘晓蕾、司莹莹编写，第7章由刁丽娟编写，王德臣对其中的操作步骤进行了实验，胡西厚、曹慧对全书内容进行了审核。全书由鲁燃、雷国华统稿。

本书在编写过程中，得到了山东省教育厅高教处的大力支持，也得到了山东省高校一些计算机专家的具体指导，在此一并表示衷心感谢。

限于编者的水平，本教材在内容及文字方面可能存在许多不足之处，希望使用者批评指正。

编　者
2018年1月

目录 Contents

第1章 计算机基础知识
实验一　微型计算机硬件系统的组装…………… 1
综合练习……………………………………………… 7

第2章 Windows 操作系统
实验一　Windows 基本操作和设置……………… 12
实验二　Windows 文件及文件夹管理…………… 16
实验三　Windows 系统应用维护………………… 19
实验四　Windows 程序和程序管理……………… 23
实验五　综合实验………………………………… 25
综合练习…………………………………………… 26

第3章 Microsoft Office 办公软件
实验一　Office 2010 界面的自定义……………… 31
实验二　Office 文档的基本操作………………… 35
实验三　Office 文件中宏的应用………………… 37
实验四　Office 文件中控件的使用……………… 41
实验五　Word 文档的建立与编辑………………… 44
实验六　Word 表格的制作………………………… 47
实验七　Word 文档的格式化及长文档的处理…… 50
实验八　使用 Word 程序进行邮件合并…………… 53
实验九　Word 综合实验…………………………… 54
实验十　Excel 基本操作…………………………… 57
实验十一　Excel 公式及函数的使用……………… 60
实验十二　Excel 数据处理分析及图表操作……… 62
实验十三　Excel 合并计算与模拟分析…………… 66

实验十四　Excel 数据分析的医学应用…………… 67
实验十五　Excel 综合实验………………………… 70
实验十六　演示文稿的创建及外观修饰…………… 72
实验十七　幻灯片内容的编辑……………………… 77
实验十八　演示文稿的动画效果和动作设置…… 84
实验十九　PowerPoint 综合实验…………………… 86
实验二十　OneNote 的应用………………………… 90
综合练习…………………………………………… 97

第4章 数据库技术与应用
实验一　数据库及表的创建……………………… 119
实验二　查询设计………………………………… 125
实验三　窗体设计………………………………… 128
实验四　创建报表………………………………… 130
综合练习…………………………………………… 131

第5章 计算机网络
实验一　网络线缆制作与测试…………………… 137
实验二　TCP/IP 常用工具命令…………………… 138
实验三　互联网应用……………………………… 141
实验四　用"记事本"制作网页………………… 143
实验五　创建和搭建一个站点…………………… 145
实验六　创建多媒体网页………………………… 147
实验七　使用超级链接和框架布局网页………… 150
实验八　360 安全卫士的安装与使用…………… 154
综合练习…………………………………………… 156

第 6 章　多媒体技术与应用

实验一　Photoshop 图像处理 …………………… 165
实验二　GoldWave 音频处理 …………………… 170
实验三　Premiere 视频处理 …………………… 172
实验四　SWFText 文本动画设计 ………………… 183
实验五　Flash 动画设计 ……………………… 186
综合练习 ……………………………………… 189

第 7 章　医学信息基础

实验一　医院信息系统 ………………………… 194
综合练习 ……………………………………… 204

附　录　ASCII 码表

第 1 章 计算机基础知识

实验一 微型计算机硬件系统的组装

一、实验目的
(1) 了解微型计算机常见硬件及其功能；
(2) 掌握微型计算机的组装过程，能自己动手组装计算机(DIY 攒机)。

二、实验任务及操作过程

1. 微型计算机组装注意事项
(1) 拆装计算机的时候，许多时间都在卸螺丝、上螺丝，所以身边最好备有各种尺寸的磁性十字螺丝刀。

(2) 防止人体所带静电对电子器件可能造成的电路内部短路、器件损坏等故障。在安装前，应该用手触摸一下接地良好的导体。如果有条件，可佩戴防静电手环或戴上绝缘手套。

(3) 拆装计算机时，最好先阅读各零件的说明书，看看零件是否短缺。根据说明书的拆装步骤和方法进行拆装。计算机一旦通电，如果主机内部线路、零件有接错的情形，很容易造成硬件的损害。

(4) 对各个部件要轻拿轻放。计算机配件的许多接口都有防插反的防呆式(Fool-proofing)设计，一般不会插反，但如果安装不到位或过分用力，也会导致配件折断或变形。

(5) 每个部件安装好后，一定要用相应的螺丝固定好，以免部件滑落损坏。

2. 常规的装机顺序
常规的装机顺序为：CPU →散热器→内存→主板→硬盘→光驱(软驱)→电源→显卡(声卡、网卡)→数据线→键盘、鼠标、显示器。

3. 装机前的准备
安装前要阅读主板说明书或用户使用说明书，并对照实物熟悉部件，如 CPU 插座、电源插座、PCI 插槽、内存插槽、IDE 接口、PS/2 接口、USB 接口、串行／并行口的位置及方向、跳线的位置、机箱面板按钮和指示灯接口等。

4. 硬件安装步骤
1) 安装 CPU

(1) 当前微型计算机的处理器中，主要是 Intel 公司的 64 位酷睿(Core)处理器。酷睿处理器是 Intel 公司采用 65 nm 工艺技术制作的全新处理器，采用了最新的架构及 LGA 775 接口，如图 1-1 所示。下面主要以 Core LGA 775 为例介绍处理器的安装。

图 1-1　Core LGA 775 处理器正面（左）及背面（右）

（2）从图 1-1 可以看到，LGA 775 接口的 Intel 处理器全部采用了触点式设计。与原来的 478 针管式设计相比，其最大的优势是不用再担心针脚折断的问题，但对处理器的插座要求则更高。

（3）图 1-2 是主板上的 LGA 775 处理器的插座。在安装 CPU 之前，我们要先打开插座，方法是：用适当的力向下微压固定 CPU 的压杆，同时用力往外推压杆，使其脱离固定卡扣，如图 1-2 所示。压杆脱离卡扣后，我们便可以顺利地将压杆拉起。

图 1-2　LGA 775 处理器插座 　　　　图 1-3　提起固定处理器的盖子

（4）将固定处理器的盖子与压杆反方向提起，如图 1-3 所示。LGA 775 插座就展现在我们的眼前。

（5）将 CPU 安放到位以后，盖好扣盖，并反方向微用力扣下处理器的压杆，CPU 便被稳稳地安装到主板上，如图 1-4 所示。

图 1-4　CPU 的安装

在安装处理器时,需要特别注意:在 CPU 的一角上有一个三角形的标识,另外仔细观察主板上的 CPU 插座,同样会发现一个三角形的标识,如图 1-5 所示。在安装时,处理器上印有三角标识的角要与主板上印有三角标识的角对齐,然后慢慢将处理器轻压到位。这不仅适用于 Intel 处理器,而且适用于目前所有的处理器,特别是对于采用针脚设计的处理器而言,如果方向不对则无法将 CPU 安装到位。

图 1-5　CPU 和插座三角标识　　　　图 1-6　散热器外观正面(左)及背面(右)

2) 安装散热器(风扇)

(1) 由于 CPU 发热量较大,选择一款散热性能出色的散热器特别关键。但如果散热器安装不当,散热效果也会大打折扣。图 1-6 是 Intel LGA 775 针接口处理器的原装散热器,我们可以看到它较之前的 478 针接口散热器做了很大的改进:由以前的扣具设计改成了如今的四角固定设计,散热效果也得到了很大的提高。安装散热器前,我们先要在 CPU 表面均匀涂上一层导热硅脂(很多散热器在购买时已经在底部与 CPU 接触的部分涂上了导热硅脂,这时就没有必要再在处理器上涂一层了)。

(2) 安装时,将散热器的四角对准主板的相应位置,然后用力压下四角扣具即可,如图 1-7 所示。有些散热器采用了螺丝设计,因此在安装时还要在主板背面相应的位置安放螺母,由于安装方法比较简单,这里不再过多介绍。

图 1-7　安装散热器 　　　　图 1-8　安装散热器电源接口

(3) 固定好散热器后,还要将散热风扇接到主板的供电接口上。找到主板上安装风扇的电源接口(主板上的标识字符为 CPU_FAN),将风扇插头插入即可(注意:目前有四针与三针等几种不同的风扇接口,安装时需注意),如图 1-8 所示。由于主板的风扇电源插头都采用了防呆式设计,反方向无法插入,因此安装起来相当方便。

3) 安装内存条

在内存成为影响系统整体的最大瓶颈时,双通道的内存设计大大解决了这一问题。提供 Intel 64 位处理器支持的主板目前均提供双通道功能,因此建议大家在选购内存时尽量选择两条同规格的内存来搭建双通道。

内存插槽一般采用两种不同的颜色来区分双通道与单通道。将两条规格相同的内存条插入到相同颜色的插槽中,即打开了双通道功能,如图1-9所示。

图1-9　双通道内存插槽　　　　　图1-10　安装内存条

（1）安装内存时,先将内存插槽两端的扣具打开,然后将内存平行放入内存插槽(内存插槽也使用了防呆式设计),用两拇指按住内存两端轻微向下压,听到"啪"的一声响后,即说明内存安装到位。

（2）在相同颜色的内存插槽中插入另一条规格相同的内存,打开双通道功能,提高系统性能,如图1-10所示。至此,内存的安装过程就完成了。

4）安装主板

（1）目前,大部分主板板型为ATX或MATX结构,因此机箱的设计一般都符合这种标准。在安装主板之前,先将机箱提供的主板垫脚螺母安放到机箱主板托架的对应位置(有些机箱购买时就已经安装),如图1-11所示。

图1-11　安装主板垫脚螺母　　　图1-12　将主板放入机箱　　　图1-13　机箱背部接口位置

（2）一手平行托住主板,一手抓住散热器将主板放入机箱中,如图1-12所示。

（3）可以通过机箱背部的主板接口来确定主板是否安放到位,如图1-13所示。

（4）拧紧螺丝,固定好主板(在装螺丝时,注意每颗螺丝不要一次就拧紧,等全部螺丝安装到位后,再将每颗螺丝拧紧,这样做的好处是随时可以对主板的位置进行调整)。

5）安装硬盘

在安装好CPU、内存之后,我们需要将硬盘固定在机箱的3.5寸硬盘托架上。对于普通的机箱,我们只需要将硬盘放入机箱的硬盘托架,拧紧螺丝使其固定即可。如果使用可拆卸的3.5寸机箱托架,安装起硬盘来就更加简单了。

（1）机箱中有固定3.5寸托架的扳手,拉动此扳手即可固定或取下3.5寸硬盘托架,如图1-14所示。

图1-14　固定硬盘托架的扳手

（2）将硬盘装入托架中，并拧紧螺丝，如图 1-15 所示。

图 1-15　拧紧硬盘螺丝　　　　　　　图 1-16　托架装入机箱

（3）将托架重新装入机箱，并将固定扳手拉回原位固定好硬盘托架，如图 1-16 所示。简单的几步便将硬盘稳稳地装入机箱。还有几种固定硬盘的方式，请视机箱的不同参考使用说明书。

6）安装光驱和机箱电源

安装光驱的方法与安装硬盘的方法大致相同。对于普通的机箱，我们只需要将机箱 4.25 寸的托架前的面板拆除，并将光驱放到对应的位置，拧紧螺丝即可。还有一种抽拉式设计的光驱托架，下面简单介绍其安装方法。

在安装前，我们先要将类似于抽屉设计的托架安装到光驱上，然后像推拉抽屉一样，将光驱推入机箱托架中，如图 1-17 所示。需要取下时，用两手按住两边的簧片即可拉出，简单方便。

机箱电源的安装比较简单，放入到位后，拧紧螺丝即可。由于大部分机箱在购买时就带有电源，并且大部分计算机已经不提供软驱，因此在此不做详细的介绍。

图 1-17　光驱推入机箱托架　　　　　图 1-18　插入显卡

7）安装显卡、声卡和网卡

目前，PCI-Express（PCI-E）显卡已经成为主流，AGP 显卡基本淘汰。

用手轻握 PCI-E 显卡两端，垂直对准主板上的显卡插槽，向下轻压到位后，再用螺丝固定即完成显卡的安装，如图 1-18 所示。

声卡和网卡的安装方法与显卡基本类似。

8）连接各种线缆

（1）连接硬盘电源与数据线：对于 SATA 硬盘，右边红色的为数据线，黑黄红交叉的是电源线，安装时将其按入即可。接口全部采用防呆式设计，如图 1-19 所示。

图 1-19　硬盘接口线缆

（2）连接光驱数据线：如图1-20所示，这是一个PATA光驱，安装数据线时可以看到IDE数据线的一侧有一条蓝或红色的线，这条线位于电源接口一侧。依次将其插入光驱数据线接口和主板数据线接口，如图1-21所示。

图1-20　光驱接口线缆　　　　　　　　　图1-21　IDE数据线连接

（3）连接主板供电电源：如图1-22所示。目前大部分主板采用24 PIN的供电电源设计，但仍有些主板为20 PIN，大家在购买主板时要注意。

图1-22　连接主板电源　　　　　　　　　图1-23　连接CPU电源

（4）CPU供电接口原先采用4 PIN的加强供电接口设计，目前高端的使用8 PIN设计，以为CPU提供稳定的电压，如图1-23所示。

9）连接USB接口和其他信号线

（1）主板上的USB及机箱开关、重启、硬盘工作指示灯接口的连接方法参见主板说明书。

（2）在SLI或交火的主板上，也就是支持双卡互联技术的主板上，一般提供额外的显卡供电接口。在使用双显卡时，注意要连接好此接口，以为显卡提供充足的供电。

10）整理机箱

用捆扎线捆扎凌乱的电源线或数据线等，有利于机箱内部空气的流通，从而促进散热。最后，装好机箱，至此，一个主机安装成功。

11）连接鼠标、键盘和显示器等外设

（1）对ATX主板来说，键盘和鼠标可直接插在圆口的PS/2接口中，若键盘和鼠标是USB接口的，则直接插入相应的USB接口即可。

（2）将显示器的15针信号线接在显卡接口上，电源接在主机电源上或直接接电源插座。

（3）网线、音频等其他设备都有专用的接口，用户可根据说明书及设备上的标识轻松连接。

12）检查

完成全部硬件安装之后，在接通电源之前对所有部件作最后一次检查，主要包括内存条是否插入良好；各电源插头是否插好；各插头插座连接有无错误，接触是否良好；适配卡与插槽是否接触良好；各驱动器、显示器、鼠标、键盘、数据线是否连接良好等。

接通计算机电源,计算机就可以工作了。但这样安装好的计算机还没有安装任何软件,我们称之为"裸机",此时它还无法正常使用。要想使用计算机,还必须给它安装操作系统等软件。

三、实验分析

本实验主要让学生了解微型计算机的常用硬件,在了解各硬件的功能的基础上,还要掌握装机的主要步骤。

综合练习

一、单项选择题

1. 1946 年诞生了世界上第一台电子计算机,它的英文名字是_____。
   A. UNIVAC-I　　　B. EDVAC　　　C. ENIAC　　　D. MARK-II
2. 在冯·诺依曼型体系结构的计算机中引进了两个重要的概念,它们是_____。
   A. 引入 CPU 和内存储器的概念　　　B. 采用二进制和存储程序的概念
   C. 机器语言和十六进制　　　D. ASCII 编码和指令系统
3. 现代电子计算机发展的各个阶段的区分标志是_____。
   A. 使用的主要逻辑元件　　　B. 计算机的运算速度
   C. 软件的发展水平　　　D. 操作系统的更新换代
4. 办公自动化(OA)是计算机的一项应用,按计算机应用的分类,它属于_____。
   A. 科学计算　　　B. 辅助设计　　　C. 实时控制　　　D. 信息处理
5. 英文缩写 CAD 的中文意思是_____。
   A. 计算机辅助设计　　B. 计算机辅助制造　　C. 计算机辅助教学　　D. 计算机辅助管理
6. 计算机计算采用二进制数的最主要理由是_____。
   A. 符合人们的习惯　　　B. 数据输入输出方便
   C. 存储信息量大　　　D. 易于用电子元件表示
7. 任何进位计数制都有的两要素是_____。
   A. 整数和小数　　　B. 定点数和浮点数
   C. 数码的个数和进位基数　　　D. 阶码和尾码
8. 计算机存储器中一个字节包含的二进制位是_____。
   A. 2 位　　　B. 4 位　　　C. 8 位　　　D. 16 位
9. 将十进制数 97 转换成无符号二进制整数等于_____。
   A. 1010001　　　B. 1100001　　　C. 1100010　　　D. 1100000
10. 与十六进制数 AB 等值的十进制数是_____。
    A. 170　　　B. 171　　　C. 172　　　D. 173
11. 二进制数 11100011 转换成十进制数为_____。
    A. 157　　　B. 159　　　C. 227　　　D. 228
12. 下列四个不同数制表示的数中,数值最大的是_____。
    A. $(1101101)_2$　　　B. $(334)_8$　　　C. $(219)_{10}$　　　D. $(DA)_{16}$
13. 十六进制数 62.C 的二进制数表示是_____。
    A. 1110011.1101　　B. 1100010.11　　C. 10000100.1110　　D. 1100010.0011
14. 与二进制数 101101 等值的十六进制数是_____。

  A. 1D   B. 2C   C. 2D   D. 2F

15. 为了避免混乱,二进制数在书写时常在后面加上字母_____。

  A. B   B. D   C. H   D. O

16. 计算机中所有信息的存储都采用_____。

  A. 十进制   B. 十六进制   C. ASCII 码   D. 二进制

17. 汉字在计算机内部的传输、处理和存储都使用汉字的_____。

  A. 字形码   B. 输入码   C. 机内码   D. 国标码

18. 存储 32×32 点阵的一个汉字信息,需要的字节数是_____。

  A. 48   B. 72   C. 128   D. 192

19. 用高级程序设计语言编写的程序要转换成等价的可执行程序,必须经过_____。

  A. 汇编   B. 编辑   C. 解释   D. 编译和连接

20. 用户用计算机高级语言编写的程序,通常称为_____。

  A. 汇编程序   B. 目标程序   C. 源程序   D. 二进制代码程序

21. 一条计算机指令中,规定其执行功能的部分称为_____。

  A. 源地址码   B. 操作码   C. 目标地址码   D. 数据码

22. 在计算机领域中,通常用 MIPS 来描述计算机的_____。

  A. 运算速度   B. 可靠性   C. 可运行性   D. 可扩充性

23. 光盘驱动器是一种_____。

  A. 外设   B. 内存   C. 外存   D. 主机的一部分

24. 软盘驱动器是一种_____。

  A. 主存储器   B. 数据通信设备   C. 外部设备   D. CPU 的一部分

25. 按 16×16 点阵存放 GB 2312—80 中一级汉字(共 3 755 个)的汉字库,大约需占_____存储空间。

  A. 1 MB   B. 512 KB   C. 256 KB   D. 118 KB

26. 电子计算机在 70 多年中虽有很大进步,但至今其运行仍遵循着一位科学家提出的基本原理,他就是_____。

  A. 图灵   B. 冯·诺依曼   C. 爱因斯坦   D. 爱迪生

27. 在存储一个汉字内码的两个字节中,每个字节的最高位是_____。

  A. 1 和 1   B. 1 和 0   C. 0 和 1   D. 0 和 0

28. 在计算机应用领域,CIMS 指的是_____。

  A. 计算机辅助教学   B. 计算机辅助管理

  C. 计算机辅助分析   D. 计算机集成制造系统

29. 在计算机系统中,普遍使用的字符编码是_____。

  A. 原码   B. 补码   C. ASCII 码   D. 汉字编码

30. 大写字母"B"的 ASCII 码值是_____。

  A. 65   B. 66   C. 97   D. 98

31. 已知字符"K"的 ASCII 码的十六进制数是 4BH,则 ASCII 码的二进制数 1001000 对应的字符应为_____。

  A. G   B. H   C. I   D. J

32. 已知字母"F"的 ASCII 码是 46H,则字母的"f"的 ASCII 码是_____。

A. 66H　　　　　B. 26H　　　　　C. 98H　　　　　D. 34H

33. 系统软件中最重要的是＿＿＿。
　　A. 语言处理程序　　B. 操作系统　　C. 工具软件　　D. 数据库管理系统

34. 如果按字长来划分，微型机可分为 8 位机、16 位机、32 位机、64 位机等。所谓 32 位机是指该计算机所用的 CPU＿＿＿。
　　A. 具有 32 位的寄存器　　　　　　B. 能同时处理 32 位二进制数
　　C. 只能处理 32 位二进制定点数　　D. 有 32 个寄存器

35. 标准的 ASCII 码是＿＿＿位码。
　　A. 7　　　　　B. 8　　　　　C. 16　　　　　D. 32

36. 微机配置的"处理器 Intel（R）Core（TM）i5-6600@3.3GHz"中，3.3G 表示＿＿＿。
　　A. 处理器的时钟主频是 3.3 GHz
　　B. 处理器的运算速度是 3.3 GIPS
　　C. 处理器的产品设计系列号是第 3.3G 号
　　D. 处理器与内存间的数据交换速率是 3.3 Gb/s

37. 一个字节由 8 个二进制位组成，它所能表示的最大的十六进制数为＿＿＿。
　　A. 255　　　　　B. 256　　　　　C. 9F　　　　　D. FF

38. 计算机能处理的最小数据单位是＿＿＿。
　　A. ASCII 码字符　　B. 字节　　C. 字符串　　D. 二进制位

39. 计算机软件包括应用软件和＿＿＿。
　　A. 游戏软件　　B. 系统软件　　C. 程序设计软件　　D. 数据库管理软件

40. 计算机能直接执行的计算机程序是＿＿＿。
　　A. 机器语言程序　　　　　B. PASCL 语言源程序
　　C. BASIC 语言源程序　　　D. 汇编语言源程序

41. 下列有关存储器读写速度的排列正确的是＿＿＿。
　　A. RAM＞Cache＞硬盘＞软盘　　B. 软盘＞硬盘＞RAM＞Cache
　　C. Cache＞RAM＞硬盘＞软盘　　D. 硬盘＞RAM＞软盘＞Cache

42. 计算机操作系统的主要功能是＿＿＿。
　　A. 实现软、硬件转换　　　　B. 管理计算机的软、硬件资源
　　C. 把程序转换为目标程序　　D. 进行数据处理

43. 微型计算机硬件系统中，最核心的部件是＿＿＿。
　　A. 主板　　　　　B. CPU　　　　　C. 内存储器　　　　　D. I/O 设备

44. 下列计算机术语中，属于显示器性能指标的是＿＿＿。
　　A. 速度　　　　　B. 可靠性　　　　　C. 分辨率　　　　　D. 精度

45. 操作系统是计算机系统中的＿＿＿。
　　A. 核心系统软件　　　　B. 关键的硬件部件
　　C. 广泛使用的应用软件　D. 外部设备

46. 在计算机应用中，"计算机辅助教育"的英文缩写为＿＿＿。
　　A. CAD　　　　　B. CAM　　　　　C. CBE　　　　　D. CAT

47. 主频是计算机的重要指标之一，它的单位是＿＿＿。
　　A. MHz/GHz　　　　　B. MB　　　　　C. MIPS　　　　　D. MTBF

48. "信息高速公路"主要体现了计算机在_____方面的发展趋势。
   A. 巨型化　　　　　B. 超微型化　　　　C. 网络化　　　　　D. 智能化

二、多项选择题

1. 计算机的特点主要有_____。
   A. 速度快、精度低　　　　　　　　　B. 具有记忆和逻辑判断能力
   C. 能自动运行、支持人机交互　　　　D. 适合科学计算，不适合数据处理

2. 计算机现在的应用领域有_____。
   A. 辅助系统　　　　B. 购物　　　　　　C. 信息处理　　　　D. 数值计算

3. 关于冯·诺依曼体系结构，下列说法正确的是_____。
   A. 世界上第一台计算机就采用了冯·诺依曼体系结构
   B. 将指令和数据同时存放在存储器中，是冯·诺依曼计算机方案的特点之一
   C. 计算机由运算器、控制器、存储器、输入设备、输出设备五部分组成
   D. 冯·诺依曼提出的计算机体系结构奠定了现代计算机的结构理论

4. 下列属于计算机性能指标的有_____。
   A. 字长　　　　　　B. 内存容量　　　　C. 运算速度　　　　D. 字节

5. 关于计算机硬件系统的组成，下列说法正确的是_____。
   A. 计算机硬件系统由控制器、运算器、存储器、输入设备、输出设备五部分组成
   B. CPU 是计算机的核心部件，它由控制器、运算器等组成
   C. RAM 为随机存储器，其中的信息不能长期保存，关机即丢失
   D. ROM 中的信息能长期保存，所以又称为外存储器

6. 关于计算机软件系统，下列说法正确的是_____。
   A. 操作系统是软件中最基础的部分，属于系统软件
   B. 计算机软件系统分为操作系统、语言处理系、数据库管理系统
   C. 系统软件包括操作系统、编译软件、数据库管理系统及各种应用软件
   D. 文字处理软件、信息管理软件、辅助设计软件等都属于应用软件

7. 系统总线是 CPU 与其他部件之间传送各种信息的公共通道，其类型有_____。
   A. 数据总线　　　　B. 地址总线　　　　C. 控制总线　　　　D. 信息总线

8. 以下关于解释程序和编译程序的论述不正确的是_____。
   A. 编译程序和解释程序均能产生目标程序
   B. 编译程序和解释程序均不能产生目标程序
   C. 编译程序能产生目标程序而解释程序则不能
   D. 编译程序不能产生目标程序而解释程序能

9. 关于微型计算机，下列说法正确的是_____。
   A. 外存储器中的信息不能直接进入 CPU 进行处理
   B. 系统总线是 CPU 与各部件之间传送各种信息的公共通道
   C. 光盘驱动器属于主机，光盘属于外部设备
   D. 家用电脑不属于微机

10. 下列外部设备中，属于输入设备的是_____。
    A. 鼠标　　　　　　B. 扫描仪　　　　　C. 显示器　　　　　D. 麦克风

11. 内存与外存有许多不同之处，以下叙述正确的是_____。

A. 内存可被CPU直接访问,而外存不行
B. 内存的信息可长期保存
C. 运行一个程序文件时,它被装配入内存中
D. 内存速度慢,外存速度快

12. 系统软件包含_____。
A. 语言处理程序　　　　　　　　B. 操作系统
C. 系统支撑和服务程序　　　　　D. 数据库管理系统

13. 下列汉字输入码中,不属于音码的是_____。
A. 大众码　　　B. 智能ABC码　　　C. 自然码　　　D. 五笔字型码

14. 下列属于计算机的输出设备的是_____。
A. 显示器　　　B. 绘图仪　　　C. 条形码阅读器　　　D. 音箱

15. 下列关于微型计算机的叙述中正确的是_____。
A. 内存容量是指微型计算机硬盘所能容纳信息的字节数
B. 微处理器的主要性能指标有字长和主频
C. 微型计算机应避免强磁场的干扰
D. 微型计算机机房湿度不宜过大

三、判断题

1. 数据就是存储在某种媒体上的可以鉴别的符号资料。　　　　　　　　　　（　　）
2. 信息是事物运动的状态和方式而不是事物本身,因此,它不能独立存在,必须借助某种符号才能表现出来。　　　　　　　　　　　　　　　　　　　　　　　　　（　　）
3. 计算机存储器的基本存储单位是比特。　　　　　　　　　　　　　　　（　　）
4. 计算机软件是指各种程序的集合。　　　　　　　　　　　　　　　　　（　　）
5. 硬盘和光盘的存储原理是相同的。　　　　　　　　　　　　　　　　　（　　）
6. 利用科学的原理、方法及先进的工具和手段,有效地开发和利用信息资源的技术体系就是软件技术。　　　　　　　　　　　　　　　　　　　　　　　　　　　（　　）
7. 计算机技术给我们带来的是文明进步,不会产生负面效应。　　　　　　（　　）
8. 触摸屏显示器既是输入设备又是输出设备。　　　　　　　　　　　　　（　　）
9. 显示控制器(适配器)是系统总线与显示器之间的接口。　　　　　　　（　　）
10. 键盘上键的功能可以由程序设计者改变。　　　　　　　　　　　　　（　　）
11. 操作系统是软件和硬件之间的接口。　　　　　　　　　　　　　　　（　　）
12. 286、386、486、Pentium、Pentium Ⅱ、Pentium Ⅲ等都是指CPU的型号。（　　）
13. 只读存储器(ROM)内所存的数据在断电之后也不会丢失。　　　　　（　　）
14. 硬盘驱动器兼有输入和输出的功能。　　　　　　　　　　　　　　　（　　）
15. 高速缓冲存储器(Cache)解决的是CPU和外部设备之间的速度不匹配问题。（　　）
16. 机器语言是低级语言,而汇编语言是高级语言。　　　　　　　　　　（　　）
17. 在微机中,数据总线可以传输地址信号和数据信息。　　　　　　　　（　　）
18. 通常情况下,CPU主频越高,计算机的运行速度也越快。　　　　　　（　　）
19. 运算器是完成算术和逻辑操作的核心处理部件,通常称为CPU。　　　（　　）
20. 微型计算机中,显示器和打印机都是输出设备。　　　　　　　　　　（　　）

第 2 章
Windows 操作系统

实验一　Windows 基本操作和设置

一、实验目的

（1）掌握 Windows 7 的启动和退出；
（2）掌握 Windows 7 桌面的个性化基本设置和任务栏的基本设置；
（3）掌握输入法的设置方法；
（4）学会使用系统帮助功能。

二、实验任务及操作过程

1. Windows 7 的启动与退出

1）启动

（1）打开主机电源，正常启动，观察启动过程中屏幕显示的有关信息。

（2）打开主机电源，在系统将要启动时，按 F8 进入高级启动菜单→安全模式，观察与正常模式有什么区别。

2）关机

"开始"→"关机"右侧小三角按钮→分别选择"切换用户""注销""锁定""重新启动"和"睡眠"，观察结果。

2. 查看计算机系统的性能

"开始"→"控制面板"→"系统"（按图标方式查看）或右击桌面"计算机"图标→属性，均可打开"系统"窗口查看计算机信息；单击窗口左下角"性能信息及工具"，可以为计算机性能评分。

3. 调整屏幕分辨率和 Windows 7 个性化设置

右击桌面空白处→"屏幕分辨率"→合适的屏幕分辨率→选择"高级设置"中的"监视器"选项卡→在"颜色"下拉列表中选择一种颜色质量(32 位真彩色)→单击"应用"按钮→屏幕变黑后弹出"显示设置"对话框→单击"是"。

单击"开始"→"控制面板"→"个性化"或右击桌面空白处→"个性化"进入设置，如图 2-1 所示。通过 Windows 7 的"个性化"可以更改计算机的视觉效果和声音，包括主题设置、桌面背景的幻灯片显示、窗口颜色等。

图 2-1 "个性化"操作界面

（1）更改 Windows 7 的主题。主题是桌面背景图片、窗口颜色和声音的组合。可以选择自带的 AERO 主题，也可联机获取更多主题保存在电脑中并应用于桌面，还可以设置自己喜欢的桌面背景、窗口颜色、声音、屏幕保护，然后点击"保存主题"以便再次使用时直接调用。

（2）更改桌面背景。单击图 2-1 下方的"桌面背景"，进入桌面背景设置界面，如图 2-2 所示。

图 2-2 "桌面背景"设置界面

在"图片位置(L)"处可以选择"Windows 桌面背景""图片库""顶级照片"和"纯色"，还可以单击"浏览"按钮选择自定的背景图片保存位置。

勾选单个或多个背景，选择"图片位置(P)"中的显示方式，包括"填充""适应""拉伸""平铺"和"居中"。当选择多个背景时，更改图片时间间隔，选择是否"无序播放"，可设置动态变化的幻灯片放映壁纸。

（3）更改窗口颜色。单击图 2-1 下方的"窗口颜色"，可以更改窗口边框、"开始"按钮和任务栏的颜色。选择喜欢的颜色→选择是否"启用透明效果"→左右拖动更改颜色浓度→单击"保存修改"按钮。

（4）更改系统声音。单击图 2-1 下方的"声音"，进入"声音"对话框（图 2-3）→"声音方案"小箭头→选择方案→单击"应用"按钮。

图 2-3 "声音"对话框

（5）设置屏幕保护程序。单击图 2-1 下方的"屏幕保护程序"→选择屏保样式（选择彩带）→调整"等待时间"（设为 1 分钟）→选择是否"在恢复时显示登录屏幕"→单击"应用"按钮。

4. 任务栏和"开始"菜单的基本设置以及任务的切换

将鼠标移到任务栏的空白处，右击弹出快捷菜单（图 2-4）→"属性"→"任务栏"选项卡。"任务栏"选项卡包括"任务栏外观""通知区域"和"使用 Aero Peek 预览桌面"三部分，如图 2-5 所示。

图 2-4 任务栏快捷菜单   图 2-5 "任务栏和开始菜单属性"对话框

（1）任务栏外观。

① 锁定任务栏：锁定状态下，任务栏无法进行调整。

② 自动隐藏任务栏：选定后，将隐藏屏幕下方的任务栏，把鼠标移到屏幕下边可看到。

③ 使用小图标：选定后，任务栏图标将缩小。

④ 屏幕上的任务栏位置：默认在底部。可选择左侧、右侧、顶部。如果未选中"锁定任务栏"，还可以直接将任务栏拖曳到桌面四侧，也可以用鼠标调整任务栏高度。

⑤ 任务栏按钮：可选项包括"始终合并、隐藏标签""当任务栏被占满时合并""从不合并"。打开多个文件夹，分别选择"始终合并、隐藏标签"和"从不合并"，观察区别。

(2) 通知区域设置。单击图 2-5 通知区域"自定义"按钮,可以选择在任务栏上出现的图标和通知。

(3) 将程序锁定到任务栏中,可以快速启动。

对于未打开的程序,直接将程序的快捷方式拖到任务栏的空白处即可;对于已打开的程序,右击任务栏中的程序按钮→"将此程序锁定到任务栏"。

右击锁定的程序→"将此程序从任务栏解锁",程序不运行时便不会显示在任务栏。

(4) 利用跳转列表可以查看和转到最近或常去的项目,包括文件、文件夹、网站等。打开"实验素材\第2章\实验一"文件夹中的 fl1.docx、fl2.docx、fl3.docx 三个文档后再立即关闭,显示 Word 跳转列表,然后将文档 fl1.docx 列表项锁定,再将 fl1.docx 解除锁定。

打开三个文档然后关闭→"开始"菜单→将鼠标移到程序 Microsoft Word 2010 上,将出现最近打开过的文档列表→选中 fl1 →单击右侧"锁定到此列表"图钉按钮,则该文件将被固定到列表上端;单击右侧"从此列表解锁"图钉按钮,该文件将被解锁,如图 2-6 所示。

图 2-6 Word 跳转列表

(5) 设置"开始"菜单。

① 将已安装程序"Microsoft Word 2010"添加到"开始"菜单的固定项目列表中:

"开始"菜单→"所有程序"→右击"Microsoft Word 2010"→选中"附到「开始」菜单"命令。

② 重新组织"开始"菜单:使"开始"菜单的"所有程序"子菜单中有一个名为"Microsoft Office2"的子菜单,并将 Excel 快捷方式移到"Microsoft Office2"子菜单中。

"开始"菜单→右击"所有程序"弹出快捷菜单→选择"打开所有用户"→双击"程序"文件夹→新建名为"Microsoft Office2"的文件夹→将 Excel 快捷方式添加到"Microsoft Office2"文件夹中。

切换图 2-5 到"「开始」菜单"选项卡→单击"自定义"按钮,可以自定义"开始"菜单,如图 2-7 所示。

图 2-7 "自定义「开始」菜单"对话框

"开始"菜单显示的菜单项可以分为两种：一种是包含子菜单的，如"计算机"，选择"显示为菜单"，则"开始"菜单弹出后"计算机"右侧会出现小三角，将鼠标移到上面就会显示包含的菜单；另一种是不包括子菜单的，如"家庭组""连接到"等，选定则在"开始"菜单中显示。

（6）将"库"作为工具栏添加到任务栏。

右击任务栏弹出快捷菜单→"工具栏"→"新建工具栏"→在"新工具栏－选择文件夹"对话框中选中"库"→按"选择文件夹"按钮关闭对话框。

（7）打开"实验一"文件夹中 fl1.docx、fl2.docx、fl3.docx、fl1.pptx 和 fl2.pptx，然后利用下列三种方法将上述文件依次切换为当前窗口。

① 在任务栏属性中设置了"始终合并、隐藏标签"后，可以发现同类型文件被分成一组，单击任务栏上的"Word"图标，再依次单击三个 Word 文档按钮，就可以依次打开三个文件。

② 按 Alt＋Tab 组合键→依次切换→选中需要的任务→松开按键打开相应的程序。

3）按 Alt＋Esc 组合键→在任务栏中打开的程序间来回切换。

5. 在桌面右上角添加日历和时钟小工具，并按日历在上时钟在下稍加重叠安放

右击桌面空白处→选择"小工具"→双击日历和时钟小工具添加到桌面→鼠标拖动将其重叠排列。鼠标移到桌面小工具上，点击右上角的"关闭"按钮可以关掉。

6. 添加"中文繁体（香港特别行政区）"到输入法

"开始"→"控制面板"→"区域和语言"→"键盘和语言"选项卡→"更改键盘"按钮→"添加"按钮→选择"中文繁体（香港特别行政区）"→"确定"。

7. 系统帮助功能

"开始"菜单→"帮助和支持"→在"Windows 帮助和支持"对话框的"搜索帮助"文本框中输入要查找的内容并查找→在搜索结果中选择合适的主题，相应的解决方法会显示出来。

注意：不要将系统帮助功能和应用程序帮助功能混淆。

实验二　Windows 文件及文件夹管理

一、实验目的

（1）熟悉资源管理器的基本构成及操作；
（2）熟悉文件和文件夹的基本操作；
（3）掌握"文件夹选项"的设置方法；
（4）掌握"搜索"功能；
（5）掌握建立快捷方式的方法；
（6）掌握库的概念及操作方法；
（7）掌握回收站的使用方法；
（8）掌握剪贴板的使用方法。

二、实验任务及操作过程

1. 资源管理器的构成和使用

资源管理器是一个展开式的树形结构，可以分层次展示计算机内所有内容的详细列表，可以更直观地查看、浏览、复制和移动等。

1）打开资源管理器的几种方法

（1）双击"计算机"或"回收站"图标。

（2）右击"开始"菜单→"打开 Windows 资源管理器"。
（3）单击"开始"菜单→"所有程序"→"附件"→"Windows 资源管理器"。
（4）快捷键 WIN（Windows 徽标键）+E。
（5）若资源管理器锁定在任务栏中，可单击任务栏中的图标快速启动。

2）资源管理器的布局显示

单击工具栏中的"组织"→"布局"→勾选需要显示的项目（包括"菜单栏""细节窗格""预览窗格"和"导航窗格"）。工具栏右侧有"更多选项"和"显示/隐藏预览窗格"按钮。

分别打开"实验素材/第2章/实验二/图片1"文件夹和"实验素材/第2章/实验二/图片2"文件夹，观察导航窗格、细节窗格的内容，单击"实验素材/第2章/实验二/资源管理器停止工作解决办法.docx"，观察预览窗格的显示内容。

3）右窗口中的文件查看方式

（1）设置当前文件夹的查看方式。

单击"更多选项"按钮打开下拉菜单，或菜单栏→勾选显示方式。

显示方式包括"超大图标""大图标""中等图标""小图标""平铺""列表""详细信息"和"内容"，分别观察选中后的文件显示形式。还可以在"查看"→"选择详细信息"对话框中选择想要显示的此文件夹中项目的详细信息。

（2）将当前文件夹查看方式应用到所有文件夹

"组织"→"文件夹和搜索选项"→"查看"→"文件夹视图"区域"应用到文件夹"→"确定"。

2. 在"住院管理"文件夹下建立"骨科"和"心脏科"两个文件夹

打开"住院管理"文件夹→在右窗口空白处右击或菜单栏"文件"→"新建"→"文件夹"→输入"骨科"→回车。用同样方法建立"心脏科"文件夹。

3. 在"骨科"文件夹中新建文件"骨科病房（1）.xlsx""骨科病房（2）.xlsx"和"骨科病房（3）.xlsx"

打开"骨科"文件夹→在右窗口空白处右击或菜单栏"文件"→新建→"Microsoft Excel 工作表"→输入"骨科病房（1）.xlsx"→回车。用同样方法新建另外两个工作表文件。

4. 将"住院管理""挂号管理"和"药房管理"三个文件夹移到隐藏文件夹"医院信息管理系统 HIS"中

1）文件和文件夹选项设置

若在资源管理器中看不到隐藏文件夹"医院信息管理系统 HIS"，则需要设置显示隐藏文件夹，方法为：资源管理器菜单栏"工具"→"文件夹选项"对话框→"查看"选项卡→选择"显示隐藏的文件、文件夹和驱动器"→"应用"按钮。

2）移动文件夹

（1）鼠标拖动。选定"住院管理""挂号管理"和"药房管理"三个文件夹→按住左键拖动到"医院信息管理系统 HIS"文件夹上（此时显示"移动到医院信息管理系统 HIS"）→松开左键。

（2）利用剪贴板。选定"住院管理""挂号管理"和"药房管理"三个文件夹→Ctrl+X（或右击→"剪切"）→打开

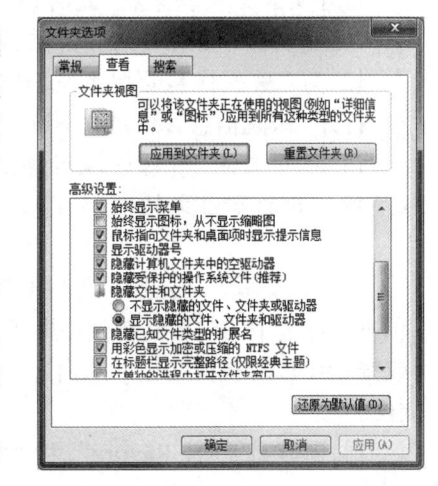

图 2-8 "文件夹选项"对话框

"医院信息管理系统HIS"→Ctrl+V（或空白处右击→"粘贴"）。

5. 将"电子病历系统EMR"文件夹中的"李某.docx"和"刘某.docx"复制到"放射科信息系统RIS"文件夹

打开"电子病历系统EMR"文件夹→选定"李某.docx"和"刘某.docx"→Ctrl+C（或右击→"复制"）→打开"放射科信息系统RIS"文件夹→Ctrl+V。

6. 删除"电子病历系统EMR"文件夹中的"张某.docx""李某.docx"和"刘某.docx"到回收站，不经回收站直接删除"电子病历系统内容.docx"

（1）打开"电子病历系统EMR"→按住Ctrl键的同时单击"张某.docx""李某.docx"和"刘某.docx"选定三个文件→右击→"删除"→"是"。

（2）选定"电子病历系统内容.docx"→右击→按住Shift键的同时单击"删除"→"是"。

7. 将回收站中的"张某.docx"还原，清空回收站

（1）打开"回收站"→右击"张某.docx"→"还原"。

（2）单击回收站"文件"菜单或在回收站右窗口空白处右击→"清空回收站"。

8. 将"电子病历系统EMR"文件夹中的"电子病历系统说明.docx"重命名为"EMR说明.docx"

（1）单个文件重命名：打开"电子病历系统EMR"文件夹→右击"电子病历系统说明.docx"→"重命名"→输入"EMR说明.docx"→回车。

或打开"电子病历系统EMR"文件夹→选定"电子病历系统说明.docx"→F2→输入"EMR说明.docx"→回车。

（2）批量重命名：任务2中因为新建的三个工作表文件名相同，只有末尾的标号不同，因此新建时可以不输入文件名（此时使用系统默认文件名）。按住Ctrl键的同时单击选定这三个文件→F2→输入"骨科"→回车，系统将自动在"骨科"后加标号"（1）""（2）""（3）"。

9. 将"EMR说明.docx"文件属性设置为"只读"

右击"EMR说明.docx"→"属性"→勾选"只读"→"应用"按钮。

10. 将"放射科信息系统RIS"文件夹设置为共享

右击"放射科信息系统RIS"文件夹→"属性"→"共享"选项卡→"高级共享"按钮→选择"共享此文件夹"→输入共享名（默认为原名）→"确定"。

11. 搜索相关的系统说明文件

打开实验二实验素材，此时搜索范围为"实验二"中的文件和文件夹，在搜索栏键入"说明"→点击右侧"搜索"按钮等待结果。

12. 为"医院信息管理系统HIS"中的"HIS说明"文件夹建立快捷方式到桌面

打开"医院信息管理系统HIS"→右击"HIS说明"文件夹→"发送到"→"桌面快捷方式"。

13. 打开文件"资源管理器停止工作解决办法.docx"，将该文件第一段复制到"写字板"程序所打开的空白文档中，并以文件名"解决办法第一段.rtf"保存到"实验二\解决办法"中

打开"实验二"，选中文件C:\Windows\win.ini→用鼠标拖曳的方式选中第一段→按Ctrl+C将选中的内容复制到剪贴板中→在"开始"菜单中打开"写字板"程序→"编辑／粘贴"（或按Ctrl+V）将剪贴板中的内容粘贴到文档中→关闭"写字板"程序，关闭时按题目要求保存文档。

14. 新建库"My Picture"，将"实验二"文件夹中的"图片1"和"图片2"两个文件夹添

加到该库中;删除库中的"图片 1";删除库"My Picture"

1)新建库

单击导航窗格中的"库"→在右窗口空白处右击→"新建"→"库"→键入库的名称(My Picture)→回车。

2)将文件夹包含到库中的三种方法

(1)"资源管理器"→单击要包含的文件夹("图片 1"和"图片 2")→单击工具栏中的"包含到库中"按钮→在弹出的下拉列表中选择库。

(2)"资源管理器"→单击导航窗格"库"→直接右击库图标或双击进入库并在空白处右击→"属性"→"包含文件夹"→选择文件夹→"确定"。

(3)对于新建的库,单击打开→单击"包括一个文件夹"按钮→选择文件夹(如"图片 1")。对于已包含文件夹的库,选定库→单击"包括"右侧的"* 个位置"链接→"库位置"对话框(图 2-9)→"添加"→选择文件夹→"确定"。

图 2-9 库位置

3)在库中删除文件夹

"图片库位置"对话框→选定文件夹"图片 1"→"删除"→"确定"。

4)库的分类筛选

进入库→右侧"排列方式"按钮→下拉菜单提供了修改日期、标记、类型、名称四种排列方式。

5)库的共享

"资源管理器"→"库"→右击需要共享的库→"共享",或工具栏"共享",在子菜单里有三种选择:不共享、共享给家庭组、共享给特定用户。

6)删除库

"资源管理器"→右击要删除的库(My Picture)→"删除"。

实验三　Windows 系统应用维护

一、实验目的

(1)了解磁盘管理器的操作,掌握磁盘分区、格式化、清理和碎片整理的方法;

（2）了解磁盘保护和加密方法；

（3）掌握注册表备份操作；

（4）熟悉组策略的设置；

（5）了解设备管理器的结构和使用方法。

二、实验任务及操作过程

1. 磁盘管理器

打开磁盘管理器，如图 2-10 所示，在磁盘管理器文件系统显示分区格式，状态显示是主分区或逻辑分区。

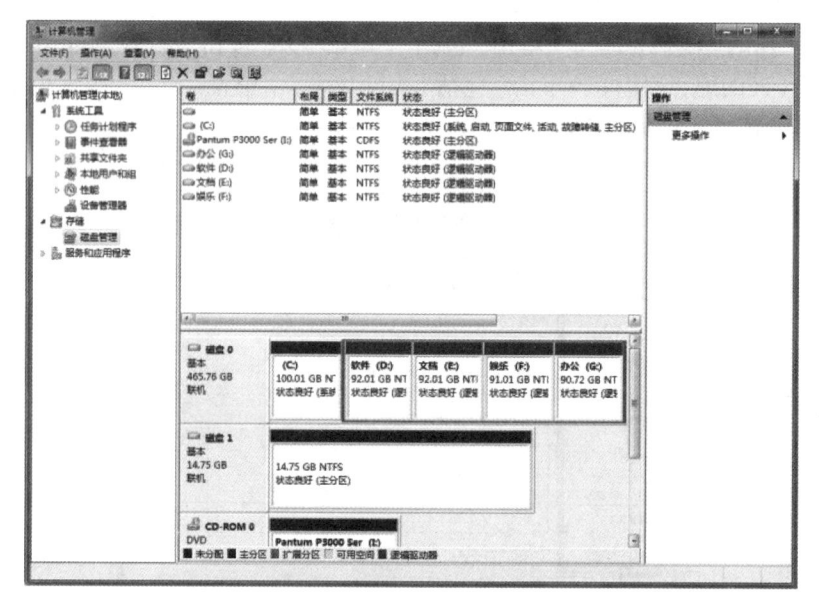

图 2-10　"磁盘管理"操作界面

"开始"→"控制面板"→"管理工具"→"计算机管理"→"存储"→"磁盘管理"，或右击桌面"计算机"→"管理"→"存储"→"磁盘管理"。

（1）新建分区：

右击硬盘上未分配的区域→"新建简单卷"（图 2-11）→"下一步"→键入要创建的卷的大小（MB）或接受最大默认大小→"下一步"→接受默认驱动器号或选择其他驱动器号以标识分区→"下一步"→"格式化分区"对话框（图 2-12）→"不要格式化这个卷"或"按下列设置格式化这个卷"→"下一步"→"完成"。

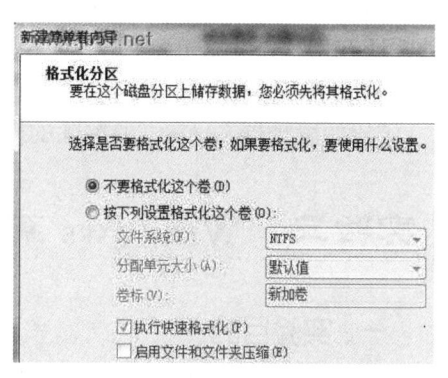

图 2-11　新建分区　　　　　　　　　　　图 2-12　"格式化分区"对话框

(2)格式化分区：

右击需要格式化的分区→"格式化"→"格式化"对话框，设置好后单击"开始"即可开始格式化。

(3)删除分区：

右击需要删除的分区→"删除卷"。

注意："删除"和"格式化"都会清空该分区上的所有内容；在 Windows 操作系统中进行分区管理时，系统安装主分区无法选择"删除卷"和"格式化"。

(4)更改分区路径：

右击需要更改路径的分区→"更改驱动器号和路径"→"更改"→在"分配以下驱动器号"列表中选择→"确定"。

2. 磁盘清理和磁盘碎片整理方法

(1)磁盘碎片整理：

"开始"→"所有程序"→"附件"→"系统工具"→"磁盘碎片整理"，打开"磁盘碎片整理程序"窗口（图 2-13）。

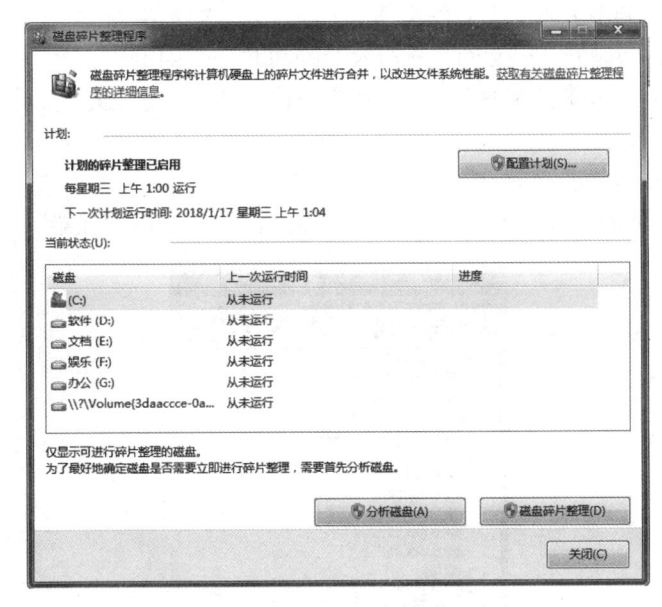

图 2-13 "磁盘碎片整理程序"窗口

选定磁盘分区→单击"分析磁盘"可以分析磁盘中的碎片比例。

选定磁盘分区→单击"磁盘碎片整理"，会先对磁盘进行分析再决定是否进行整理。

(2)磁盘清理：

"开始"→"所有程序"→"附件"→"系统工具"→单击"磁盘清理"打开"磁盘清理：驱动器选择"对话框→选择驱动器→"确定"，开始清理。

3. 使用 Bitlocker 对分区 D 加密（密码为 123456789）

打开"计算机"→右击要加密的分区盘符（D:）→"启用 BitLocker"（图 2-14）→勾选"使用密码解锁驱动器"→输入"123456789"→"下一步"→"将恢复秘钥保存到文件"→选择保存位置→"确定"→"是"→"下一步"→"启动加密"，等待一段时间完成加密。

加密后的盘符上会增加一个小锁的标志，再打开时就需要输入密码。

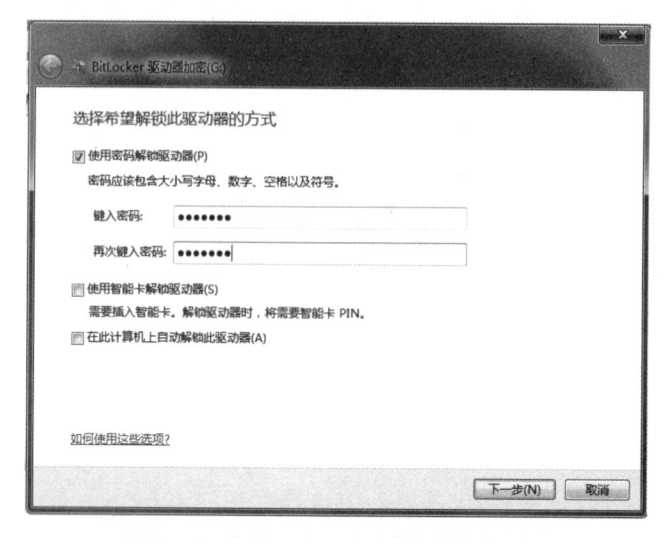

图 2-14 "BitLocker 驱动器加密"对话框

4. 将注册表备份到"实验三"文件夹下,命名为"注册表备份"

(1)运行注册表:"开始"→"运行"→输入"regedit"→"确定"。

(2)备份注册表:菜单栏"文件"→"导出"→选择路径(文件夹"实验三")→输入文件名("注册表备份")→"保存"。

5. 设备管理器的结构和使用方法

(1)打开设备管理器(图 2-15):右击桌面"计算机"→"设备管理器"。

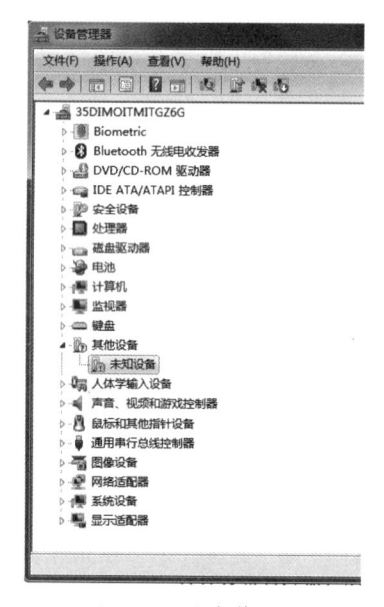

图 2-15 设备管理器

(2)禁用/启用设备:右击设备名称→"禁用/启用"。

(3)更新驱动程序:右击"未知设备"→"更新驱动程序"→"自动搜索更新的驱动程序软件"或"浏览计算机以查找驱动程序软件"。

(4)卸载设备:右击设备名称→"卸载"。

(5)扫描检测硬件改动:"操作"菜单→"扫描检测硬件改动",可以重新检测即插即用设备并刷新显示。

6. 组策略设置

"开始"→"运行"→输入"gpedit.msc"→"本地组策略编辑器"→"计算机配置"→"管理模板"→"系统"→"设备安装"→"设备安装限止项"→在右侧设置"禁止安装可移动设备"。

7. 创建一个名为"节能计划"的电源计划

"开始"→"控制面板"→"电源选项"→在左侧窗格中单击"创建电源计划"→从"首选电源计划"中选择"节能"→在"计划名称"文本框中输入名称"节能计划"→"下一步"→"编辑计划设置"→"创建"。

实验四 Windows 程序和程序管理

一、实验目的

（1）掌握"开始"菜单中"运行"的使用；
（2）了解命令提示符；
（3）了解应用程序的安装方法；
（4）掌握程序运行方法；
（5）掌握 Windows 自带应用程序的使用；
（6）掌握常用压缩软件 WinRAR 的使用；
（7）卸载程序；
（8）设置不同类型的文件打开方式。

二、实验任务及操作过程

1. 通过"运行"命令，运行程序

"开始"→"所有程序"→"附件"→"运行"，打开"运行"对话框（图 2-16），在"打开"组合框中输入完整程序路径和程序名。

图 2-16 "运行"对话框　　　　图 2-17 "浏览"对话框

单击"浏览"按钮，可以打开"浏览"对话框（图 2-17），选择文件名右侧的下拉菜单，有"程序"和"所有文件"，当选择"程序"时，则右窗口只显示对应的可执行程序。

选择要运行的可执行程序，然后单击"打开"按钮。这个操作等效于在计算机中找到运行的程序并打开。

"运行"对话框具有记忆性输入的功能，可自动存储用户曾经输入的程序或文件路径，当输入一个字母时，在其下拉列表中即可显示输入过的以这个字母开头的所有程序或文件的名称，以供用户选择。

在"运行"对话框中输入"cmd"→"确定"→输入"help>d:\cmdhelp.txt"，系统将会在 D 盘根目录下创建一个名为 cmdhelp.txt 的文本文档，其内容为 cmd 窗口中的命令及介绍。

2. WinRAR 的安装

打开实验素材中的"wrar550scp.exe"→单击"浏览"按钮设置目标文件夹或使用默认路径→"安装"。

安装后观察桌面快捷方式和"开始"菜单中的程序。

找到程序在"开始"菜单中的启动项或桌面快捷方式启动项，运行。

3."计算器"的使用

（1）打开"计算器"："开始"→"所有程序"→"附件"→"计算器"。

（2）选择计算器模式：在"查看"菜单（图 2-18）中，可以设置计算器的类型，默认为"标准型"，还可以选择"科学型""程序员"和"统计信息"（图 2-19）。另外，还增添了"单位转换"和"日期计算"等功能。

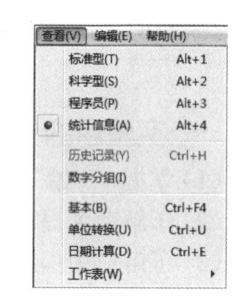

图 2-18　计算器"查看"菜单

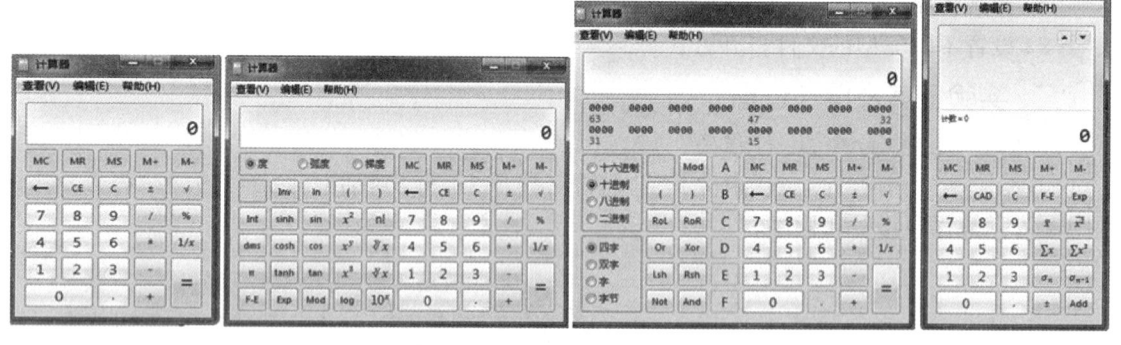

图 2-19　"计算器"的 4 种类型

4. 使用"画图"软件，将 lena.jpg 逆时针旋转 90 度并保存为 lena.png

（1）"开始"→"所有程序"→"附件"→"画图"，打开"画图"程序。

（2）单击菜单栏左侧按钮→"打开"→"浏览"选择实验素材 lena.jpg→"确定"，或右击 lena.jpg→"打开方式"→"画图"。

（3）"主页"选项→"图像"栏的"选择"→在下拉菜单中选择"向左旋转 90 度"。

（4）单击菜单栏左侧按钮→"另存为"→"PNG 图片"→"保存"。图 2-20 显示了可以选择的图片格式及介绍。

图 2-20　"画图"的"另存为"格式

5."录音机"

(1)确保音频输入设备正常。"开始"→"控制面板"→"声音"对话框→"录制"选项卡(如图2-21所示),通常音频输入设备包括电脑自带麦克风、带麦克功能的摄像头以及话筒等,录音时首先使用"默认设备"。

(2)"开始"→"所有程序"→"附件"→"录音机"。

(3)单击"开始录制"→"录音"→"停止录制"→"另存为"。要继续录制,在"另存为"对话框中选择"取消"→"继续录制"即可。

6. 使用 WinRAR 压缩文件或文件夹

选定要压缩的文件(图片实例)→右击→单击"添加到压缩文件"弹出对话框→输入压缩文件名→"确定"。或者选定要压缩的文件→右击→单击"添加'图片实例.rar'"(默认名通常为文件夹名)。

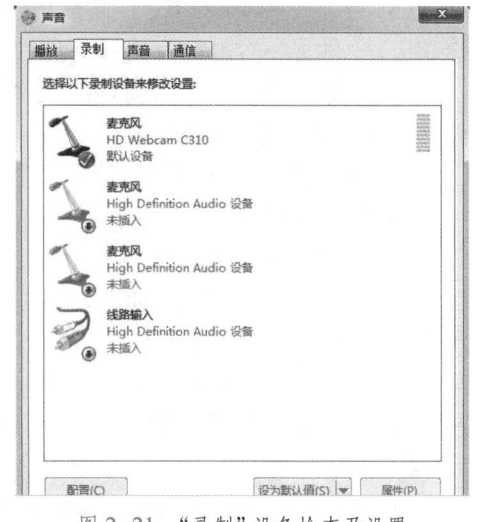

图 2-21 "录制"设备检查及设置

7. 程序卸载

"开始"→"控制面板"→"程序和功能"→右击要卸载的程序→"卸载"→"是"。

8. 设置文件打开方式及文件关联

(1)"开始"菜单右侧列表中的"默认程序"→选择"设置默认程序"选项→在界面左侧列表中选中"写字板"→单击"选择此程序的默认值"→勾选"rtf"选项→"保存";双击 fl1.rtf、fl2.rtf 和 fl3.rtf,系统会调用写字板将其打开。

(2)"开始"菜单右侧列表中的"默认程序"→选择"将文件类型或协议与程序关联"→在界面中选择"png"→单击右上角的"更改程序"按钮→"画图"→"确定"。打开实验素材中的 lena.png 时,可发现是用"画图"程序打开。

实验五 综合实验

一、实验目的

充分掌握 Windows 操作系统中的文件管理及文件文件夹操作等功能。

二、实验任务及操作过程

下载素材文件:实验素材\第二章\实验五。

(1)新建文件夹:打开"实验五"文件夹→右击空白处→"新建"→"文件夹"→输入"RECORD"→回车。

(2)新建文件:打开"病历"文件夹→右击空白处→"新建"→"文本文档"→输入"INDEX.txt"→回车。

(3)移动文件夹:打开"实验五"文件夹→右击"门诊病历"文件夹→"剪切"→打开"病历"文件夹→右击空白处→"粘贴"。

(4)移动文件:打开"病历说明"文件夹→右击"病历说明.txt"文件→"剪切"→打开"实验

五"文件夹→右击空白处→"粘贴"。

（5）复制文件夹：打开"住院病历"文件夹→右击"呼吸内科"文件夹→"复制"→打开"门诊病历"文件夹→右击空白处→"粘贴"。

（6）复制文件：打开"实验五"文件夹→右击"病历(1).docx"→"复制"→打开"病历"文件夹→右击空白处→"粘贴"。

（7）删除文件夹：打开"实验五"文件夹→右击"病历说明"文件夹→"删除"→"是"。

（8）删除文件：打开"实验五"文件夹→右击"病历(8).docx"→"删除"→"是"。

（9）压缩文件和解压缩：

单击"病历(1)"，按住 Shift 单击"病历(8)"（连续选择）→右击→"添加到压缩文件"→输入"backup.rar"→"确定"。

解压缩：右击"backup.rar"→"解压到当前文件夹"。

（10）重命名文件扩展名：右击"backup.rar"→"重命名"→输入"backuprar.txt"→回车→"是"。

（11）更改文件属性：右击"backuprar.txt"→"属性"→勾选"只读"→"确定"。

注意：若系统中不显示文件的扩展名，则需要在"文件夹选项"中设置。方法为："资源管理器"→菜单栏"工具"→"文件夹选项"→"查看"选项卡→取消选择"隐藏已知文件类型的扩展名"。

综合练习

一、单项选择题

1. 下列不是操作系统的环境类型的是_____。
   A. 命令环境　　　　B. 程序环境　　　　C. 图形环境　　　　D. 语言环境
2. 通过高速互连网络将许多台计算机连接起来形成一个统一的计算机系统，可以获得极高的运算能力及广泛的数据共享，这种系统被称作_____。
   A. 分时操作系统　　B. 实时操作系统　　C. 批处理操作系统　　D. 分布式操作系统
3. Windows 7 操作系统是_____。
   A. 单用户单任务系统　　　　　　　　B. 单用户多任务系统
   C. 多用户多任务系统　　　　　　　　D. 多用户单任务系统
4. 操作系统是对_____进行管理的软件。
   A. 硬件　　　　　B. 软件　　　　　C. 计算机资源　　　D. 应用程序
5. 计算机操作系统的功能是_____。
   A. 把源代码转换成目标代码　　　　B. 提供硬件与软件之间的转换
   C. 提供各种中断处理程序　　　　　D. 管理计算机软硬件资源
6. 计算机系统中配置操作系统的目的是提高计算机的_____和方便用户使用。
   A. 速度　　　　　B. 效率　　　　　C. 灵活性　　　　　D. 兼容性
7. 下列_____不是硬盘的分区格式。
   A. NTFS　　　　　B. CDFS　　　　　C. FAT　　　　　　D. RAW
8. 关于 Windows 7 操作系统的启动和关闭，下列说法错误的是_____。
   A. 打开主机电源后，根据用户的不同设置，可以直接登录到桌面完成启动

B. 打开主机电源后,根据用户的不同设置,可以直接在登录对话框中输入用户名和密码,确认后登录

C. 正确的关机步骤为:单击"开始"按钮,在"开始"菜单中选"关机"命令

D. 单击"开始"按钮,在"开始"菜单中选择"睡眠"命令也可关闭计算机

9. Windows 7 的菜单栏中,表明单击此菜单会打开一个对话框的标记是_____。

　　A. "▲"标记　　　　B. "…"标记　　　　C. "√"标记　　　　D. "●"标记

10. 下列关于快捷方式的说法错误的是_____。

　　A. 快捷方式是到计算机或网络上任何可访问的项目的链接

　　B. 可以将快捷方式放置在桌面、"开始"菜单和文件夹中

　　C. 快捷方式是一种无须进入安装位置即可启动常用程序或打开文件/文件夹的方法

　　D. 删除快捷方式后,初始项目也一起被从磁盘中删除

11. 下列关于文件名的说法错误的是_____。

　　A. 文件名由主文件名和扩展名两部分组成

　　B. 从 Windows 95 开始放宽了对文件名的限制,组成文件名的字符数最多可达 255 个

　　C. 主文件名和扩展名之间用英文句号分隔,但一个文件名只能有一个英文句号

　　D. 文件名中可以包括空格和英文句号

12. 在 Windows 7 资源管理器的工作区中,已选定了若干个文件,若想取消其中几个选定文件,需要执行的操作是_____。

　　A. 按住 Shift 键,然后依次单击要取消的文件

　　B. 按住 Shift 键,然后用鼠标右键依次单击要取消的文件

　　C. 按住 Ctrl 键,然后用鼠标右键依次单击要取消的文件

　　D. 按住 Ctrl 键,然后依次单击要取消的文件

13. Windows 7 的任务栏不包括_____。

　　A. "开始"按钮　　B. "显示桌面"按钮　　C. 控制面板　　　　D. 通知区域

14. 下列操作不能完成文件的移动的是_____。

　　A. 用"剪切"和"粘贴"命令

　　B. 在资源管理器右窗口选定要移动的文件,按住鼠标左键拖动到左窗口不同逻辑盘上的目标文件夹上

　　C. 在资源管理器右窗口选定要移动的文件,按下 Shift 键不放,然后用鼠标将选定的文件从右窗口拖动到左窗口的目标文件夹上

　　D. 在资源管理器右窗口选定要移动的文件,按住鼠标右键拖动到左窗口相同目标盘上的目标文件夹上,选择快捷菜单中的"移动到当前位置"

15. 如果用户想直接删除选定的文件或文件夹而不是移到回收站,可以先按下_____键不放,然后再单击"删除"。

　　A. Ctrl　　　　　　B. Shift　　　　　　C. Alt　　　　　　　D. 回车

16. 为了避免重命名文件时重复输入扩展名,一般在重命名时要保证文件的扩展名显示。要使文件的扩展名显示,应选择_____菜单中的"文件夹选项"。

　　A. "查看"　　　　　B. "工具"　　　　　C. "编辑"　　　　　D. "文件"

17. 只要将组成该软件系统的所有文件复制到本机的硬盘,然后双击主程序就可以运行的软件称为_____。

　　A. 系统软件　　　　B. 免费软件　　　　C. 绿色软件　　　　D. 非绿色软件

18. 控制面板是_____。
    A. 计算机硬盘上的一个文件夹　　　　B. 计算机内存中的一块存储区域
    C. 系统管理程序的集合　　　　　　　D. 计算机中的一个硬件

19. 在 Windows 7 系统中,通过鼠标属性对话框,不能调整鼠标的_____。
    A. 移动速度　　　B. 指针轨迹　　　C. 单击速度　　　D. 双击速度

20. 下列_____不属于操作系统。
    A. Office 2010　　　B. DOS　　　C. Windows NT　　　D. Linux

21. 关于磁盘碎片,下列说法错误的是_____。
    A. 磁盘碎片对计算机的性能没有影响,不需要进行磁盘碎片整理
    B. 文件碎片是因为文件被分散保存到磁盘的不同地方,而不是连续地保存在磁盘连续的簇中形成的
    C. 文件碎片过多会使系统在读文件时来回寻找,从而显著降低硬盘的运行速度
    D. 过多的磁盘碎片还有可能导致存储文件的丢失

22. 关于虚拟内存,下列说法不正确的是_____。
    A. 当内存耗尽时,电脑就会自动调用虚拟内存来充当内存
    B. 虚拟内存是内存中的一块存储区域
    C. 虚拟内存的大小可以由用户自行设定
    D. 计算机从物理内存读取数据的速率要比从虚拟内存读取数据的速率快

23. 关于 Windows 回收站,下列说法错误的是_____。
    A. 回收站中的文件可以还原到原来的位置
    B. 回收站是内存中的一块存储区域
    C. 在回收站中再次删除文件,将彻底删除
    D. 文件的删除可不经回收站直接删除

24. Windows 7 的桌面是指_____。
    A. 放置计算机的工作台　　　　　　　B. 显示器上显示的整个屏幕区域
    C. 放置显示器的工作台　　　　　　　D. 应用程序窗口

25. 关于 Windows 7 注册表,下列说法不正确的是_____。
    A. 注册表(Registry)是 Windows 中的一个应用软件
    B. 注册表中存放着计算机软硬件的配置信息
    C. 注册表的键包含了附加的文件夹和一个或多个值
    D. HKEY_CURRENT_USER 管理系统当前的用户信息

26. 在 Windows 7 中,应用程序窗口的标题栏的功能不包括_____。
    A. 改变窗口在桌面上的位置　　　　　B. 显示应用程序的状态
    C. 显示应用程序的名字　　　　　　　D. 改变应用程序运行的级别

27. 关于 Windows 7 的剪贴板,下列描述不正确的是_____。
    A. 剪贴板是内存中的某段区域
    B. 存放在剪贴板中的内容一旦关机将不能保留
    C. 剪贴板是硬盘的一部分
    D. 剪贴板中存放的内容可被不同的应用程序使用

28. 关于文件夹的共享,下列描述正确的是_____。
    A. 所有文件夹都可以设置为共享

B. 含"只读"属性的文件夹不能设置为共享

C. 含"隐藏"属性的文件夹不能设置为共享

D. 所有文件夹都不能设置为共享,只有文件可以设置为共享

29. 在 Windows 7 的桌面空白处右击,选择"排序方式"后,下列_____不会出现。

　　A. 名称　　　　　　B. 项目类型　　　　C. 大小　　　　　　D. 修改时间

30. 以下_____不是 Windows 7 安装的最小需求。

　　A. 1 GHz 或更快的 32 位(X86)或 64 位(X64)处理器

　　B. 4 GB（32 位)或 2 GB（64 位)内存

　　C. 16 GB（32 位)或 20 GB（64 位)可用磁盘空间

　　D. 带 WDDM 1.0 或更高版本的 DirectX 9 图形处理器

二、多项选择题

1. 操作系统的主要特性包括_____。

　　A. 并发性　　　　　B. 共享性　　　　　C. 异步性　　　　　D. 虚拟性

2. 常用的个人计算机操作系统有_____。

　　A. IOS　　　　　　B. Linux　　　　　　C. Windows Vista　　D. Windows Server

3. 对文件的操作与对文件夹的操作相比较,下列描述正确的是_____。

　　A. 复制时,两者的操作完全相同　　　　B. 重命名或删除时,两者的操作完全相同

　　C. 移动时,两者的操作完全相同　　　　D. 两者性质完全不同,操作没有相同之处

4. 关于快捷方式,下列描述正确的是_____。

　　A. 可以在"回收站"中建立　　　　　　B. 可以在桌面上建立

　　C. 可以在文件夹中建立　　　　　　　　D. 可以在"开始"菜单中建立

5. 下列属于 Windows 7 系统通用桌面图标的有_____。

　　A. 计算机　　　　　B. IE 浏览器　　　　C. 控制面板　　　　D. 回收站

6. 下列属于操作系统发展趋势的是_____。

　　A. 智能性　　　　　B. 云技术　　　　　C. 可扩展　　　　　D. 微小化

7. 关于磁盘的格式化,下列描述不正确的是_____。

　　A. 磁盘的格式化主要有快速格式化、完全格式化和部分格式化

　　B. 磁盘格式化后,磁盘上的原有文件将不再存在

　　C. 快速格式化相当于"完全删除",即将磁盘中的所有文件删除

　　D. 完全格式化和快速格式化功能完全相同,只是快速格式化的速度更快些

8. 关于 Windows 7 的库,下列说法正确的是_____。

　　A. 计算机上的文件夹可以包含到库中　　B. 可以对库进行快速分类和管理

　　C. 提供了文档库、音乐库、图片库和视频库　D. 网络文件夹不可以包含到库中

9. Windows 的高级启动菜单包括_____。

　　A. 网络安全模式　　　　　　　　　　　B. 带命令提示符的安全模式

　　C. 最后一次正确的配置　　　　　　　　D. 正常启动 Windows

10. 使用 Windows 7 的控制面板,我们可以管理_____。

　　A. 系统硬件　　　　B. 显示器　　　　　C. 声卡　　　　　　D. 打印机

11. 关闭应用程序窗口的方法有_____。

　　A. 选择"文件"菜单中的"退出"或"关闭"选项

　　B. 单击状态栏中的另一个任务

　　　　C. 双击窗口的标题栏

　　　　D. 单击"关闭"按钮

12. 下列属于对话框的控件的有_____。

　　　A. 单选按钮　　　　B. 标签控件　　　　C. 列表控件　　　　D. 组合框控件

13. Windows 7 中,对磁盘的管理主要包括_____。

　　　A. 磁盘格式化　　　B. 磁盘清理　　　　C. 磁盘碎片整理　　D. 磁盘检查

14. 在 Windows 7 中,个性化设置包括_____。

　　　A. 主题　　　　　　B. 桌面背景　　　　C. 窗口颜色　　　　D. 声音

15. Windows 系统崩溃后,可以通过_____来恢复。

　　　A. 更新驱动　　　　　　　　　　　　　B. 使用之前创建的系统镜像

　　　C. 使用安装光盘重新安装　　　　　　　D. 卸载程序

16. 声音属性设置包括_____。

　　　A. 音量合成器　　　B. 播放设备　　　　C. 录音机　　　　　D. 声音主题

三、判断题

1. UNIX 操作系统是多用户操作系统。　　　　　　　　　　　　　　　　　　（　　）
2. Windows 是多任务操作系统。　　　　　　　　　　　　　　　　　　　　（　　）
3. 操作系统是计算机系统中的第一层软件。　　　　　　　　　　　　　　　（　　）
4. 裸机是指仅安装了操作系统,其他软件都没有安装的计算机。　　　　　　（　　）
5. 要开启 Windows 7 的 Aero 效果,必须使用 Aero 主题。　　　　　　　　（　　）
6. 图标是一个小的图像,图标相同的文件代表的含义一定相同。　　　　　　（　　）
7. 不论用户打开的是什么窗口,滚动条肯定会出现。　　　　　　　　　　　（　　）
8. 所谓模式对话框,是指当该种类型的对话框打开时,主程序窗口被禁止,只有关闭该对话框,才能处理主窗口。　　　　　　　　　　　　　　　　　　　　　　　　　　（　　）
9. 对文件重命名时,如果没有显示其扩展名,则只能修改主文件名。　　　　（　　）
10. 双击注册了文件类型的文档,能够自动启动应用程序并同时将该文件打开。　（　　）
11. 操作系统是一种对所有硬件进行控制和管理的应用软件。　　　　　　　（　　）
12. 正版 Windows 7 操作系统不需要激活即可使用。　　　　　　　　　　　（　　）
13. 进入 Windows 7 操作系统后,默认使用的是中文输入法。　　　　　　　（　　）
14. 语言栏一般是浮动在桌面上的,它用于选择系统所用的语言和输入法。　（　　）
15. 操作系统是软件的一种,可以和其他软件部分顺序安装。　　　　　　　（　　）
16. 进程是动态的,程序是静态的。　　　　　　　　　　　　　　　　　　（　　）
17. 文件名可以由英文字母、数字、下划线、空格和汉字等组成,但不允许使用 /、\、:、*、?、"、<、>、| 等符号。　　　　　　　　　　　　　　　　　　　　　　　　（　　）
18. Windows 7 中的回收站不占用硬盘空间。　　　　　　　　　　　　　　（　　）
19. Windows 7 中的"记事本"和"写字板"中都不能插入图像。　　　　　（　　）

第 3 章

Microsoft Office 办公软件

实验一　Office 2010 界面的自定义

一、实验目的

（1）掌握 Office 2010 功能区的自定义方法；
（2）掌握 Office 2010 快速访问工具栏的自定义方法。

二、实验任务及操作过程

1. 自定义 Word 2010 功能区

要求：在 Word 2010 中新建一个名为"我的工作"的选项卡，包含"论文撰写"和"常用工具"两个组，其中"论文撰写"组包括"格式刷""字体""自动滚动""字数统计"四个命令，"常用工具"组中包括"保存""另存为""屏幕截图""Microsoft Excel"四个命令。

具体操作：

（1）启动 Word 2010。

执行"开始"→"所有程序"→"Microsoft Office"→"Microsoft Word 2010"，启动 Word 2010。

（2）打开"自定义功能区"页面。

执行"文件"→"选项"→"自定义功能区"，打开"自定义功能区"页面，如图 3-1 所示。

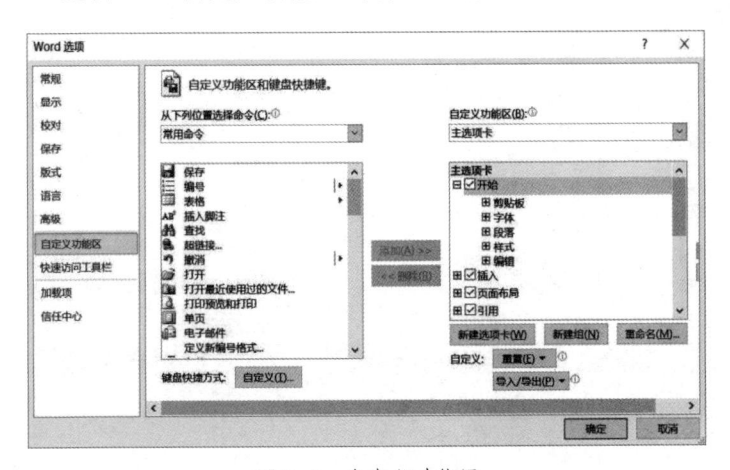

图 3-1　自定义功能区

（3）新建选项卡和组。

单击图3-1中的"新建选项卡"按钮,则在当前选项卡下面插入一个新选项卡(默认包含一个新建组),如图3-2所示。

图3-2 新建选项卡和新建组

（4）重命名选项卡和组。

单击"新建选项卡(自定义)"→"重命名"按钮→"重命名"对话框→输入"我的工作"→"确定"（图3-3）→"新建组(自定义)"→"重命名"→"重命名"对话框→输入"论文撰写"→"确定"（图3-4）。重命名后的选项卡和组如图3-5所示。

图3-3 选项卡"重命名"对话框　　　图3-4 组"重命名"对话框

图3-5 重命名后的选项卡和组

（5）给组添加命令。

① 添加"格式刷"命令：单击"论文撰写"组，在"从下列位置选择命令"下拉列表中，选择命令类型为"常用命令"→在列表框中选择"格式刷"→"添加"。

② 添加"字体"命令：在"从下列位置选择命令"下拉列表中，选择命令类型为"常用命令"→在列表框中选择"字体"→"添加"。

③ 添加"自动滚动"命令：在"从下列位置选择命令"下拉列表中，选择命令类型为"不在功能区中的命令"→在列表框中选择"自动滚动"→"添加"。

④ 添加"字数统计"命令：在"从下列位置选择命令"下拉列表中，选择命令类型为"所有命令"→在列表框中选择"字数统计"→"添加"。

添加完毕，"论文撰写"组如图 3-6 所示。

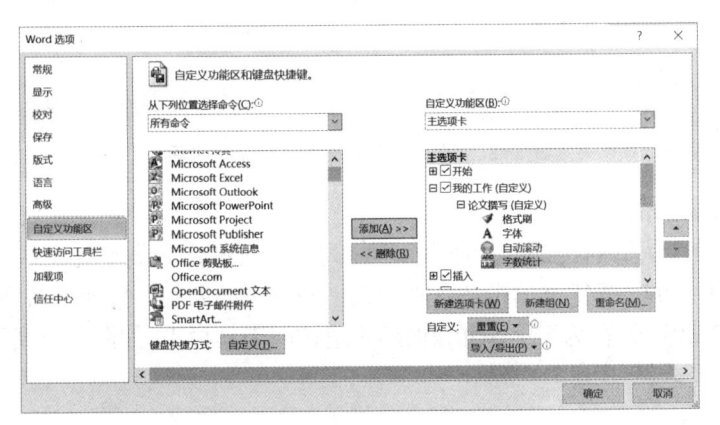

图 3-6 为"论文撰写"组添加命令

重复(3)～(5)操作，为"我的工作"选项卡添加"常用工具"组，其中包括"保存""另存为""屏幕截图""Microsoft Excel"四个命令。

（6）自定义功能区完成后，单击"确定"按钮关闭"选项"对话框，返回文档编辑状态，在应用程序的功能区即可看到"我的工作"选项卡的"论文撰写"组和"常用工具"组的所有命令，如图 3-7 所示。

图 3-7 "我的工作"选项卡

2. 自定义快速访问工具栏

要求：分别为 Excel 2010、Word 2010、PowerPoint 2010 的快速访问工具栏添加"新建""另存为"命令。

具体操作：

此处以在 Excel 2010 的快速访问工具栏添加"新建""另存为"命令为例。

（1）启动 Excel 2010。

执行"开始"→"所有程序"→"Microsoft Office"→"Microsoft Excel 2010"命令，启动 Excel 2010。

(2)打开"自定义快速访问工具栏"页面。

单击"文件"→"选项"→"快速访问工具栏",打开"自定义快速访问工具栏"页面,如图3-8所示。

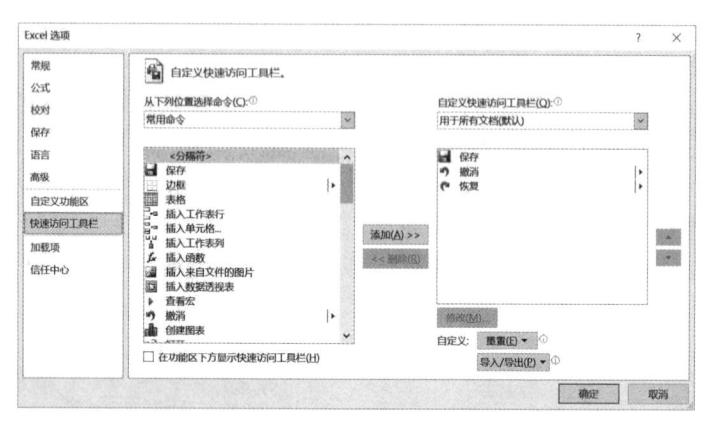

图3-8 "自定义快速访问工具栏"页面

(3)选择要添加的命令。

在图3-8中,在"从下列位置选择命令"下拉列表中选择命令类型为默认的"常用命令",在列表框中选择要添加的"新建",单击"添加"按钮,即可将"新建"命令添加到快速访问工具栏中。重复上述操作,将"另存为"命令也添加到快速访问工具栏中,如图3-9所示。

图3-9 将"新建""另存为"命令添加到快速访问工具栏

注意: 在"文件"选项卡和"所有命令"两种命令类型中也含有"新建"和"另存为"命令。

(4)自定义快速访问工具栏后,单击"确定"按钮关闭"选项"对话框,返回文档编辑状态,在应用程序窗口左上角的快速访问工具栏中可以看到"新建""另存为"命令,如图3-10所示。

分别启动 Word 2010、PowerPoint 2010,重复(2)~(4)操作,可分别为 Word 2010、PowerPoint 2010 的快速访问工具栏添加"新建"和"另存为"命令。

图3-10 自定义快速访问工具栏示例

三、实验分析及知识拓展

本实验主要让学生掌握自定义功能区和快速访问工具栏的操作方法,在掌握本实验涉及的操作的基础上,还要掌握删除自定义功能区的操作、将快速访问工具栏导出和导入的操作以及重置快速访问工具栏为默认设置的操作。

实验二　Office 文档的基本操作

一、实验目的

（1）掌握 Office 文档的建立、打开和保存的方法；
（2）掌握 Office 文档加密保存的方法；
（3）掌握使用格式刷快速格式化文本的方法；
（4）掌握屏幕截图的方法。

二、实验任务及操作过程

下载实验素材：实验素材\第 3 章\实验二\素材.pptx。

1. 打开文档并另存

要求：将"素材.pptx"另存为"计算器.pptx"，后续操作均基于此文档。

执行"开始"→"所有程序"→"Microsoft Office"→"Microsoft PowerPoint 2010"命令，启动 PowerPoint 2010 →"文件"→"打开"（或使用 Ctrl＋O 组合键）→"打开"对话框→找到"实验素材\第 3 章\实验二\素材.pptx"的保存位置，选中该文件→"打开"，打开该文档。

执行"文件"→"另存为"→"另存为"对话框→在"文件名"文本框中将"素材"修改为"计算器"，保存类型为"PowerPoint 演示文稿(*.pptx)"→"保存"。

注意：不能直接将"素材.pptx"重命名为"计算器.pptx"。

2. 加密保存文档并关闭

要求：将"计算器.pptx"加密保存，设置打开权限密码为"123456"。

具体操作：

（1）执行"文件"→"信息"→"保护演示文稿"→"用密码进行加密"，如图 3-11 所示。

图 3-11　保护文档下拉菜单

（2）在"加密文档"对话框中输入密码"123456"（图 3-12）→"确定"→在"确认密码"对话框再输一遍密码→"确定"。如果两次输入的密码相同，则会看到图 3-13 所示的说明。

图 3-12 "加密文档"对话框和"确认密码"对话框

图 3-13 加密后的权限说明

(3)关闭文档(但不关闭应用程序)。

单击"文件"→"关闭"命令,即可不关闭 PowerPoint 2010 应用程序窗口而只关闭"计算器.pptx"文档。

3. 打开已加密文档

要求:将已加密的"计算器.pptx"打开。

执行"文件"→"打开"→找到保存位置并选中"计算器.pptx"→"打开"→"密码"对话框(图 3-14)→输入密码"123456"→"确定",即可打开此加密文档。

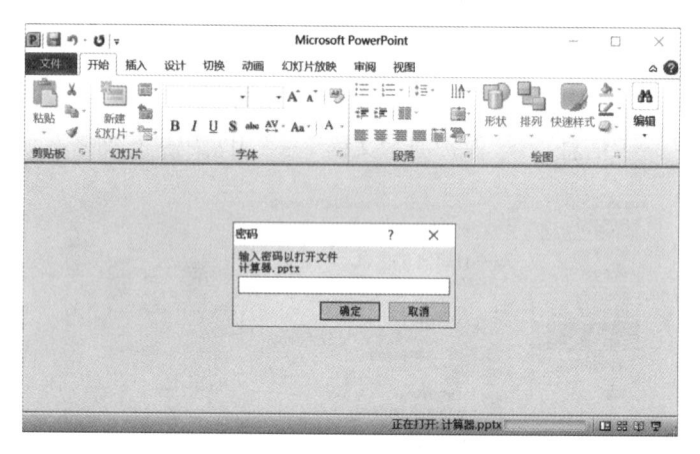

图 3-14 打开加密文档

4. 使用格式刷快速复制格式

要求:在"计算器.pptx"的第三张幻灯片中,利用格式刷工具,将"科学型计算器""信息统计计算器"设置为与"标准型计算器"相同格式。

具体操作:

(1)选定样本。

按住鼠标左键拖动选中"标准型计算器"。

(2)选取格式刷。

双击"开始"选项卡"剪贴板"组的"格式刷"命令(双击的原因:欲快速复制格式的文本

"科学型计算器"和"信息统计计算器"不相邻,需要使用两次格式刷)。

(3)利用格式刷复制格式。

将鼠标指针移至文本区域,鼠标指针变成刷子形状,按住鼠标左键拖动依次选择需要设置格式的文本"科学型计算器"和"信息统计计算器",则格式刷刷过的文本将被应用为被复制的格式,如图3-15所示。

完成格式的复制后,再次单击"格式刷"按钮或按Esc键,即可停止使用格式刷。

图3-15 格式刷与效果图

5. 屏幕截图

要求:在第五张幻灯片"科学型计算器"中插入科学型计算器图片。

具体操作:

(1)启动"计算器"并转换为"科学型计算器"。

方法一:执行"开始"→"所有程序"→"附件"→"计算器"→"科学型"。

方法二:按Win+R组合键打开"运行"对话框→输入"calc"→"确定"或直接回车,Windows自带的计算器即可打开(默认为标准型计算器)→将标准型计算器转换为科学型计算器。

注意:"计算器"窗口必须处于非最小化状态。

(2)屏幕截图。

在"计算器.pptx"文档窗口中执行"插入"选项卡"图像"组的"屏幕截图"命令,在打开的"可用视窗"面板(图3-16)中,PowerPoint 2010将显示智能监测到的可用窗口,单击"科学型计算器"窗口即可将该窗口的截图插入到PowerPoint 2010中,如图3-17所示。

图3-16 屏幕截图和屏幕剪辑

图3-17 屏幕截图效果图

三、实验分析及知识拓展

本实验主要让学生掌握Office文档的通用的基本操作,在掌握本实验涉及的操作的基础上,还要掌握修改自动保存文档时间、恢复Office 2010中未保存的文档等操作。

实验三 Office文件中宏的应用

一、实验目的

(1)了解宏的基本概念;

(2)掌握创建宏、录制宏、使用宏的方法。

二、实验任务及操作过程

下载实验素材:实验素材 \ 第 3 章 \ 实验三 \ 宏 .xlsx。

1. 打开并启用宏

(1)执行"开始"→"所有程序"→"Microsoft Office"→"Microsoft Excel 2010"命令,启动 Excel 2010→"文件"→"打开"→在实验素材文件夹中选择"宏.xlsx"文档→"确定",打开"宏.xlsx"文档。

(2)执行"文件"→"选项"→"Excel 选项"对话框→"信任中心"→"信任中心设置"→"信任中心"对话框→"ActiveX 设置"→选中"无限制启用所有控件并且不进行提示"项,取消"安全模式"(图 3-18)。

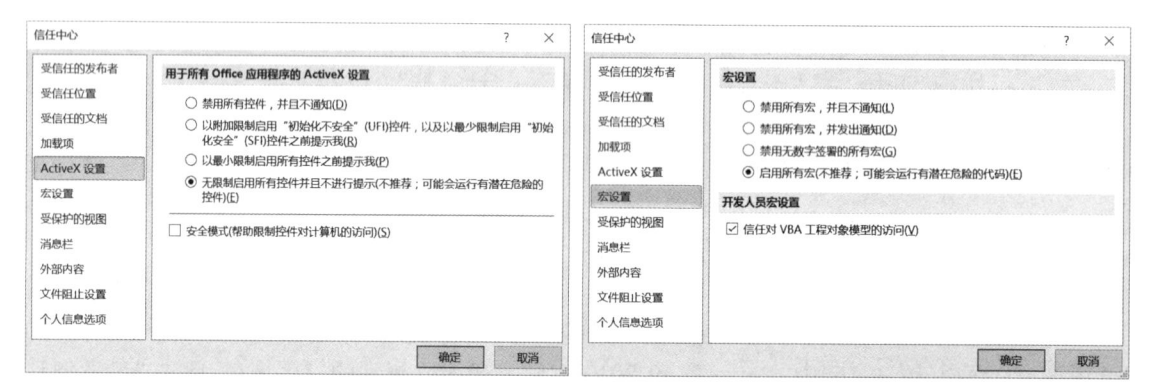

图 3-18　ActiveX 设置　　　　　　　　图 3-19　宏设置

(3)在图 3-18 中选中"宏设置"→"启用所有宏"→勾选"信任对 VBA 工程对象模型的访问",如图 3-19 所示。

(4)如图 3-20 所示,选择保存类型为"Excel 启用宏的工作簿(*.xlsm)",将"宏.xlsx"文档另存为"宏.xlsm",然后关闭文档。

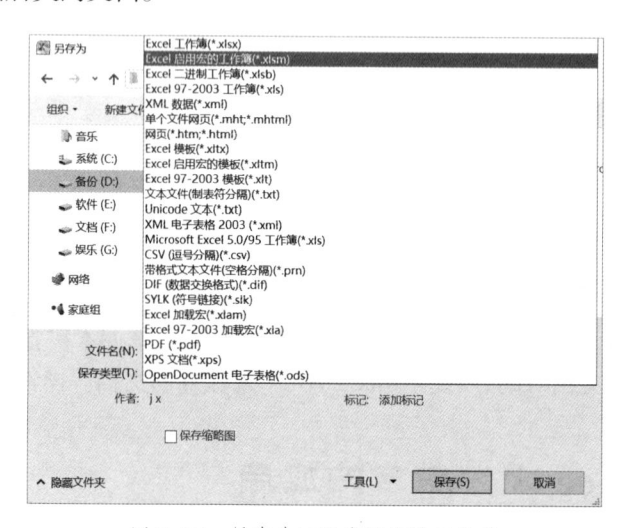

图 3-20　另存为可以启用宏的工作簿

2. 录制宏

要求:在"宏.xlsm"文档中,创建一个名为"列宽 20"的宏,将宏保存在当前工作簿中,用

Ctrl+k作为快捷键,功能为将选定列的宽度设置为20。

具体操作:

(1)录制宏:

① 打开"宏.xlsm"文档→单击任意一列的列标选中一列(此项操作至关重要)→"视图"→"宏"组→"录制宏"命令(图3-21)→在"录制新宏"对话框中输入宏名"列宽20",快捷键设置为Ctrl+k(k为小写,此处区分大小写),"保存在"选择"当前工作簿","说明"文本框中输入"将所选列的列宽设置为20",如图3-22所示。

图3-21 "宏"组命令　　　　图3-22 "录制新宏"对话框

② 单击图3-22中的"确定"按钮,开始宏的录制。在已选中的列上右击→"列宽"→输入列宽值20→执行"视图"选项卡"宏"组的"停止录制"命令,完成宏的录制。

(2)运行宏"列宽20":

选择任意一列或任意一个单元格→执行"视图"选项卡"宏"组的"查看宏"命令,打开"宏"对话框,如图3-23所示,单击"执行"按钮即可运行"列宽20"宏。

图3-23 "宏"对话框

直接用快捷键Ctrl+k可以快速运行"列宽20"宏。

3. 在Excel 2010的快速访问工具栏添加"列宽20"宏按钮

执行"文件"→"选项"→"快速访问工具栏"→在"从下列位置选择命令"组合框中选择"宏"→在宏列表框中选择"列宽20"→"添加","列宽20"宏即添加到快速访问工具栏,如图3-24所示。

在图3-24中单击"修改"按钮,打开图3-25所示的"修改按钮"对话框,可以修改按钮的名称和符号图标。

如图3-26所示,Excel 2010的快速访问工具栏中添加了"列宽20"宏按钮。

图 3-24 添加"宏"按钮

图 3-25 "修改按钮"对话框

图 3-26 快速访问工具栏效果图

选中任意一列或任意一个单元格,单击快速访问工具栏的■按钮,即可快速将该列的列宽设置为 20。

4. 利用 Visual Basic 编辑器编写宏,调用外部程序"记事本",并添加到快速访问工具栏

执行"视图"选项卡"宏"组的"查看宏"命令→在"宏"对话框中输入"记事本"→"创建"(图 3-27)→在弹出的 Visual Basic 编辑器的代码窗口输入"Shell("notepad.exe")",如图 3-28 所示,然后关闭 Visual Basic 编辑器。

图 3-27 创建宏

图 3-28 在"Visual Basic 编辑器"窗口中编写代码

利用上面的操作将"记事本"宏添加到快速访问工具栏后,单击快速访问工具栏上的宏按钮即可调用外部程序——"记事本"。

三、实验分析及知识拓展

本实验主要让学生掌握宏的基本操作,在掌握本实验涉及的操作的基础上,还可以进一步了解 VBA 的相关知识,掌握 Office 的各应用程序中宏的用法。

四、拓展作业

(1) 在 Word 2010 中,利用 Visual Basic 编辑器编写宏,调用外部程序"计算器",并添加到快

速访问工具栏。

提示：计算器的文件名为 calc.exe。

（2）在 Excel 2010 中利用录制宏，创建一个名为"计算1"的宏，将宏保存在当前工作簿中，用 Ctrl+Shift+F 作为快捷键，功能为将选定单元格内填入"68+98-46"的结果。

提示：要先选好单元格，再录制宏，完成操作后，不要有其他多余的操作，马上选择"停止录制"。

实验四 Office 文件中控件的使用

一、实验目的

（1）了解控件的相关概念；
（2）掌握加载"开发工具"选项卡调用控件的方法；
（3）掌握控件工具的使用方法。

二、实验任务及操作过程

下载实验素材：实验素材\第3章\实验四。

1. 将"Word 素材 .docx"另存为"近视眼的预防 .docx"，在"标准的眼保健操如下："之后，利用控件工具插入视频文件"眼保健操 .mp4"

（1）将"Word 素材 .docx"另存为"近视眼的预防 .docx"。

进入实验素材文件夹→双击"Word 素材 .docx"文档，Word 应用程序窗口和文档窗口一同打开→"文件"→"另存为"→在"另存为"对话框中将文件名改为"近视眼的预防 .docx"→"保存"。

（2）加载"开发工具"选项卡。

执行"文件"→"选项"→"自定义功能区"→勾选右侧列表中的"开发工具"（图3-29），即可在功能区最右侧显示"开发工具"选项卡，如图3-30所示。

图 3-29 加载"开发工具"选项卡

图 3-30 "开发工具"选项卡

（3）在文档中插入视频。

① 将插入点定位到"标准的眼保健操如下："之后→单击"开发工具"选项卡"控件"组的"旧式窗体"命令右侧的下拉按钮→在弹出的"旧式窗体"面板中选择最右下角的"其他控件"按钮，弹出"其他控件"窗口（图3-31）→选择"Windows Media Player"控件→"确定"，即可在文档中插入"Windows Media Player"视频播放器控件，如图3-32所示。

图3-31　添加"Windows Media Player"视频播放器控件

图3-32　插入视频播放器控件

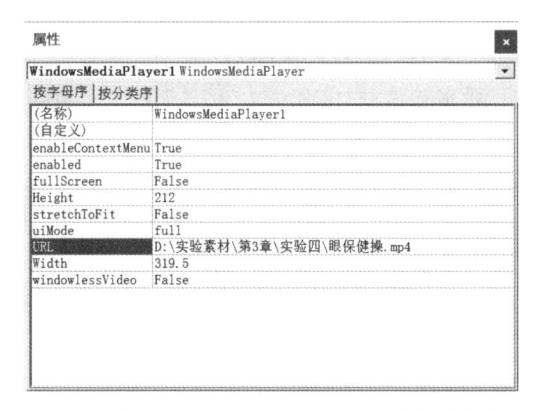

图3-33　"Windows Media Player"控件的属性窗口

② 右击"Windows Media Player"媒体播放器控件→"属性"→选择"URL"，将其属性值设置为视频文件的完整地址"D:\实验素材\第3章\实验四\眼保健操.mp4"（图3-33）→关闭"属性"对话框。但是视频不能马上播放，因为默认处于设计模式，需要先退出设计模式才能播放。

③ 执行"开发工具"选项卡"控件"组的"设计模式"命令，即可退出设计模式。如果后期需要修改控件属性，单击"设计模式"命令即可进入设计模式。

2. 打开"近视眼.pptx"文档，在第三张幻灯片空白处，利用控件工具插入Flash动画文件"js.swf"

（1）进入实验素材文件夹，双击打开"近视眼.pptx"文档→"文件"→"选项"→"自定义功能区"→勾选右侧列表中的"开发工具"，即可在功能区最右侧显示"开发工具"选项卡，如图3-34所示。

图3-34　PowerPoint"开发工具"选项卡

(2)在文档中嵌入 Flash 动画。

① 选择"近视眼 .pptx"的第三张幻灯片→单击"开发工具"选项卡"控件"组的"旧式窗体"命令右侧的下拉按钮,在弹出的"旧式窗体"面板中选择"其他控件"按钮,弹出"其他控件"窗口(图 3-31)→选择"Shockwave Flash Object"控件→"确定",即在该幻灯片中插入 Flash 播放器控件窗口,如图 3-35 所示。

图 3-35 "Shockwave Flash Object"控件窗口 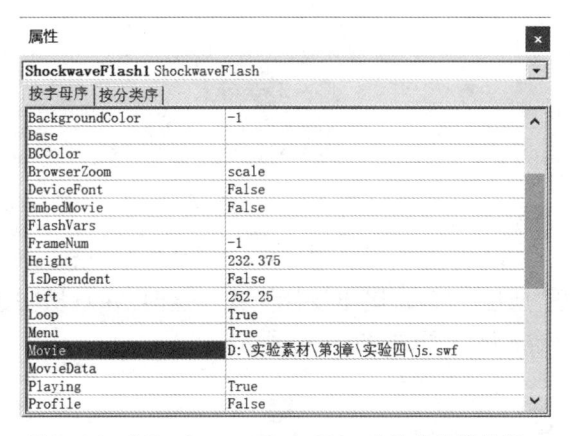   图 3-36 "Shockwave Flash Object"控件的属性窗口

② 右击"Shockwave Flash Object"控件窗口→"属性"→"Movie",将其属性值设置为 Flash 动画文件的完整地址"D:\实验素材\第 3 章\实验四\js.swf",如图 3-36 所示→关闭"属性"对话框。但是 Flash 动画不能马上播放,需要先退出设计模式才能播放。

③ 执行"开发工具"选项卡"控件"组的"设计模式"命令,即可退出设计模式。放映幻灯片,就可以看到 Flash 动画的播放。

3. 打开"血压监测 .xlsx"文档,利用控件工具在"血压数据"工作表中插入一个日历,并通过日历在 Excel 单元格 B15 中输入日期

(1)进入实验素材文件夹,双击打开"血压监测 .xlsx"文档→"文件"→"选项"→"自定义功能区"→勾选右侧列表中的"开发工具",即可在功能区最右侧显示"开发工具"选项卡,如图 3-37 所示。

图 3-37 Excel"开发工具"选项卡

(2)选择"血压监测 .xlsx"的"血压数据"工作表→"开发工具"选项卡→"控件"组→"插入"→在弹出的"控件"面板中选择"其他控件"按钮,弹出"其他控件"窗口(图 3-38)→选择"日历控件 8.0"→"确定",即在该工作表中插入日历控件。

图 3-38　添加"日历控件 8.0"控件

（3）右击"日历"控件→"属性"→"LinkedCell"→将其属性值设置为 B15（图 3-39）→关闭"属性"窗口，退出设计模式。这时，在日历中选择某一天，即可在当前工作表的 B15 单元格中输入该日期，如图 3-40 所示。

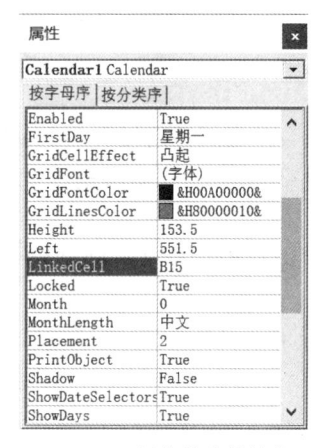

图 3-39　日历控件的属性窗口 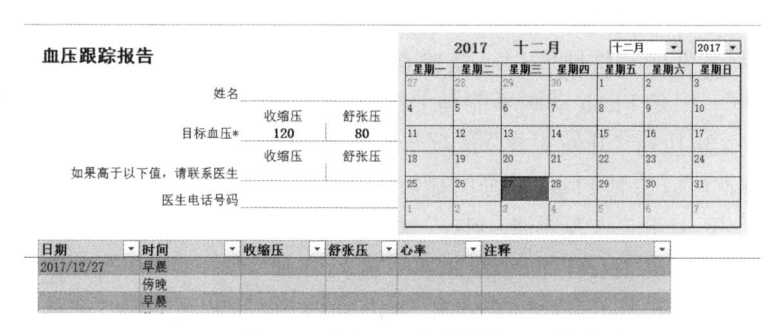　　图 3-40　在 Excel 中插入日历控件输入日期效果图

如果要修改日历控件格式，则执行"开发工具"选项卡"控件"组的"设计模式"命令，进入控件的设计模式→在日历控件上右击→"日历对象"→"属性"，在打开的"日历属性"对话框中可以设置日历控件的字体、颜色等属性。

实验五　Word 文档的建立与编辑

一、实验目的

（1）能够熟练利用模板进行文件的建立和保存操作；
（2）能够熟练进行文本的查找与替换操作；
（3）能够熟练输入疑难汉字、特殊字符；
（4）能够插入图片、艺术字；
（5）能够将文本转换为表格，能够复制粘贴链接形式的文本；
（6）能够使用拼写和语法检查。

二、实验任务及操作过程

在 D 盘根目录下建立以学生的学号命名的文件夹,将"实验素材\第 3 章\实验五"文件夹下载到"D:\学号"文件夹下。

1. 在"中文别名"段尾输入"苄苯哌咪唑",加上拼音并设置拼音的对齐方式为居中,偏移量为 1 磅,字号为 7 磅,设为突出显示文本

(1) 打开文件"药品说明 – 阿司咪唑.docx"→将插入点移到"中文别名"段尾→输入法的手写输入按钮 →在"手写输入"面板中输入"苄"→在面板右侧单击选择正确字(图 3-41),即可将手写字插入到文中→依次输入"苯哌咪唑"。

图 3-41　手写输入　　　　　　　图 3-42　拼音指南

(2) 选中"苄苯哌咪唑"→"开始"→"字体"组→"拼音指南"按钮 →"拼音指南"对话框(图 3-42)→对齐方式为"居中",偏移量为"1 磅",字号为"7 磅"→"确定"→"开始"→"字体"组→"以不同颜色突出显示文本"按钮 。

2. 将标题设置为艺术字

选中"阿司咪唑"→"插入"→"文本"组→"艺术字"按钮,在弹出的下拉面板中,选择一种样式→回车,调整段落,使插入的艺术字与下文不在同一行。

3. 在标题的后面插入图片"阿司咪唑.jpg"

在"通用名称"段前按回车键,在上面空出的段落上→"插入"→"插图"组→"图片"→"插入图片"对话框→文件路径"D:\学号\实验素材\第 3 章\实验五"→"阿司咪唑.jpg"→"插入"。

4. 将文中所有的(1)、(2)、(3)修改为①、②、③

按 Ctrl+h 打开"查找和替换"对话框→"查找内容"输入"(1)"→插入点移到"替换为"→打开输入法软键盘"数字序号"→输入"①"(图 3-43)→"全部替换"。

用同样的方法替换(2)、(3)为②、③。

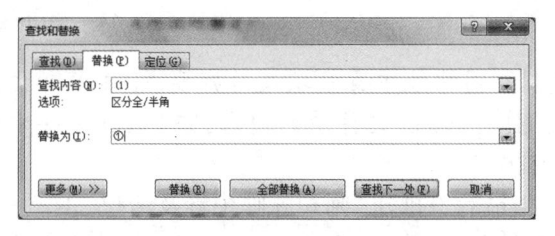

图 3-43　"查找和替换"对话框

5. 将文中所有"[ ]"替换为"【 】",颜色为绿色

打开"查找和替换"对话框→"更多"→"查找内容"输入"["→"替换为"输入"【"→单

击"格式"-"字体"→在"字体"对话框中设置字体颜色为绿色并按"确定"按钮回到"查找和替换"对话框(图3-44)→"全部替换"。

用同样方法替换"]"为"】"。

图 3-44 查找和替换 – 更多

6. 将"用法与用量"段后3段文字转换为三行三列的表格

选中"用法与用量"段后的3段文字→"插入"→"表格"组→"表格"→"文本转换成表格"按钮→在"将文字转换成表格"对话框中采用默认设置→"确定"。

7. 将表格中的"按体重0.2 mg/kg"设置为双行合一

选中"按体重0.2 mg/kg"→"开始"→"段落"组→"中文版式"→"双行合一"。

8. 将文中英文药品名称加入词典,其他错误设置为忽略

"审阅"→"校对"组→"拼写和语法"按钮→"拼写和语法"对话框(图3-45)→英文药品名称选择"添加到词典",其他内容选择"忽略一次",依次进行直到拼写语法检查结束。

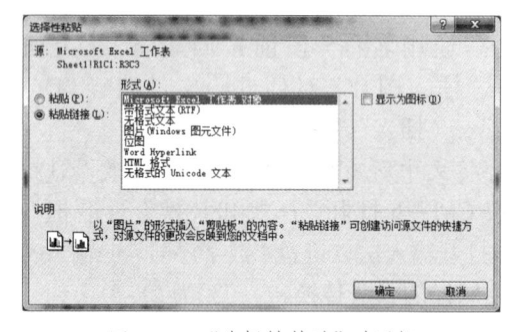

图 3-45 拼写和语法检查　　　　图 3-46 "选择性粘贴"对话框

9. 在文档的最后复制阿司咪唑中毒症状及治疗要点(请参考文件"阿司咪唑中毒及治疗.xlsx"),要求表格内容引用Excel文件中的内容,若Excel文件中的内容发生变化,Word文档中的内容随之发生变化

(1)将插入点移到文档最后→打开"阿司咪唑中毒及治疗.xlsx"→在Excel中复制已有内容→回到Word文档→"开始"→"剪贴板"组→"粘贴"→"选择性粘贴"→"选择性粘贴"对话框(图3-46)→"粘贴链接"→"Microsoft Excel工作表对象"→"确定"。

(2)在Excel中修改"阿司咪唑中毒及治疗.xlsx"内容→在Word复制的内容上右击→"更

新链接",Word 中的内容就会变为 Excel 中修改后的样子。

10. 将文档保存为模板(文件名为"药品说明.dotx"),并用此模板创建一个新文档并保存为"药品说明 1.docx"

(1)"文件"→"另存为"→"另存为"对话框(图 3-47)→"保存类型"选择"Word 模板(*.dotx)"→"文件名"输入"药品说明"→保存位置输入"%appdata%\Microsoft\Templates"→"保存"。

图 3-47 "另存为"对话框　　图 3-48 "新建"对话框

(2)"文件"→"新建"→"我的模板"→"新建"对话框(图 3-48)→"药品说明.dotx"→"确定",出现与刚才编辑的文档相同内容的新文档。单击快速访问工具栏"保存"→"另存为"对话框→"文件名"输入"药品说明 1"→保存位置输入"D:\学号\实验素材\第 3 章\实验五"→"保存"。

实验六　Word 表格的制作

一、实验目的

(1)掌握规则、不规则表格的设计方法;
(2)掌握合并单元格、拆分单元格、拆分表格的方法;
(3)掌握利用公式对表格中的数据进行计算;
(4)掌握对表格进行边框、行高、列宽、线型、底纹等设置的方法;
(5)掌握文本框的输入和格式设置的方法;
(6)掌握如何将表格内容转换为图表的方法,以及了解图表格式的设置;
(7)掌握 SmartArt 图形输入和格式设置的方法。

二、实验任务及操作过程

在 D 盘根目录下建立以学生的学号为命名的文件夹,将"实验素材\第 3 章\实验六"文件夹下载到"D:\学号"文件夹下。

1. 建立一个名为"学生成绩.docx"的文件,在其中建立图 3-49 所示的表格

课　程 姓　名	各科成绩		
	数　学	英　语	计算机
张　三	89	71	92
李　四	97	87	88
王　五	84	73	95

图 3-49　各科成绩

（1）启动 Word →快速访问工具栏"新建"（或 Ctrl＋N）→保存为"学生成绩.docx"→"插入"→"表格"组→"表格"→"插入表格"→"插入表格"对话框→列数设置为4，行数设置为5→"确定"。

（2）选中第1列中第1～2行单元格→"表格工具－布局"→"合并"组→"合并单元格"→"表格工具－设计"→"表格样式"组→"边框"→"斜下框线"。

（3）"插入"→"文本框"→"绘制文本框"→在第一单元格斜线的右上部分鼠标拖动为合适大小→输入"课"→"绘图工具－格式"→"形状样式"组→"形状填充"→"无填充颜色"→"形状轮廓"→"无轮廓"。复制"课"文本框→空白处右击→"粘贴"→将文本框内容改为"程"→移动文本框到相应位置。用同样的方法生成"姓""名"文本框。

选中第1行第2～4列单元格→"合并单元格"→根据图3-49所示输入各单元格内容。

2. 在表格最右侧插入一列，将第1～2行合并单元格，列标题为"总分"，表格最下面插入一行，行标题为"平均分"

（1）选中最后一列→"表格工具－布局"→"行和列"组→"在右侧插入"→选中新插入列的第1～2行单元格→"合并单元格"。

（2）选中最后一行→"表格工具－布局"→"行和列"组→"在下方插入"。

3. 用公式计算总分和平均分

光标定位于第3行最后一列（E3）单元格中→"表格工具－布局"→"数据"组→"公式"→在"公式"文本框中输入"=SUM(left)"（图3-50）或"=SUM(B3:D3)"。依次在 E4、E5 单元格中输入公式"=SUM(left)"。

同样在 B6、C6、D6、E6 单元格中分别输入公式"=AVERAGE(above)"。

图 3-50　"公式"对话框

4. 将表格所有内容的单元格对齐方式设置为"水平居中"；将表格第1行字体设置为楷体、加粗、三号字

（1）单击表格任意单元格→单击表格左上角全选按钮选中整个表格→"表格工具－布局"→"对齐方式"组→"水平居中"。

（2）选中表格第1行→"开始"→"字体"组进行设置；按住 Shift 键选中"课""程""姓""名"四个文本框→"开始"→"字体"组进行设置。

5. 设置第1行行高为1.2厘米，第2～6行行高为0.8厘米

（1）选中第1行→"表格工具－布局"→"单元格大小"组→"高度"设置为1.2厘米。

（2）选中第2行（B2～D2三个单元格），"高度"设置为0.8厘米；选中第3～6行，"高度"设置为0.8厘米。

6. 设置列宽为"根据窗口自动调整表格"

选中整个表格→"表格工具 – 布局"→"单元格大小"组→"自动调整"→"根据窗口自动调整表格"。

7. 将第 1、2 行的边框设置为双线，颜色为红色，线宽为 0.75 磅，并将第 1 行底纹设置为黄色，第 2 行底纹设置为橙色

（1）选中第 1、2 行→"表格工具 – 设计"→"绘图边框"组→"笔样式"设置为双线→"笔画粗细"设置为 0.75 磅→"笔颜色"设置为"红色"→"表格样式"组→"框线"下拉按钮→"所有框线"。

（2）选中第 1 行→"表格工具 – 设计"→"表格样式"组→"底纹"下拉按钮→"黄色"。同样的方法设置第 2 行底纹为橙色。

8. 将第 6 行的底纹设置为"白色，背景 1，深色 15%"，底纹的图案式样为 10%，颜色为橙色

选中第 6 行→"表格工具 – 设计"→"表格样式"组→"边框"下拉按钮→"边框和底纹"→"边框和底纹"对话框→"底纹"选项卡（图 3-51）→"填充"设置为"白色，背景 1，深色 15%"→"图案"中"样式"为 10%，颜色为"橙色"→"确定"。

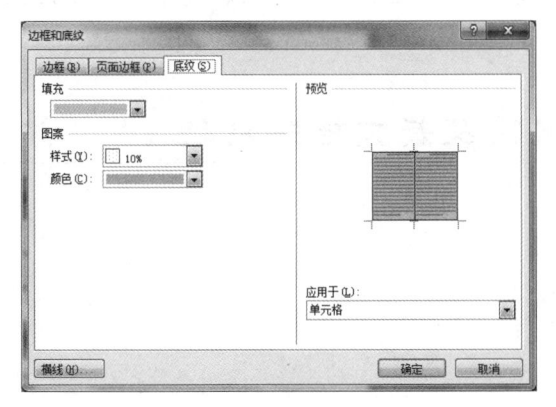

图 3-51 "底纹"选项卡

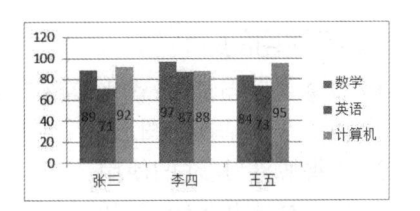

图 3-52 图表

9. 为表格中学生的成绩生成图表，在图表中显示每个人的各科成绩（图 3-52）

（1）在表格后回车，单独生成一段→"插入"→"插图"组→"图表"→"插入图表"对话框→采用默认的图表类型和子类型→"确定"。并排打开的 Word 窗口和 Excel 窗口中，在 Word 窗口中复制第 3～5 行→在 Excel 窗口中选择 A2:D4→"粘贴"→将第 5 行数据删除→调整数据区域为 A1:D4→在 Word 窗口中复制三科标题→在 Excel 窗口中选择 B1:D1→"粘贴"（图 3-53）→关闭 Excel 窗口。

（2）在 Word 窗口中将看到已生成的图表，选中图表→"图表工具 – 布局"→"标签"组→"数据标签"→"居中"。

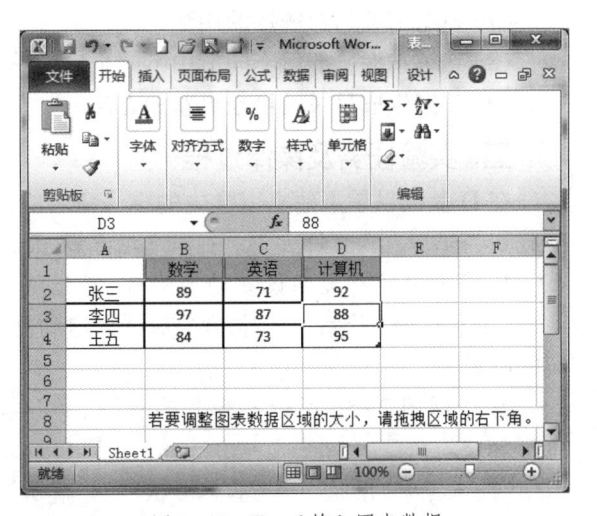

图 3-53 Excel 输入图表数据

10. 在文件末尾输入一个如图 3-54 所示的"输入成绩"流程图

图 3-54 "输入成绩"流程图

图 3-55 SmartArt 图形录入

"插入"→"SmartArt"→"选择 SmartArt 图形"对话框→"层次结构"→"层次结构",出现图 3-55 所示的输入界面,在"在此处键入文字"录入面板中录入各部分的内容。通过删除文本内容删除某一分支部分;通过回车增加一项分支;通过"SmartArt 工具 – 设计"→"创建图形"组中的"升级""降级"命令调整层次。

生成按题目要求的 SmartArt 图形后,选中该图形→"SmartArt 工具 – 设计"→"SmartArt 样式"组→"更改颜色"→"彩色"第 2 个。

实验七　Word 文档的格式化及长文档的处理

一、实验目的
(1) 熟练掌握编辑、格式化文档的操作;
(2) 熟练掌握基本的图形文字混排操作;
(3) 掌握脚注、尾注的使用;
(4) 掌握样式和多级列表的用法;
(5) 掌握题注和交叉引用的用法;
(6) 了解分页符与分节符的不同,熟练进行分节、分栏与页面的设置;
(7) 熟悉书签与超链接的用法;
(8) 熟练掌握分节后不同节中不同页眉、页脚和页码的设置方法;
(9) 掌握生成目录及目录更新的方法。

二、实验任务及操作过程
在 D 盘根目录下建立以学生的学号命名的文件夹,将"实验素材\第 3 章\实验七"文件夹下载到"D:\学号"文件夹下。打开"元宵节.docx"文档。

1. 将文中所有文字设置为左对齐、无缩进、段前段后 0、行距 1.5 倍
Ctrl + A →"开始"→"段落"对话框启动器→在"段落"对话框中作相应的设置。

2. 绘制图 3-56 所示图形作为标题,并组合为一个图形,设置为"上下型环绕"

图 3-56 标题

"插入"→"形状"→"基本形状"→"椭圆"→按住鼠标左键画出一个椭圆→"绘图工具 - 格式"→"形状样式"组→"形状填充"设置为"黄色","形状轮廓"设置为"红色"→快捷菜单

→"添加文字"→输入"元"并设置合适的字体及字号→选中整个图形(单击图形外边框)→"复制"→"粘贴"两次→在新的图形上分别输入"宵""节"→按图 3-56 所示排列→选中"宵"字图形→快捷菜单→"置于顶层"→"置于顶层"→按住 Shift 键选择"元""节"所在图形→快捷菜单→"组合"→"组合"→"绘图工具-格式"→"排列"组→"自动换行"→"上下型环绕"。

3. 将素材"图片 1.jpg"去掉背景与"图片 2.jpg"组合为一个图形,并置于第一段中,设置为四周型环绕

"插入"→"图片"→在"插入图片"对话框中选择"图片 1.jpg"→"图片工具-格式"→"调整"组→"删除背景"→拖动选择框,将人物全部选中→"保留更改"→"图片工具-格式"→"排列"组→"自动换行"→"四周型环绕"→将光标置于文档内容处→"插入"→"图片"→在"插入图片"对话框中选择"图片 2.jpg"→"图片工具-格式"→"排列"组→"自动换行"→"四周型环绕"→"下移一层"下拉按钮→"置于底层"→将"图片 1.jpg"移到"图片 2.jpg"上→按住 Shift 键,同时选择"图片 2.jpg"→右击→"组合"→"组合"→调整大小,置于段落中合适的位置。

4. 将文中第一段的元宵节设为首字下沉,下沉行数 2 行,距正文 0.1 厘米

选中"元宵节"→"插入"→"文本"组→"首字下沉"→"首字下沉选项"→"首字下沉"对话框→"下沉行数"设置为 2→"距正文"设置为 0.1 厘米。

5. 将文中第一段、第二段后的标号设置为脚注,注释内容为红色字体内容

将插入点移到第一段后标号处→"引用"→"插入脚注"→插入点定位到在本页脚注输入处→将文中注释内容移到此处,并设置好字体字号。用同样方法设置第 2 个脚注。

6. 将本文中所有华文行楷、小二号字的文本段落设置为"标题 1"样式;所有微软雅黑、三号字的文本段落设置为"标题 2"样式,并修改"标题 2"样式为黑体、小三号字、自动更新

Ctrl+H→"查找和替换"对话框→插入点定位到"查找内容"处→"更多"→"格式"-"字体"→在"字体"对话框中设置字体、字号为华文行楷、小二号字并"确定"→回到"查找和替换"对话框→将插入点移到"替换为"→"格式"-"样式"→在"样式"对话框中选"标题 1"并"确定"→"全部替换"。

用同样的方法将所有微软雅黑、三号字的文本段落设置为"标题 2"样式→"开始"→"样式组"-"标题 2"→右击→"修改"→"修改样式"对话框→改为黑体、小三号字并勾选"自动更新"→"确定"。

7. 使用多级列表对标题 1、标题 2 自动编号。要求:标题 1 为 X(1,2,…),标题 2 为 X.Y(X,Y 为 1,2,…)

"开始"→"段落"组→"多级列表"→"列表库"→"1,1.1,1.1.1"所示的样式。

8. 对正文中的图片添加题注:标签为"图",编号包含章节号;题注标签编号位于图片下方,题注标题为图片上一段中蓝色字体的内容

选中第一幅图片→"引用"→"题注"组→"插入题注"→"插入题注"对话框→"新建标签"→"新建标签"对话框→输入"图"→"确定"→"编号"→"题注编号"对话框→勾选"包含章节号"→"确定"→"确定",在图片下方出现"图 1-1",在其后面输入标题"猜灯谜"。

选中其他图片→"引用"→"题注"组→"插入题注"→"插入题注"对话框→"确定"→在题注后输入对应段落内蓝色文字。

9. 对正文中出现"如下图所示"中的"下图"两字使用交叉引用,改为"图 X-Y",其中"X-Y"为图题注的编号

选中文中第一个"如下图所示"中的"下图"两字→"引用"→"题注"组→"交叉引

用"→"交叉引用"对话框→"引用类型"为"图","引用内容"为"只有标签和编号","引用哪一个题注"选"图1–1 猜灯谜"→"插入"。用同样的方法设置第二幅图片的交叉引用。

10. 文中最后一页"青玉案·元夕"前存在分页符,现在将此页面设置为图3–57所示的样子:其中将诗词内容放置在图片(元夕背景.jpg)之上;独立的页面设置(上、下、左、右页边距均为2厘米);将"赏析"段落后的内容分为2栏,并加分隔线;给当前页加上页面边框

(1)将插入点定位到此页面开头→"开始"→"段落"组→"显示/隐藏编辑标记(Ctrl+*)"→将此页面之前出现的"分页符"删除→"页面布局"→"页面设置"组→"分隔符"→"分节符"→"下一页"→切换回页面视图→"页面布局"→"页面设置"对话框启动器→"页面设置"对话框→设置上、下、左、右页边距均为2厘米→"应用于"→"本节"→"确定"。

图3–57

(2)用前面学习到的方法设置"青玉案·元夕"为艺术字,"上下型环绕";"辛弃疾"前插入符号"——"并右对齐;插入图片"元夕背景.jpg"并居中;插入一竖排文本框,将诗词内容放在里面,并调整图和文本框的大小,使其适合(字体、字号、颜色自行设置);将"译文"和"赏析"加上边框,并设置其他段落首行缩进2字符。

(3)选中"赏析"后的所有段落→"页面布局"→"页面设置"组→"分栏"→"更多分栏"→"分栏"对话框→"预设"→"两栏"→勾选"分隔线"→"确定"。

(4)"页面布局"→"页面背景"组→"页面边框"→"页面边框"对话框→设置合适的边框→"应用于"→"本节"→"确定"。

11. 将前文提到"青玉案·元夕"的内容(蓝色字体)设置为超链接,链接到9中设置的页面

(1)将插入点放在"——辛弃疾"前→"插入"→"链接"组→"书签"→"书签"对话框→"书签名"为"青玉案"→"添加"。

(2)选中前文提到"青玉案·元夕"的内容(蓝色字体)→"插入"→"超链接"→"书签"→"在文档中选择位置"对话框→"青玉案"→"确定"→"确定"。

12. 在文章开始之前单独分一节,生成本文的目录

在文章最开头插入"分节符"→"下一页"→将光标移到第一页最开始处→"引用"→"目录"→"自动目录1"。

13. 插入页码:要求目录页没有页码,正文页码从1开始,为阿拉伯数字,居中。设置页眉:要求目录没有页眉,正文页眉"元宵节","青玉案·元夕"页的页眉为"青玉案·元夕"

(1)将插入点移到正文内容处→"插入"→"页眉和页脚"组→"页码"下拉面板→"页面底端"→"普通数字2"→"页眉和页脚工具–设计"→"导航"组→关闭"链接到前一条页眉"→"页眉和页脚"组→"页码"→"设置页码格式"→"页码格式"对话框→"页码编号"的"起始页码"设置为1→"确定"→将插入点移到目录页的页脚处→删除目录页的页码→"页眉和页脚工具–设计"→"关闭页眉和页脚"。

(2)将插入点移到正文内容处→双击页眉位置→"页眉和页脚工具-设计"→"导航"组→关闭"链接到前一条页眉"→输入"元宵节",自己定义字体、字号、对齐方式→"导航"组→"下一节"→设置"青玉案•元夕"页的页眉→关闭"链接到前一条页眉"→输入"青玉案•元夕"→"关闭页眉和页脚"。

(3)将插入点移到目录内容处→按F9键→"更新目录"对话框→"只更新页码"。

实验八 使用 Word 程序进行邮件合并

一、实验目的

(1)熟练掌握文档中插入日期的方法;
(2)掌握文档部件建立和使用的方法;
(3)掌握中文简繁转换的设置方法;
(4)掌握利用邮件合并创建相似文档的方法;
(5)掌握利用邮件合并生成信封的方法。

二、实验任务及操作过程

某公司将于今年举办"创新产品展示说明会",市场部助理小王需要制作会议邀请函并寄送给相关的客户。现在依据"通讯录.xlsx"和"邀请函.docx"完成制作工作。

在 D 盘根目录下建立以学生的学号命名的文件夹,将"实验素材\第3章\实验八"文件夹下载到"D:\学号"文件夹下,打开"邀请函.docx"文件。

1. 将文档中"会议议程:"段后的7行文字转换为3列、7行的表格,并根据内容自动调整表格列宽,将表格设置为居中对齐

选中"会议议程:"段后的7行文字→"插入"→"表格"→"文本转换成表格"→选中表格→"表格工具-布局"→"单元格大小"→"自动调整"→"根据内容自动调整表格"→"属性"→"表格属性"对话框→"表格"→"对齐方式"→"居中"。

2. 为制作完成的表格套用一种表格样式,使表格更加美观

选中表格→"表格工具-设计"→在"表格样式"组中选择合适的样式应用即可。如果样式使表格对齐方式改变,可再行设置。

3. 为了可以在以后的邀请函制作中再利用会议议程内容,将文档中的表格内容保存至"表格"部件库,并将其命名为"会议议程"

选中表格→"插入"→"文本"组→"文档部件"→"将所选内容保存到文档部件库"→"新建构建基块"对话框→键入名称"会议议程"→选择库为"表格"→"确定"。

4. 将文档末尾处的日期调整为可以根据邀请函生成日期而自动更新的格式,日期格式显示为"2014年1月1日"

删除原日期→"插入"→"文本"组→"日期和时间"→"日期和时间"对话框→"语言"选择"中文(中国)"→"可用格式"选择要求的格式→勾选"自动更新"→"确定"。

5. 在文字"尊敬的"后面插入拟邀请的客户姓名和称谓。拟邀请的客户姓名在"通讯录.xlsx"文件中,客户称谓则根据客户性别自动显示为"先生"或"女士"

(1)光标定位到"尊敬的"之后→"邮件"→"开始邮件合并"组→"开始邮件合并"→"信函"→"选取收件人"→"使用现有列表"→"浏览"→"选择数据源"对话框→选择"通讯

录 .xlsx"→"打开"→"选择表格"对话框→选择保存客户姓名信息的工作表名称→"确定"。

（2）单击"插入合并域"→选择"姓名"→光标定位到插入的姓名域后面→单击"规则"→"如果…那么…否则"命令→"插入 Word 域"对话框→进行信息设置（"域名"选择"性别"，"比较条件"选择"等于"，"比较对象"输入"男"，则插入此文字下的框中输入"（先生）"，否则插入此文字下的框中输入"（女士）"）→"确定"→"保存"。

6. 每个客户的邀请函占一页内容，且每页邀请函中只能包含一位客户姓名，所有的邀请函页面另外保存在一个名为"Word- 邀请函 .docx"的文件中

单击"完成合并"→选择"编辑单个信函"→"合并到新文档"对话框→选中"全部"→"确定"→"保存"→"另存为"对话框→将信函 1 另存到"实验八"中，文件名为"Word- 邀请函 .docx"。

7. 本次会议邀请的客户均来自台资企业，因此，将"Word- 邀请函 .docx"中的所有文字改为繁体中文，以便于客户阅读

在当前文档中按 Ctrl + A →"审阅"→"中文简繁转换"组→"简转繁"。

8. 根据"通讯录 .xlsx"生成每个客户的信封，存入"Word- 信封 .docx"文件

（1）"邮件"→"创建"→"中文信封"→"信封制作向导"→"开始"→"下一步"→"信封样式"→"下一步"→"信封数量"→"下一步"→在图 3-58 左图所示的"收信人信息"对话框中单击"选择地址簿"→出现图 3-58 右图所示的"打开"对话框，默认文件类型为"Text"，将其修改为"Excel"，找到"通讯录 .xlsx"并选中→"打开"，回到图 3-58 左图所示的"收信人信息"对话框→"姓名"选择"姓名"，"单位"选择"公司名称"，"地址"选择"通信地址"，"邮编"选择"邮政区号"→"下一步"→在"寄信人信息"对话框中作相应的设置（自己设计即可）→"下一步"→"完成"。

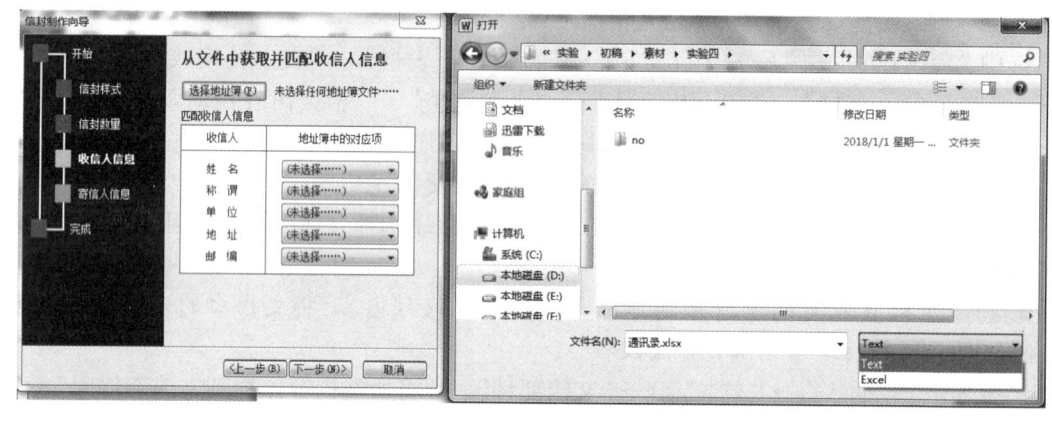

图 3-58 收件人信息

（2）"保存"→"另存为"对话框→路径"实验八"，文件名"Word- 信封 .docx"→"保存"。

实验九　Word 综合实验

一、实验目的

（1）熟练掌握文档格式的设置方法；
（2）掌握长文档的编辑和设置方法。

二、实验任务及操作过程

根据提供的实验素材,完成以下操作:

在 D 盘根目录下建立以学生的学号命名的文件夹,将"实验素材\第 3 章\实验九"文件夹下载到"D:\学号"文件夹下,打开"会计电算化.docx"文件。

1. 页面设置:纸张大小 16 开、对称页边距、上边距 2.5 厘米、下边距 2 厘米、内侧边距 2.5 厘米、外侧边距 2 厘米、装订线 1 厘米,页脚距边界 1.0 厘米

"页面布局"→"页面设置"组中的"对话框启动器"按钮→"页面设置"对话框→切换至"纸张"选项卡→将"纸张大小"设置为 16 开→切换至"页边距"选项卡→在"页码范围"组中"多页"下拉列表框中选择"对称页边距"→在"页边距"组中将"上"设置为"2.5 厘米","下"设置为"2 厘米","内侧"设置为"2.5 厘米","外侧"设置为"2 厘米","装订线"设置为"1 厘米"→切换至"版式"选项卡→将"页眉和页脚"组中距边界的"页脚"设置为"1.0 厘米"→"确定"。

2. 书稿中包含三个级别的标题,分别用"(一级标题)""(二级标题)""(三级标题)"字样标出。按图 3-59 所示要求对书稿应用样式、多级列表并对样式格式进行相应修改

内 容	样 式	格 式	多级列表
所有用"一级标题"标识的段落	标题 1	小二号字、黑体、不加粗、段前 1.5 行、段后 1 行,行距最小值 12 磅,居中	第 1 章、第 2 章……第 n 章
所有用"二级标题"标识的段落	标题 2	小三号字、黑体、不加粗、段前 1 行、段后 0.5 行,行距最小值 12 磅	1-1、1-2、2-1、2-2、……、n-1、n-2
所有用"三级标题"标识的段落	标题 3	小四号字、宋体、加粗、段前 12 磅、段后 6 磅,行距最小值 12 磅	1-1-1、1-1-2、n-1-1、n-1-2,且与二级标题缩进位置相同
除上述三个级别标题外的所有正文(不含图表及题注)	正 文	首行缩进 2 字符、1.25 倍行距、段后 6 磅、两端对齐	

图 3-59 应用格式要求

(1)Ctrl + H →"查找和替换"对话框→"更多"→在"查找内容"文本框中输入"(一级标题)"→在"替换为"文本框中选择"标题 1"样式→"全部替换"。用同样方式分别为"(二级标题)""(三级标题)"所在的整段文字应用"标题 2"样式和"标题 3"样式。

(2)"开始"→"样式"组→"标题 1"快捷菜单→"修改"→"修改样式"对话框→在其中按图 3-59 中标题 1 样式的字体、段落格式修改,如果面板当中没有,可以单击对话框左下角"格式",然后选择"字体""段落"进行设置(如果段落中的单位和题目要求不一致,可以直接输入数据和单位)→勾选"自动更新"→"确定"。用同样的方法修改"标题 2""标题 3""正文"的样式。

(3)"开始"→"段落"组→"多级列表"→"定义新的多级列表"→"定义新多级列表"对话框→左下角"更多"→图 3-60 所示对话框→"单击要修改的级别"选 1→"输入编号的格式"默认是灰色底纹的"1",在其前后分别输入"第""章"→"将级别链接到样式"选择"标题 1"→"单击要修改的级别"选 2→"输入编号的格式"默认是灰色底纹的"1.1"(中间"."不是灰色底纹),将其中的"."改为"-"→"将级别链接到样式"选择"标题 2"。用同样的方式把"标题 3"格式改为"1-1-1"→"确定"。

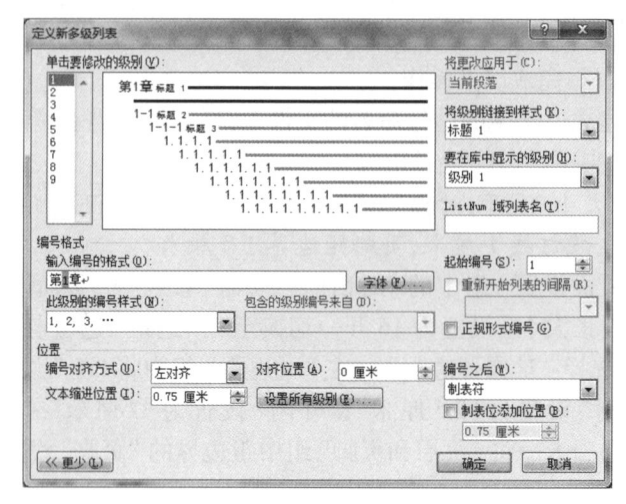

图3-60 "定义新多级列表"对话框

3. 样式应用结束后,将书稿中各级标题文字后面括号中的提示文字及括号,即"(一级标题)""(一级标题)""(三级标题)"全部删除

"开始"→"编辑"组→"替换"→"查找和替换"对话框→在"查找内容"中输入"(一级标题)"→"替换为"中不输入(并设置"不限定格式")→"全部替换"。按上述操作方法删除"(二级标题)"和"(三级标题)"。

4. 书稿中有若干表格及图片,分别在表格上方和图片下方的说明文字左侧添加形如"表1-1""表2-1""图1-1""图2-1"的题注,其中连字符"-"前面的数字代表章号、"-"后面的数字代表图表的序号,各章节的图和表分别连续编号。添加完毕,将样式"题注"的格式修改为仿宋、小五号字、居中

(1) 将光标定位于表格上方说明文字左侧→单击"引用"→"题注"组→"插入题注"按钮→"新建标签"→在"新建标签"对话框中输入"表"→"确定",返回"题注"对话框→将"标签"设置为"表"→单击"编号"→在"题注编号"对话框中勾选"包含章节号"→将"章节起始样式"设置为"标题1"→"使用分隔符"设置为"-(连字符)"→"确定"→"确定"。

(2) 选中添加的题注→"开始"→"样式"组右侧的下拉按钮→在"样式"窗格中选中"题注"样式→在快捷菜单中选择"修改"→在"修改样式"对话框的"格式"组中选择"仿宋""小五""居中"→勾选"自动更新"→"确定"。

(3) 将光标定位至下一个表格上方说明文字左侧,在"引用"选项卡"题注"组中单击"插入题注"按钮,在打开的对话框中单击"确定"按钮,即可插入题注内容。

(4) 使用同样的方法在图片下方的说明文字左侧插入题注,并设置题注格式。

5. 在书稿中用红色标出的文字的适当位置,为前两个表格和前三幅图片设置自动引用其题注号。为第2个表格套用一个合适的表格样式、保证表格第1行在跨页时能够自动重复,且表格上方的题注与表格总在一页上

(1) 将光标定位于标红文字"如"的后面→"引用"→"题注"组→"交叉引用"→在"交叉引用"对话框中,将"引用类型"设置为"表","引用内容"设置为"只有标签和编号",在"引用哪一个题注"下拉列表框中选择"表1-1 手工记账与会计电算化的区别"→"插入"。使用同样方法,在其他标红文字的适当位置设置自动引用题注号。

(2) 选择表1-2→"表格工具-设计"→在"表格样式"组为表格套用一个样式(此处选择

"浅色底纹,强调文字颜色5")。

(3)将光标定位在表格中→"表格工具-布局"→"表"组→"属性"→"属性"对话框→"行"选项卡→勾选"允许跨页断行"。选中标题行→"表格工具-布局"→"数据"组→"重复标题行"。

6. 在书稿的最前面插入目录,要求包含第1～3级标题及对应页号。目录、书稿的每一章均为独立的一节,每一节的页码均以奇数页为起始页码

(1)将光标定位于第一页一级标题的左侧→"页面布局"→"页面设置"组→"分隔符"→"分节符"→"下一页"。

(2)将光标定位到新页中→将样式设置为"正文"→"引用"→"目录"组→"目录"下拉按钮→在下拉列表中选择"自动目录1"。

(3)使用同样的方法为其他的章节分节(分节时选择的分节符为"奇数页"),使每一章均为独立的一节。

7. 目录与书稿的页码分别独立编排,目录页码使用大写罗马数字(Ⅰ,Ⅱ,Ⅲ,…),书稿页码使用阿拉伯数字(1,2,3,…)且各章节间连续编码。除目录首页和每章首页不显示页码外,其余页面要求奇数页页码显示在页脚右侧,偶数页页码显示在页脚左侧

(1)将光标定位于目录首页的页码处→"插入"→"页眉和页脚"组→"页码"→在下拉列表中选择"页面底端"下的"普通数字3"。

(2)将光标定位于目录首页的页码处双击→"页眉和页脚工具-设计"→"页眉和页脚"组→"页码"下拉按钮→在下拉列表中选择"设置页码格式"→在"页码格式"对话框设置"编号格式"为大写罗马数字(Ⅰ,Ⅱ,Ⅲ,…)→起始页码为Ⅰ→"确定"。

(3)将光标定位于第1章的第1页页码处→关闭"链接到前一条页眉"→"页眉和页脚工具-设计"→"页眉和页脚"组→"页码"下拉按钮→在下拉列表中选择"设置页码格式"→在"页码格式"对话框中设置"页码编号"组中的"起始页码"为1→"确定"。

(4)"页眉和页脚工具-设计"→"选项"组→勾选"首页不同"和"奇偶页不同"→将光标移至第二页中→"插入"→"页眉和页脚"组→"页码"按钮→在下拉列表中选择"页面底端"下的"普通数字1"。

(5)将光标定位在第2章第1页页码处→"插入"→"页眉和页脚"组→"页码"→在下拉列表中选择"设置页码格式"→"页码格式"对话框→"续前节"→"确定"。以同样的方法设置其他各章。

8. 将考生文件夹下的图片"会计.jpg"设置为本文稿的水印,水印处于书稿页面的中间位置,图片增加"冲蚀"效果

将光标定位到文稿中→"页面布局"→"页面背景"组→"水印"下拉按钮→在弹出的下拉列表中选择"自定义水印"→在"水印"对话框中选择"图片水印"→"选择图片"→在"插入图片"对话框中选择"实验九"中的素材"会计.jpg"→"插入",返回"水印"对话框→勾选"冲蚀"→"确定"。

实验十 Excel 基本操作

一、实验目的

(1)熟练掌握 Excel 的基本操作;

（2）掌握自动填充序列及自定义序列操作方法等单元格数据的编辑；

（3）掌握基本格式的设置和条件格式的使用。

二、实验任务及操作过程

下载素材文件"实验素材\第 3 章\实验十\成绩统计表 .xlsx"。

1. 插入、删除、重命名、移动、复制工作表

新建工作簿，默认自动插入 3 个工作表 Sheet1～Sheet3。主要操作方法如下，其他方法请参考理论教材。

插入：选中 Sheet2 和 Sheet3，右击→"插入"→"插入"对话框→默认选中"工作表"→"确定"，在 Sheet3 左侧插入新工作表 Sheet4 和 Sheet5。

删除：选中 Sheet4，右击→"删除"→删除工作表 Sheet4。

重命名：选中 Sheet1，右击→"重命名"→输入"学生基本信息"→回车。

移动、复制：选中工作表，右击→"移动或复制"→"（新工作簿）"或已经打开的目标工作簿（选择位置），默认为移动，如需复制则选中"建立副本"→"确定"。

2. 数据有效性设置

在"学生基本信息"工作表的 C1 单元格输入"性别"→选定需要设置的区域 C2:C10→"数据"→"数据有效性"→"数据有效性"对话框→"设置"选项卡→"允许"下拉列表框→"序列"→在"来源"框中输入"男 , 女"→"确定"。设置完成后，C2:C10 区域中的单元格只接受输入"男"或"女"，可以通过下拉箭头选择，也可直接输入。

3. 文本型数据的输入

普通文本型数据直接输入即可：在"学生基本信息"工作表 A1 单元格输入"学号"、B1 单元格输入"姓名"。数字形式文本数据有两种输入方法：一是以单引号"'"开头，如在 A2 单元格中输入学号"'18010101"；二是先设置文本格式再直接输入，如选中单元格区域 A3:A10→"开始"→"单元格"组→"格式"→"设置单元格格式"（或者在快捷菜单中选择"设置单元格格式"）→"设置单元格格式"对话框→"数字"→"分类"→"文本"→直接输入即可，如在 A3 单元格直接输入"18010102"。

4. 数值型数据的输入

普通数值型数据直接输入即可；分数形式则需先输入"0"，然后输入空格，再输入分数，如，要输入 2/5，则需输入"0 2/5"。

5. 日期和时间型数据的输入

在单元格中输入"2020/10/1"或"2020-10-1"完成日期输入，按 Ctrl＋";"可输入当前系统日期。

在单元格中输入"10:00"或"10:00 AM"，则输入的时间是上午 10 点；输入"22:00"或"10:00 PM"，则输入的时间是下午 10 点；按 Ctrl＋Shift＋";"可输入当前系统时间。

6. 自动填充数据

（1）等差序列填充：在 D7 单元格中输入数值"5"→右键向右拖放填充柄至 I7 单元格→快捷菜单→"序列"→"序列"对话框→选择"行""等差序列"，"步长值"设为 3→"确定"。

（2）等比序列填充：在 F5 单元格中输入数值"5"→右键向下拖放填充柄至 F10 单元格→快捷菜单→"序列"→"序列"对话框→选择"列""等比序列"，"步长值"设为 3→"确定"。

（3）Excel 内置自定义序列输入：单击 E2 单元格→输入"第一季"→拖放填充柄至 E5 单元格，则 E2 至 E5 单元格分别被输入"第一季""第二季""第三季""第四季"。

(4)创建新自定义序列:"文件"→"选项"→"Excel 选项"对话框→"高级"选项卡(图 3-61)→"常规"选项组→"编辑自定义列表"→"自定义序列"对话框→在"输入序列"列表框中输入需要的序列条目,每个条目之间按 Enter 键或用","分隔→"添加"完成自定义序列创建,如图 3-62 所示。

图 3-61 "高级"选项卡

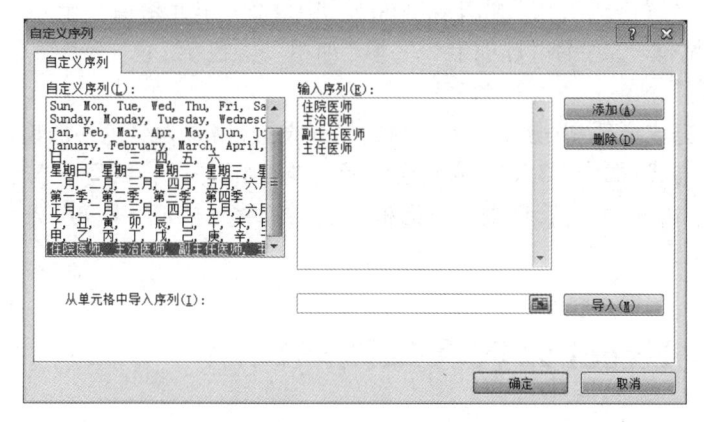

图 3-62 添加新序列

7. 单元格、行、列的移动与删除

选中 A4 单元格并向右拖动到 F4 选中从 A4 到 F4 的单元格→在选中区域右击→"剪切"→选中 A8 单元格"粘贴"→右击 A4 单元格→"删除"→"删除"对话框→选中"整行"单选按钮→"确定"。

8. 调整行高、列宽

(1)单击第 3 行左侧的标签,向下拖动至第 7 行,选中从第 3 行到第 7 行的单元格。

(2)将鼠标指针移到左侧的任意标签分界处,鼠标指针变为上下箭头形状,按住鼠标左键向下拖动,将出现一条虚线并随鼠标指针移动,显示行高的变化。

(3)当虚线到达合适的位置后释放鼠标左键,这时所有选中行的行高均被改变。

(4)选中 F 列所有单元格→右击列标题→"列宽"对话框→在文本框中输入列宽值 12→"确定"。

9. 保存并加密

"文件"→"另存为"→"另存为"对话框→"工具"菜单→"常规选项"命令→"常规选项"对话框→输入"打开权限密码"→"确定"→"确认密码"对话框→再次输入密码→"确定"→保存位置设为 D 盘→将文件名改为"Excel 基本操作"→"确定"保存。当再次打开该文件时就会要求输入密码。

10. 基本格式设置

字体、字号、颜色、对齐方式、边框线、背景等基本格式设置与 Word 类似。

打开工作簿"成绩统计表",设置工作表标签颜色:在 Sheet1 工作表标签上右击→"工作表标签颜色"→选择颜色为标准色"红色"→选定 Sheet2→"开始"→"单元格"组→"格式"→"工作表标签颜色"→选择颜色为标准色"绿色"。

11. 数字格式设置

选中 E3:M32 单元格区域→右击→"设置单元格格式"→"设置单元格格式"对话框→"数字"选项卡→"分类"列表框→"数值"选项→"小数位数"设置为"0"→在"负数"列表框中选择"(1234)"→"确定"。

12. 条件格式的使用

(1) 创建条件格式:标记不及格成绩:选中 E3:K32 单元格区域→"开始"→"样式"→"条件格式"→"新建规则"→"新建格式规则"对话框→在"选择规则类型"框中选择"只为包含以下内容的单元格设置格式",在"编辑规则说明"中设置"单元格值小于 60"→"格式"→"设置单元格格式"对话框→"字体"选项卡→字形"加粗",颜色"红色"→"确定"→"新建格式规则"对话框→"确定"。

用同样的方法完成全部 90 分及以上成绩的格式设置,格式为绿色并加粗。

(2) 删除条件格式:选中 E3:K32 单元格区域→"开始"→"样式"→"条件格式"→"管理规则"命令→"条件格式规则管理器"对话框→选中"单元格值>=90"条件规则→"删除规则"→"确定"。

实验十一 Excel 公式及函数的使用

一、实验目的

(1) 掌握公式和常用函数的使用方法;
(2) 学会对工作表的数据进行统计运算。

二、实验任务及操作过程

1. 数据导入

要求:将"实验素材\第 3 章\实验十一\学生信息.txt"导入 Excel,并将工作表改名为"学生信息"。

打开"成绩统计表.xlsx"→右击"成绩统计表"标签→"插入"→"常用"选项卡的"工作表"→右击新插入工作表的标签→重命名→输入"学生信息"→"数据"→"获取外部数据"组的"自文本"→"导入文本文件"对话框,选定"学生信息.txt"→"导入"→"文本导入"对话框,选文本分隔符号→"下一步"→勾选"逗号"→"下一步"→"列数据格式"默认→"完成"→"数据的放置位置",选"现有工作表",区域输入"=$A$1"→"确定"。

2. 数据分列

要求:将"学生信息"表的"姓名性别"分为"姓名"和"性别"两列。

选定"学生信息"表→点击"姓名性别"→在"性别"前加两个空格→按 Ctrl+Shift+ "↓" 选定列→"数据"→"数据工具"组的"分列"→"文本分列向导"对话框→选"固定宽度"→"下一步"→点击"性别"前,调整分列线(图 3-63)→"下一步"→"列数据格式"默认→"完成"。

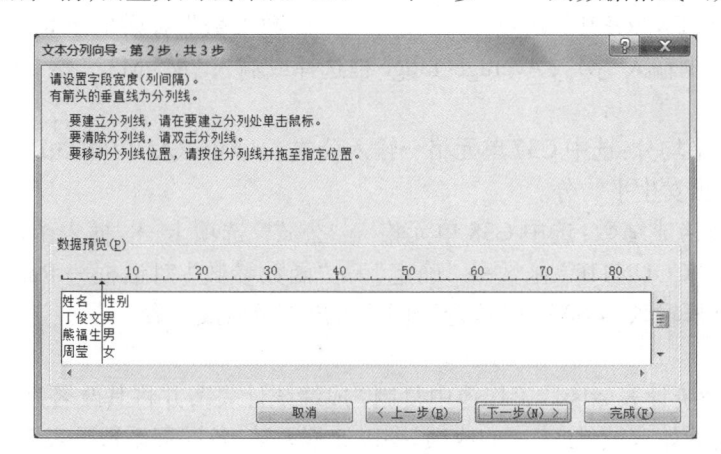

图 3-63 文本分列向导

3. 计算总分、平均分和名次

要求:计算每个学生的总分和平均分,并填入名次。

(1)总分:选中 L3 单元格→"开始"选项卡→"编辑"组→"求和"按钮→L3 单元格自动输入公式"=SUM(E3:K3)"→按 Enter 键或单击编辑栏对号按钮完成公式输入→双击 L3 单元格填充柄,其他学生总分自动填充完成。

(2)平均分:选中 M3 单元格→"开始"选项卡→"编辑"组→"求和"菜单→"平均值"按钮→L4 单元格自动输入公式"=AVERAGE(E3:L3)"→重新选择单元格区域为 E3:K3→按 Enter 键或单击编辑栏对号按钮完成公式输入→双击 M3 单元格填充柄,其他学生平均分自动填充完成。

(3)名次:选中 N3 单元格→"公式"选项卡→"插入函数"按钮→"函数参数"对话框→Number 框选择"L3"→Ref 框选择"L3:L32"→选中"L3:L32"→按一次 F4 切换地址为"$L$3:$L$32"→按 Enter 键或单击编辑栏对号按钮完成公式输入→双击 N3 单元格填充柄,其他学生名次自动填充完成。

4. 填入等级

要求:在"等级"列中求出每位同学的等级情况:若"平均分"在 80 分(含)以上,等级为"优秀";75～79 分(含),等级为"良好";60~74 分(含),等级为"及格";小于 60 分,等级为"不及格"。

选中 O3 单元格→输入公式"=IF(M3<60,"不及格",IF(M3>=80,"优秀",IF(M3>=75,"良好","及格")))"→按 Enter 键或单击编辑栏对号按钮完成公式输入→双击 O3 单元格填充柄,其他学生等级自动填充完成。

5. 统计人数、平均分、不及格人数

要求:在 C34 单元格计算男生人数,在 C35 单元格计算女生人数,在 C36 单元格计算男生平均分,在 C37 单元格计算女生平均分,在 C38 单元格计算不及格成绩数。

(1)计算男生人数:选中 C34 单元格→"公式"选项卡→"插入函数"按钮→选择类别

"全部"→选择"COUNTIF"函数→"确定"→"函数参数"对话框→Range 框选择或输入 "D3:D32",Criteria 框输入"男"→"确定",即可求出男生人数。

(2) 计算女生人数:选中 C35 单元格→输入公式"=COUNTIF(D3:D32," 女 ")"→"确定", 即可求出女生人数。

(3) 计算男生平均分:选中 C36 单元格→"公式"选项卡→"插入函数"按钮→选择类别 "全部"→选择"AVERAGEIF"函数→"确定"→"函数参数"对话框→Range 框选择或输入 "D3:D32",Criteria 框输入"男",Average_range 框选择或输入"M3:M32"→"确定",即可求出男 生平均分。

(4) 计算女生平均分:选中 C37 单元格→输入公式"=AVERAGEIF(D3:D32," 女 ",M3:M32)" →"确定",即可求出女生平均分。

(5) 计算不及格成绩数:选中 C38 单元格→"公式"选项卡→"插入函数"按钮→选择类 别"全部"→选择"COUNTIF"函数→"确定"→"函数参数"对话框→Range 框选择或输入 "E3:K32",Criteria 框输入"<60"→"确定",即可求出不及格成绩数。

6. 表操作

要求:在"成绩统计表.xlsx"工作簿中复制"成绩统计表",并将其改名为"成绩重置表",将 每门课成绩重置为原始成绩(原表中的成绩)乘以课程系数,各课程系数见表 3-1。

表 3-1 课程系数表

药理学	生物化学	细胞生物学	病理生理学	医学免疫学	局部解剖学	人体寄生虫学
0.71	0.68	0.55	0.75	0.70	0.82	0.78

插入新工作表→右击新工作表标签→"重命名"→输入"系数"→在"系数"表单元格区域 E1:K1 依次输入 0.71,0.68,0.55,0.75,0.70,0.82,0.78→右击"成绩统计表"标签→"移动或复 制"→"移动或复制工作表"对话框,勾选"建立副本"→"确定"→右击副本工作表标签→"重 命名"→输入"成绩重置表"→选定"成绩重置表"单元格区域 E3:K3→输入"= 成绩统计 表 !E3:K3* 系数 !$E$1:$K$1"→按 Ctrl + Enter→双击 E3:K3 区域的填充柄。

注:Ctrl + Enter 将公式中单元格区域按组数据处理。

实验十二 Excel 数据处理分析及图表操作

一、实验目的

(1) 掌握数据清单的排序、筛选、分类汇总方法;
(2) 掌握数据透视表的建立;
(3) 掌握 Excel 中常用图表的建立、各图表元素的编辑方法,了解图表与数据源的关系;
(4) 掌握图表格式化方法。

二、实验任务及操作过程

1. 对成绩统计表以"平均分"为主关键字降序,"姓名"为次关键字按笔画升序排序

单击成绩统计表任一单元格→"数据"→"排序"→"排序"对话框→"主要关键字"选"平 均分","次序"选"降序"→"添加条件"→"次要关键字"选"姓名","次序"选"升序"→"选 项"→"排序选项"对话框→"笔画排序"→"确定"(图 3-64)→"确定"。

图 3-64 排序

2. 自动筛选"药理学"成绩不小于 70 分,并且"等级"为优秀的记录

选择数据清单→"数据"→"排序和筛选"组→"筛选"按钮,在每个字段名的右侧出现一个筛选箭头→"等级"旁的筛选箭头→在下拉列表中选择"优秀"→"药理学"旁的筛选箭头→在下拉列表中选择"数字筛选"→在子菜单中选"大于或等于"→"自定义自动筛选方式"对话框,输入"70"(图 3-65)→"确定"。

图 3-65 筛选条件设置

图 3-66 高级筛选

3. 高级筛选"药理学"成绩在 70~80 分,或者"生物化学"成绩在 75 分以上的记录

设置条件区域:在 B34、C34、D34 单元格中分别输入"药理学""药理学"和"生物化学"→在 B35、C35、D36 单元格分别输入">=70""<=80"和">=75",如图 3-66 所示→选中学生成绩数据列表任一单元格→"数据"选项卡→"排序和筛选"组→"高级"按钮→"高级筛选"对话框→"将筛选结果复制到其他位置"→光标定位至"条件区域"框→选择条件区域"$B$34:$D$36"→光标定位至"复制到"框→选择 A38 单元格→"确定"。

4. 按"等级"分类,计算各类中平均分的平均值和医学免疫学的最大值

分类字段"等级"排序后→"数据"→"分类汇总"按钮→"分类汇总"对话框,设置分类字段为"等级",汇总方式为"平均值",选定汇总项为"平均分",如图 3-67 所示→"确定"→再次打开"分类汇总"对话框,设置分类字段为"等级",汇总方式为"最大值",选定汇总项为"医学免疫学",撤销对"替换当前分类汇总"的勾选,如图 3-68 所示。

5. 为成绩统计表建立"局部解剖学"和"总分"的数据透视表,建立"成绩统计表"的数据透视图和切片器

(1) 选定数据清单中的任一单元格→"插入"→"数据透视表"按钮→在列表中选择"数据透视表"→"创建数据透视表"对话框,按图 3-69 所示进行设置后,单击"确定"按钮。→在"数据透视表字段列表"窗格中将"等级"作为报表筛选字段,将"姓名"作为行标签,"总分"和"局部解剖学"作为数值字段→"数值"字段的"总分"按钮→选择"值字段设置"→在"值字段设置"对话框中将"总分"的计算类型修改为"平均值"→"确定"。数据透视表如图 3-70 所示。

图 3-67 "分类汇总"对话框

图 3-68 嵌套汇总

图 3-69 "创建数据透视表"对话框

图 3-70 数据透视表

（2）选定数据清单中的任一单元格→"插入"→"数据透视表"按钮→在列表中选择"数据透视图"选项→"创建数据透视表及数据透视图"对话框,设置"表/区域"为"成绩统计表!$A$2:$O$32",位置为"新工作表"→"确定"→数据透视图界面,在编辑区中会出现一个图表区→在"数据透视表字段列表"窗格中将"等级"添加到轴字段,将"细胞生物学""病理生理学"和"人体寄生虫学"添加到数值。设置后的数据透视图如图 3-71 所示。

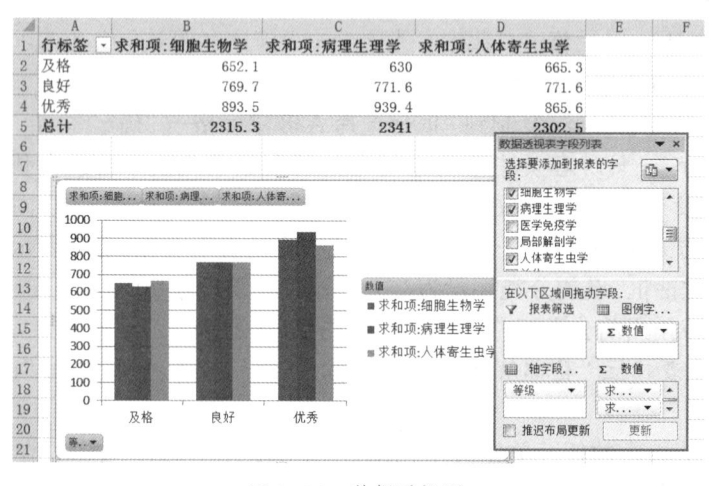

图 3-71 数据透视图

（3）在步骤(1)建立的数据透视表的基础上,选择"数据透视表工具"中"选项"下的"插入切片器"按钮→在列表中选择"插入切片器"→在"插入切片器"对话框中勾选"平均分"和"等级"→"确定"。"平均分"和"等级"两个切片器如图 3-72 所示。

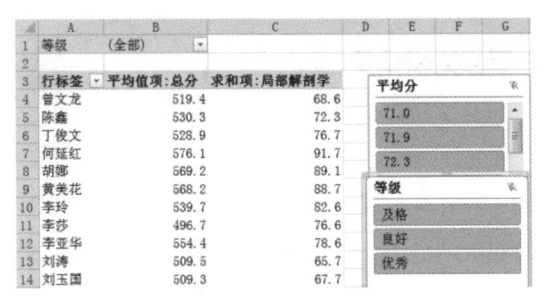

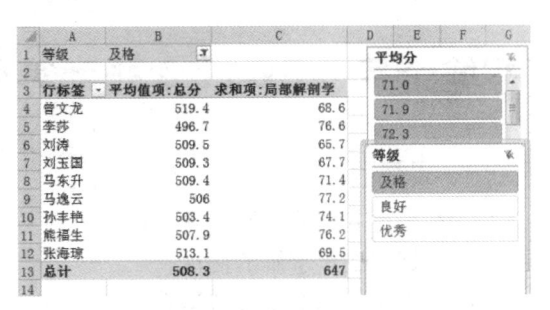

图 3-72　创建切片器

图 3-73　利用切片器筛选数据

（4）单击"等级"切片器中的"及格"按钮→数据透视表中筛选出考评等级为"及格"的数据，如图 3-73 所示。单击切片器右上角的"清除筛选器"按钮，即可清除该切片器的筛选。单击切片器，按 Delete 键即可将其删除。

6. 用"成绩统计表"中的"药理学""生物化学"和"医学免疫学"三列数据创建一个三维簇状柱形图，将图表类型更改成"带数据标记的折线图"，将"人体寄生虫学"列的数据和"水平轴标签"添加到图表中，将图表标题改为"临床医学专业成绩统计"，为"药理学"数据添加数据标签

（1）选择要创建图表的数据区域（E2:F32,I2:I32），当选定的区域不连续时，可按 Ctrl 键选定→"插入"→"图表"组→"柱形图"按钮→在下拉列表中选择"三维簇状柱形图"，即可创建三维簇状柱形图。创建后的效果如图 3-74 所示。

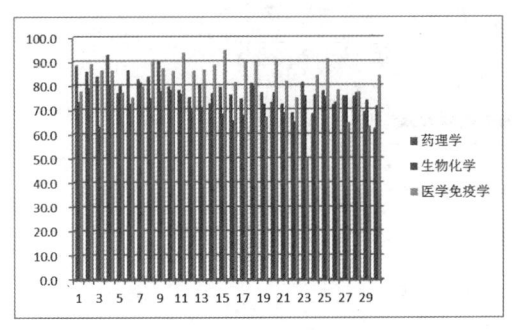

图 3-74　三维簇状柱形图

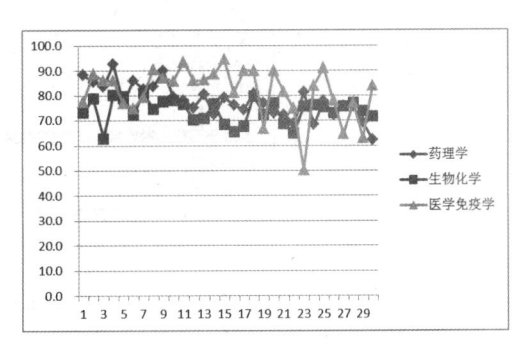

图 3-75　带数据标记的折线图

（2）"图表工具 - 设计"→"更改图表类型"→"更改图表类型"对话框→"带数据标记的折线图"。更改结果如图 3-75 所示。

（3）"图表工具 - 设计"→"选择数据"→在"选择数据源"对话框中，将"人体寄生虫学"列数据添加到图表数据区域（在图表数据区域与原数据区后添加逗号和人体寄生虫学列区域）。

（4）"图表工具 - 布局"→"标签"组→"图表标题"→在下拉列表中选择"图表上方"→"图表标题"位置添加文本"临床医学专业成绩统计"。

（5）单击图表中的"药理学"数据线→"图表工具 - 布局"→"标签"组→"数据标签"→在下拉列表中选择"下方"。

7. 为"成绩统计表"每位同学添加各课程成绩趋势图

单击 P3 单元格→"插入"→在"迷你图"中选"折线图"→在"创建迷你图"对话框的"数据范围"中选择 E3:K3 区域→"迷你图工具 - 设计"→"样式"组→"标记颜色"→在下拉列表

中选择"标记"→标准色"红色"→拖动填充柄填充其他单元格。

实验十三　Excel 合并计算与模拟分析

一、实验目的
（1）掌握合并计算的基本使用；
（2）掌握单变量求解的使用；
（3）基本掌握单变量模拟运算表的使用；
（4）基本掌握双变量模拟运算表的使用。

二、实验任务及操作过程

1. 合并计算

要求：打开素材文件"实验素材\第 3 章\实验十三\合并计算 .xlsx"，使用合并计算在"总金额"工作表中完成"第 1 期""第 2 期"和"第 3 期"工作表中金额的求和计算。

选中"总金额"工作表的 B3 单元格→"数据"选项卡→"数据工具"组→"合并计算"按钮→"合并计算"对话框→函数选择"求和"→引用位置分别选择"第 1 期""第 2 期"和"第 3 期"工作表中金额所在区域"$D$3:$D$8"，并依次"添加"，结果如图 3-76 所示→"确定"，在"总金额"工作表的 B3:B8 区域将显示求和合并计算结果。

图 3-76　添加引用位置后"合并计算"对话框

2. 单变量求解

要求：药品采购计划中"阿奇霉素注射液"的采购量全年每个季度平均不超过 400 支，已知前三个季度的采购量分别为 392 支、415 支和 410 支，那么按采购计划要求第四个季度最多能采购多少支？

在 A1、B1、C1、D1 和 E1 单元格中分别输入文本"第一季度""第二季度""第三季度""第四季度"和"平均"→在 A2、B2 和 C2 单元格中分别输入"392""415"和"410"→在 E2 单元格中输入公式"=(A2+B2+C2+D2)/4"→选定 E2 单元格→"数据"→"模拟分析"按钮→在列表中选择"单变量求解"→在"单变量求解"对话框中设置目标单元格为"E2"，目标值为"400"→可变单元格为"$D$2"→"确定"→"单变量求解状态"对话框，检查无误后→"确定"，结果如图 3-77 所示。

图 3-77　单变量求解结果

3. 单变量模拟运算表

要求：药品的采购总额从 2010 年到 2012 年每年上升 0.80%，2012 年药品采购总额达到 78 万元，按此规律发展下去，预计 2013 年到 2017 年，每年的药品采购总额将达到多少？

在 A1 单元格中输入“上升率”→B1 单元格中输入“0.80%”→A2 单元格中输入“2012 年采购总额”→B2 单元格中输入“78”→D1 单元格中输入“年份”→E1 单元格中输入“2013”→D2 单元格中输入“采购总额”→E2 单元格中输入公式“=ROUND(B2*(1+B1)^(E1−2012),0)”→A5 到 A9 单元格中分别输入 2013 到 2017→B4 单元格中输入“=E2”→“数据”→“模拟分析”按钮→在列表中选择“模拟运算表”→在“模拟运算表”对话框中设置输入引用列的单元格为“$E$1”→“确定”，结果如图 3-78 所示。

	A	B	C	D	E
1	上升率	0.80%		年份	2013
2	2012年采购总额	78		采购总额	79
3					
4		79			
5	2013	79			
6	2014	79			
7	2015	80			
8	2016	81			
9	2017	81			

图 3-78 单变量模拟运算结果

	A	B	C	D	E
1	上升率	0.80%		年份	2013
2	2012年采购总额	78		采购总额	79
3					
4	79	0.80%	0.60%	0.40%	0.20%
5	2013	79	78	78	78
6	2014	79	79	79	78
7	2015	80	79	79	78
8	2016	81	80	79	79
9	2017	81	80	80	79

图 3-79 双变量模拟运算结果

4. 双变量模拟运算表

要求：若药品的采购总额从 2010 年到 2012 年每年分别以 0.80%、0.60%、0.40%和 0.20%为上升率，2012 年药品采购总额达到 78 万元，那么按此规律发展下去，预计 2013 年到 2017 年，每年的药品采购总额将达到多少？

在 A1 单元格输入“上升率”，B1 单元格输入“0.80%”，A2 单元格输入“2012 年采购总额”，B2 单元格输入“78”，D1 单元格输入“年份”，E1 单元格输入“2013”，D2 单元格输入“采购总额”，E2 单元格输入公式“=ROUND(B2*(1+B1)^(E1−2012),0)”，A5 到 A9 单元格分别输入 2013 到 2017，A4 单元格输入“=E2”，B4 到 E4 单元格分别输入上升率 0.80%、0.60%、0.40%和 0.20%→“数据”→“模拟分析”按钮→在列表中选择“模拟运算表”→在“模拟运算表”对话框中设置“输入引用行的单元格”为“$B$1”，设置“输入引用列的单元格”为“$E$1”→“确定”，结果如图 3-79 所示。

实验十四 Excel 数据分析的医学应用

一、实验目的

（1）了解利用统计函数进行医学数据统计分析的方法；

（2）了解利用统计工具进行医学数据统计分析的方法。

二、实验任务及操作过程

1. 两个样本的均数 t 检验

任务 1：某克山病区测得 11 例急性克山病患者与 13 名健康人的血磷值(mmol/L)如下，问该地急性克山病患者与健康人的血磷值是否不同？

患者 X1	0.84	1.05	1.20	1.20	1.39	1.53	1.67	1.80	1.87	2.07	2.11		
健康人 X2	0.54	0.64	0.64	0.75	0.76	0.81	1.16	1.20	1.34	1.35	1.48	1.56	1.87

在 J28:J38 区域输入患者血磷值→在 K28:K40 区域输入健康人血磷值→在 I29 格中输入“=TTEST(J28:J38,K28:K40,2,2)”→回车后，I29 单元格显示 P 值 0.019 337，如图 3-80 所示。

	I	J	K	L	M	N
25		血磷值（mmol/L）如下，问该地急性克山病患者与健康				
26		人的血磷值是否不同？				
27		患者	健康人			
28		0.84	0.54			
29	0.019337	1.05	0.64			
30		1.20	0.64			
31		1.20	0.75			
32		1.39	0.76			
33		1.53	0.81			
34		1.67	1.16			
35		1.80	1.20			
36		1.87	1.34			
37		2.07	1.35			
38		2.11	1.48			
39			1.56			
40			1.87			

图 3-80　t 检验数据表

推断分析：因为 P 值 < 0.05，故可认为该地急性克山病患者与健康人的血磷值不同有显著性意义，患者较多。

2. 卡方检验

任务 2：在二乙基亚硝胺诱发大白鼠鼻咽癌的实验中，一组单纯用亚硝胺向鼻腔滴注(鼻注组)，另一组在鼻注基础上加肌注维生素 B_{12}，实验结果见表 3-2，问两组发癌率有无差别？卡方实验数据表如图 3-81 所示。

表 3-2　两组大白鼠发癌率的比较表

处　理	发癌鼠数	未发癌鼠数	合　计	发癌率/%
鼻　注	52 (57.18)	19 (13.82)	71	73.24
$VitB_{12}$	39 (33.82)	3 (8.18)	42	92.86
鼻注 + $VitB_{12}$	91	22	113	80.53

	I	J	K	L	M	N
1		在二乙基亚硝胺诱发大白鼠鼻咽癌的实验中，一组单纯用亚硝胺向鼻腔滴注（鼻注组），另一组在鼻注基础上加肌注维生素 B_{12}，实验结				
2		果见表8-1，问两组发癌率有无差别？				
3	0.010882	52	19			
4		39	3			
5						
6		57.18	13.82			
7		33.82	8.18			

图 3-81　卡方检验数据表

在 J3:K4 区域输入实际频数数据→在 J6:K7 区域输入理论频数数据→在 I3 格中输入“=CHITEST(J3:K4,J6:K7)”→回车后，I3 单元格显示 P 值 0.010 882。

推断分析：卡方检验结果显示 P 值 = 0.010 882 < 0.05，故可认为两组发癌率有差别，说明增加肌注维生素 B12 有可能提高大白鼠的鼻咽癌发生率。

3. 相关分析

任务3：某地一年级12名女大学生的体重与肺活量数据如下，试求肺活量 Y（L）对体重 X（kg）的相关系数。

体重 X/kg	42	42	46	46	46	50	50	50	52	52	58	58
肺活量 Y/L	2.55	2.2	2.75	2.4	2.8	2.81	3.41	3.1	3.46	2.85	3.5	3

分析提示：此为求肺活量 Y（L）对体重 X（kg）的线性回归方程，可用线性回归与相关分析。

设置数据区域并输入数据。如本例中J5:J16为自变量体重 X（kg）数据区，K5:K16为因变量肺活量 Y（L）数据区→"数据"→"分析"组→"数据分析"→选定"相关系数"→"确定"→"相关系数"对话框→"输入区域"框输入"J4:K16"→"分组方式"框选"逐列"，即自变量和因变量数据按列分组→勾选"标志位于第一行"→"输出区域"框输入"A14"→"确定"。有关相关系数分析结果见表3-3。

表3-3　相关系数分析结果

	体重 X/kg	肺活量 Y/L
体重 X/kg	1	
肺活量 Y/L	0.749 482 342	1

检验结果：X 相关系数 r 值为 0.749 482 342。

4. 回归分析

任务4：求任务3的线性回归方程。

设置数据区域并输入数据。J5:J16为自变量体重 X 数据区，K5:K16为因变量肺活量 Y 数据区→"数据"→"分析"组→"数据分析"→选定"回归"→"确定"→"回归"对话框→在"Y值输入区域"框输入"K4:K16"→在"X值输入区域"框输入"J4:J16"→勾选"标志"→在"输出区域"框输入"A34"→"确定"。

检验结果：回归系数 b 值为 0.058 826 087，截距 a 值为 0.000 413 043，线性回归方程为 $Y = 0.000\ 413 + 0.058\ 826X$。

推断分析：今 $\gamma_1 = 1$，$\gamma_2 = 10$，查附表F界值表，得 $P < 0.01$。按 $\alpha = 0.05$ 水准拒绝 H_0，接受 H_1，故可认为一年级女大学生肺活量与体重之间有线性关系。

5. 计数资料统计

以有序数据的卡方检验为例。

任务5：甲、乙两种药的临床治疗效果数据见表3-4，分析两种药的疗效有无差异。

表3-4　药品临床治疗效果数据

疗效等级 C	临床治愈 1	显效 2	缓解 3	无效 4	合 计
甲 药	32	77	9	2	120
乙 药	0	1	5	24	30
合 计	32	78	14	26	150

（1）确定行列输入数据区域B5:E6为有序数据的卡方数据输入区域。
（2）求各列的和：B7=SUM(B5:B6)，C7=SUM(C5:C6)，D7=SUM(D5:D6)，E7=SUM(E5:E6)。
（3）计算中间值。

求 ac：B9=B5*B4，C9=C5*C4，D9=D5*D4，E9=E5*E4，F9=SUM(B9:E9)。

求 nc：B10=B7*B4，C10=C7*C4，D10=D7*D4，E10=E7*E4，F10=SUM(B10:E10)。

求 nc^2：B11=B7*B4^2，C11=C7*C4^2，D11=D7*D4^2，E11=E7*E4^2，F10=SUM(B11:E11)。

（4）计算第一行所占比例：$P=A/N$=B13=F5/F7。

（5）求卡方值：B14=((F9−((F5*F10)/F7))^2)/((F11−(F10^2)/F7))*B13*(1−B13))。

（6）求卡方的概率 P 值：B15=CHIDIST(B14,1)。

（7）根据已知的 P 值做出推断和结论：B16=IF(B15<0.01),“两药有非常显著的差异”, IF(AND(B15>=0.01,B15<0.05)),“两药有显著性差异”,“两药没有显著性差异”)，如图 3-82 所示。

	A	B	C	D	E	F
1						
2	有序数据的卡方检验					批注
3	疗效等级	临床治愈	显效	缓解	无效	合计
4	C	1	2	3	4	
5	甲药（a）	32	77	9	2	120
6	乙药（b）	0	1	5	24	30
7	合计（n）	32	78	14	26	150
8	计算					
9	ac	32	154	27	8	221
10	nc	32	156	42	104	334
11	nc^2	32	312	126	416	886
12						
13	A/N=0.80		行：2		列：4	
14	χ^2=93.75		自由度：3			
15	P=0.00000000000000000000036					
16	推断：两药有非常显著的差异					

图 3-82 卡方检验 Excel 表

实验十五 Excel 综合实验

一、实验目的

（1）掌握 SUM、RANK.EQ、COUNTIF、LARGE 等函数的使用；

（2）掌握数据透视表的使用；

（3）掌握图表的使用。

二、实验任务及操作过程

分销售部王助理需要针对公司上半年产品销售情况进行统计分析，并根据全年销售计划执行进行评估。实验任务及操作如下：

1. 在考生文件夹下，打开“Excel 练习 .xlsx”文件，将其另存为“Excel 综合实验 .xlsx”

打开“Excel 练习 .xlsx”→“文件”选项卡→“另存为”→“另存为”对话框→输入文件名“Excel 综合实验 .xlsx”→“保存”。

2. 在“销售业绩表”工作表的“个人销售总计”列中，通过公式计算每名销售人员 1 ~ 6 月的销售总和

选中“销售业绩表”中的 J3 单元格→输入公式“=SUM(D3:I3)”→Enter→向下拖放 J3 单元格的填充柄到 J46 单元格。

3. 依据“个人销售总计”列的统计数据，在“销售业绩表”工作表的“销售排名”列中通过公式计算销售排行榜，个人销售总计排名第 1 的显示“第 1 名”，个人销售总计排名第 2 的

显示"第 2 名",依此类推

选中"销售业绩表"中的 K3 单元格→输入公式"=" 第 "&RANK.EQ([@ 个人销售总计],[个人销售总计])&" 名 " " →Enter→向下拖放 K3 单元格的填充柄到 K46 单元格。

4. 在"按月统计"工作表中,利用公式计算 1～6 月的销售达标率,即销售额大于 60 000 元的人数所占比例,并填写在"销售达标率"行中。要求以百分比格式显示计算数据,并保留 2 位小数

选中"按月统计"工作表的 B3:G3 单元格区域→右键快捷菜单→"设置单元格格式"→"设置单元格格式"对话框→"数字"选项卡→"分类"列表框→"百分比"→"小数位数"设置为"2"→"确定"→选中 B3 单元格→输入公式"=COUNTIF(表 1[一月份],">60000")/COUNTIF(表 1[一月份])"→Enter→向右拖放 B3 单元格的填充柄到 G3 单元格。

5. 在"按月统计"工作表中,分别通过公式计算各月排名第 1、第 2 和第 3 的销售业绩,并填写在"销售第 1 名业绩""销售第 2 名业绩"和"销售第 3 名业绩"所对应的单元格中。要求使用人民币会计专用数据格式,并保留 2 位小数

(1) 选中"按月统计"工作表中的"B4:G6"区域→右键快捷菜单→"设置单元格格式"→"设置单元格格式"对话框→"数字"选项卡→"分类"列表框→"会计专用"→"小数位数"设置为"2","货币符号(国家 / 地区)"设置为人民币符号"¥"→"确定"。

(2) 选中 B4 单元格→输入公式"=LARGE(表 1[一月份]),1)"→回车→向右拖放 B4 单元格填充柄到 G4 单元格。

(3) 选中 B5 单元格→输入公式"=LARGE(表 1[一月份]),2)"→回车→向右拖放 B6 单元格填充柄到 G6 单元格→修改 E6 单元格中公式"=LARGE(表 1[四月份],2)"为"LARGE(表 1[四月份],3)"

(4) 选中 B6 单元格→输入公式"=LARGE(表 1[一月份],3)"→回车→向右拖放 B6 单元格填充柄到 G6 单元格→修改 E6 单元格中公式"=LARGE(表 1[四月份],3)"为"LARGE(表 1[四月份],4)"。

说明:本步骤修改 E5 和 E6 单元格中公式,是因为销售第 1 名业绩有两位,为了数据不重复,E5 和 E6 分别取第 3 名和第 4 名的业绩。

6. 依据"销售业绩表"中的数据明细,在"按部门统计"工作表中创建一个数据透视表,并将其放置于 A1 单元格。要求可以统计出各部门的人员数量,以及各部门的销售额占销售总额的比例

(1) 选中"按部门统计"工作表中的 A1 单元格→"插入"→"表格"组→"数据透视表"→"创建数据透视表"对话框→单击"表 / 区域"文本框右侧的"折叠对话框"按钮→单击"销售业绩表"并选择数据区域 A2:K46,按 Enter 键展开"创建数据透视表"对话框→"确定"。

(2) 拖动"按部门统计"工作表右侧的"数据透视表字段列表"中的"销售团队"字段到"行标签"区域中,拖动"销售团队"字段到"数值"区域中,拖动"个人销售总计"字段到"数值"区域中。

(3) 单击"数值"区域中的"个人销售总计"右侧的下拉按钮→"值字段设置"→"值字段设置"对话框→"值显示方式"选项卡→在"值显示方式"下拉列表框中选择"全部汇总百分比"→"确定"。

(4) 双击 A1 单元格,输入标题名称"部门"→双击 B1 单元格,在弹出的"值字段设置"对话框的"自定义名称"文本框中输入"销售团队人数"→"确定"。同理,双击 C1 单元格,在弹出的"值字段设置"对话框的"自定义名称"文本框中输入"各部门所占销售比例"→"确定"。

7. 在"销售评估"工作表中创建一标题为"销售评估"的图表,借助此图表可以清晰反映每月"A类产品销售额"和"B类产品销售额"之和,及与"计划销售额"的对比情况

(1)选中"销售评估"工作表中的 A2:G8 单元格区域→"插入"→"图表"组→"柱形图",在列表框中选择"堆积柱形图"→选中创建的图表→"图表工具－布局"→"标签"组→"图表标题"下拉按钮→"图表上方"。选中添加的图表标题文本框,将图表标题改为"销售评估"。

(2)单击"图表工具－设计"→"图表布局"组→"布局3"样式→单击选中图表区中的"计划销售额"图形→右击→"设置数据序列格式"→"设置数据序列格式"对话框→选中左侧列表框中的"系列"选项,拖动右侧"分类间距"中的滑动块,将比例调整到25％,同时选择"将系列绘制在"选项组中的"次坐标轴"。

(3)单击选中左侧列表框中的"填充"→在右侧的"填充"选项组中选择"无填充"→单击选中左侧列表框中的"边框颜色"→在右侧的"边框颜色"选项组中选择"实线",将颜色设置为标准色的"红色"→单击选中左侧列表框中的"边框样式"→在右侧的"边框样式"选项组中将"宽度"设置为2磅→"关闭"。

(4)单击选中图表右侧出现的"次坐标轴垂直(值)轴"→使用 Del 键将其删除。

(5)适当调整图表的大小及位置。

实验十六　演示文稿的创建及外观修饰

一、实验目的

(1)掌握演示文稿的创建、保存、放映等方法;
(2)掌握在幻灯片中插入文本、图片等常用对象的操作;
(3)掌握幻灯片的背景设置和利用主题与母版对幻灯片外观进行修饰的方法。

二、实验任务及操作过程

下载素材文件:实验素材\第3章\实验十六。

1. 新建演示文稿

(1)启动 PowerPoint 2010→"文件"→"新建"→"可用的模板和主题"→"主题",如图 3-83 所示。

图 3-83　"新建"命令

(2)"主题"→"奥斯汀"→"创建",如图 3-84 所示。

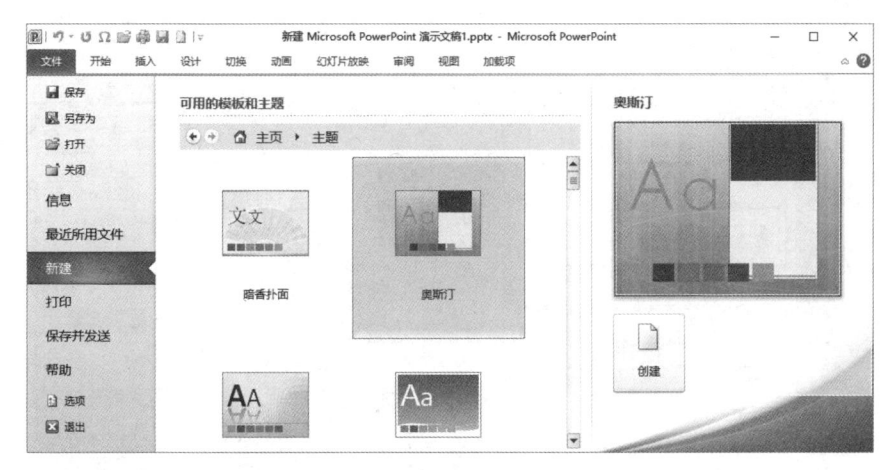

图 3-84 "新建"命令的"主题"列表

(3)在占位符"单击此处添加标题"处输入主标题文本"大学学习计划"。
(4)"插入"→"图像"→"剪贴画"→"剪贴画"任务窗格→在"搜索文字"文本框中输入关键词"职业"→"搜索"→选择合适的剪贴画→"插入",将其移到合适位置并调整大小,如图 3-85 所示。

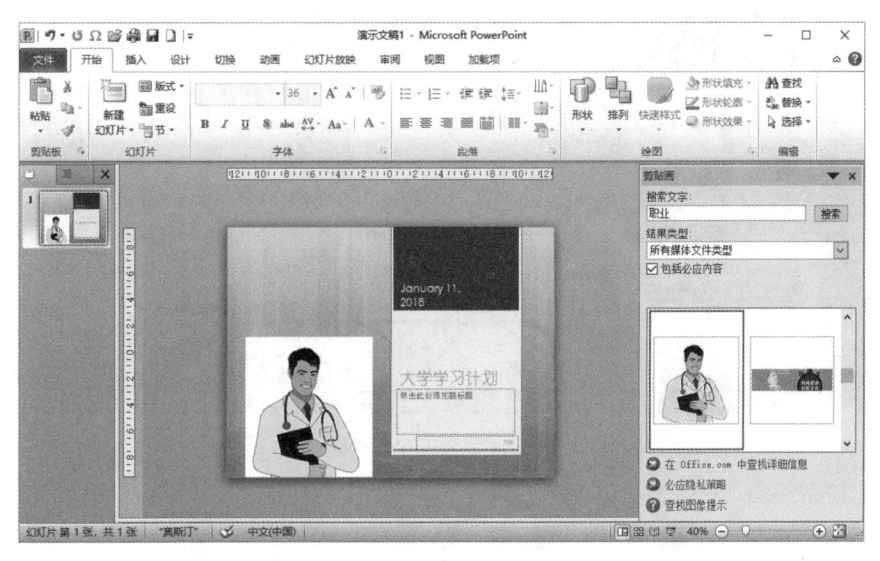

图 3-85 插入剪贴画

(5)"开始"→"幻灯片"→"新建幻灯片"→"比较"项,建立第 2 张幻灯片,如图 3-86 所示。
(6)依次直接单击"新建幻灯片"选项,分别建立第 3～5 张幻灯片,并分别输入内容,如图 3-87 所示。
(7)"新建幻灯片"→"空白"项,建立第 6 张幻灯片。
(8)"插入"→"文本"→"艺术字"→"渐变填充 – 绿色,强调文字颜色 1",如图 3-88 所示,并输入"宝剑锋从磨砺出,梅花香自苦寒来"。
(9)将演示文稿以"大学学习计划 1.pptx"为文件名保存。

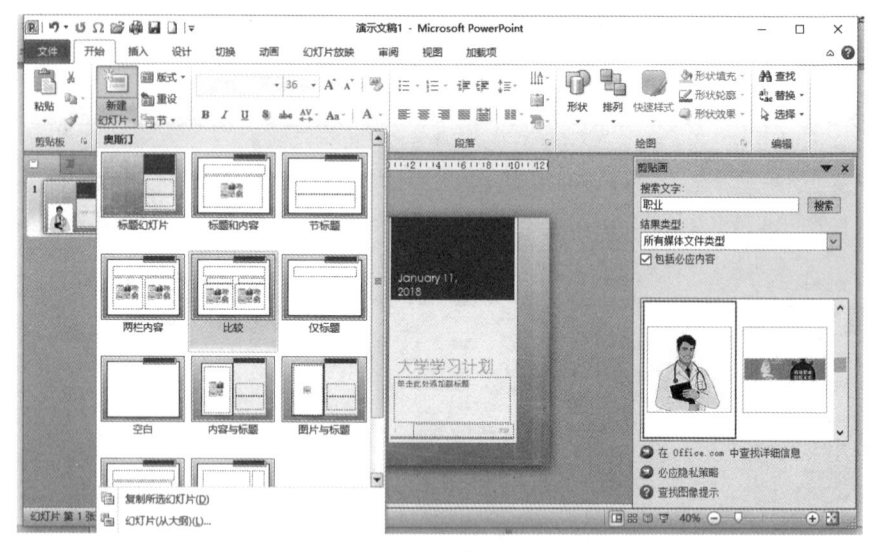

图 3-86　新建幻灯片

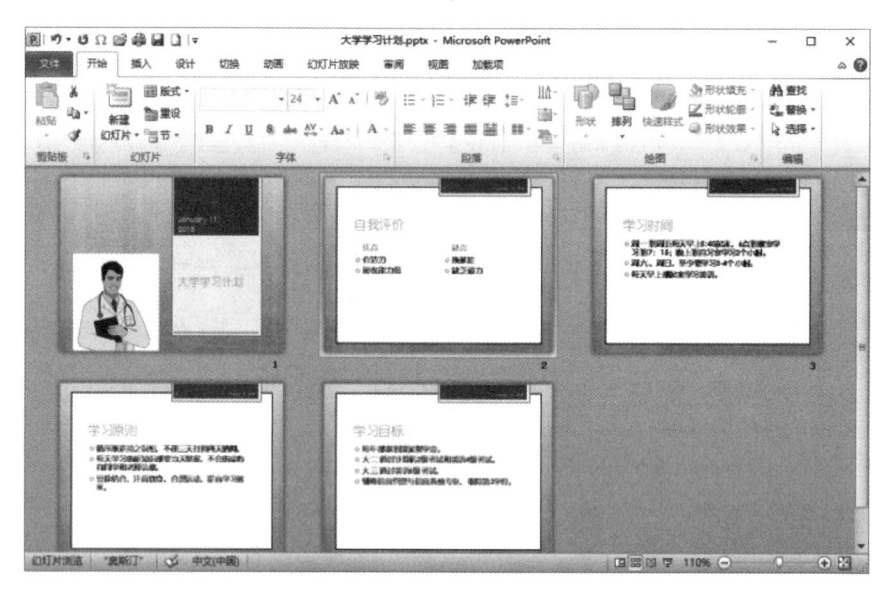

图 3-87　演示文稿各幻灯片内容

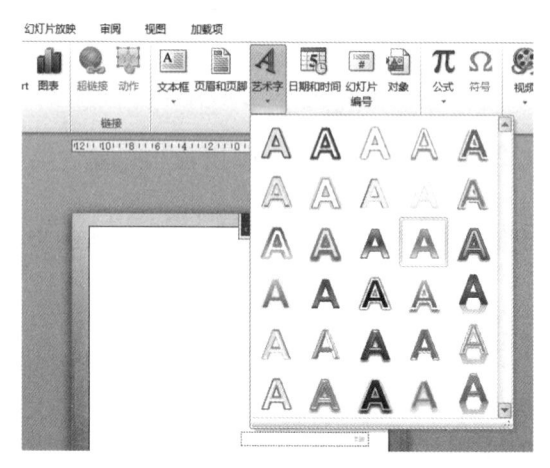

图 3-88　插入艺术字

2. 修改主题与背景

（1）打开前面保存的演示文稿"大学学习计划1.pptx"→"设计"→"主题"组→"华丽"→"背景"→"背景样式"→下拉列表选"样式11"，如图3-89所示，所选的主题与背景会应用于所有幻灯片。

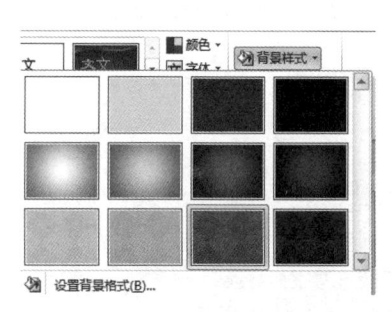

图3-89　应用了主题和背景的幻灯片效果

图3-90　用了精装书的幻灯片效果

（2）选择第2张幻灯片→在"主题"组右击"精装书"→"应用于选定幻灯片"→"背景样式"→右击"样式6"→"应用于所选幻灯片"，则所选的主题与背景只应用于所选的幻灯片，如图3-90所示。

（3）选择第3张幻灯片→"背景样式"→"设置背景格式"→在"设置背景格式"对话框中选"填充"→"图片或纹理填充"→"纹理"→"深色木质"（图3-91）→"关闭"，所选背景会应用于当前幻灯片。如果单击"全部应用"按钮，则会将背景应用于所有幻灯片。

图3-91　"设置背景格式"对话框

（4）如果对主题样式还是不满意，可以利用"主题"组右侧的"颜色""字体""效果"按钮对主题的颜色、字体、效果进行设置。

3. 母版

（1）"视图"→"母版视图"→"幻灯片母版"，打开幻灯片母版视图，此时功能区如图3-92所示。

图 3-92　幻灯片母版视图对应功能区

（2）将鼠标移到左侧窗格的某一版式上，会显示出该版式被哪几张幻灯片使用，如图 3-93 所示。

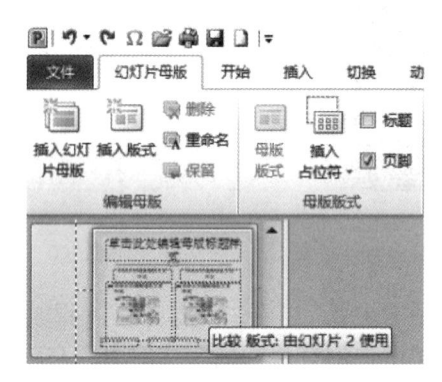

图 3-93　版式被使用情况

（3）选择左侧窗格最上面的"精装书"版式→"插入"→"图像"组→"图片"→"插入图片"对话框→选择素材中的 logo.jpg →"插入"。

（4）右击插入的图片→"大小"→设置图片高度和宽度都为 4.17 厘米→将图片移到母版的左上角→"幻灯片母版"→"关闭"→"关闭母版视图"，回到正常编辑状态，观察各张幻灯片的变化。

4. 页眉和页脚

（1）"插入"→"文本"组→"页眉和页脚"，弹出"页眉和页脚"对话框，如图 3-94 所示。

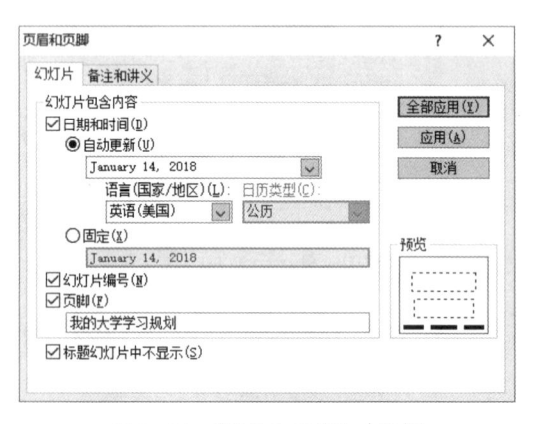

图 3-94　"页眉和页脚"对话框

（2）选中"日期和时间"复选框，选中"自动更新"，并在下拉列表中选择日期和时间的格式；选中"幻灯片编号"复选框；选中"页脚"复选框，并输入文本"我的大学学习规划"；选中"标题幻灯片中不显示"复选框。

（3）单击"全部应用"按钮→"幻灯片放映"→"开始放映幻灯片"→"从头开始"或按 F5 键→启动幻灯片的全屏幕放映，屏幕上显示第一张幻灯片。单击鼠标可切换到下一张幻灯片，放映至最后一张时，再单击鼠标则结束放映回到 PowerPoint 主窗口。图 3-95 为最终效果截图之一。

图 3-95　幻灯片放映过程截图

实验十七　幻灯片内容的编辑

一、实验目的

（1）掌握幻灯片的格式设置；

（2）掌握在演示文稿中插入 SmartArt 图形、音频、视频、表格、形状、剪贴画、图表等对象的方法。

二、实验任务及操作过程

下载素材文件：实验素材\第 3 章\实验十七。

1. 幻灯片的格式设置

（1）打开实验素材中的"大学学习计划.pptx"，选择第 1 张幻灯片，选定标题文字→"开始"→"字体"→设置字体为微软雅黑、字号为 46、加粗，颜色为深红。

（2）选择第 2 张幻灯片中所有内容→"开始"→"段落"组右下角的对话框启动器→"段落"对话框，如图 3-96 所示。

图 3-96　"段落"对话框

（3）设置对齐方式为两端对齐，段前、段后间距均为 6 磅，行距为 1.5 倍行距，单击"确定"

按钮。

2. 插入音频

（1）打开实验素材中的"大学学习计划.pptx"→选择第1张幻灯片→"插入"→"媒体"组→"音频"→"文件中的音频"（图3-97）→"插入音频"对话框→选择"故乡的原风景.mp3"→"插入"，如图3-98所示。

图3-97 音频选项

图3-98 "插入音频"对话框

此时，系统会自动在幻灯片中显示声音播放对象，只需单击"播放/暂停"按钮，就可以播放插入的声音，如图3-99所示。

（2）选择"音频工具-播放"→"音频选项"→"音量"→"放映时隐藏"和"循环播放，直到停止"复选框→"开始"→"跨幻灯片播放"→"剪裁音频"，如图3-100所示。

图3-99 声音播放对象

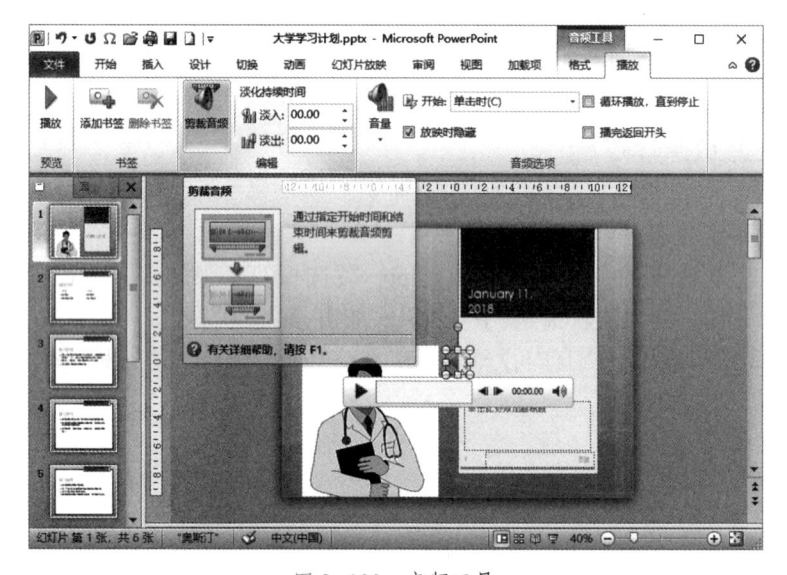

图3-100 音频工具

在"剪裁音频"对话框（图3-101）中，左侧的绿色标记为音频的起始时间，右侧的红色标记为音频的结束时间，时间栏里有对应的开始时间及结束时间，既可以直接输入时间进行精确剪裁，也可以拖动开始标记、结束标记直接进行剪裁。本例中设定开始时间、结束时间如图3-102所示，设定完成后单击"确定"按钮。

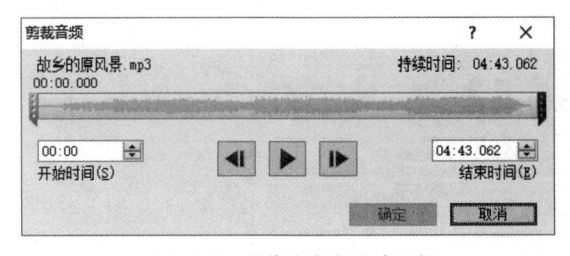

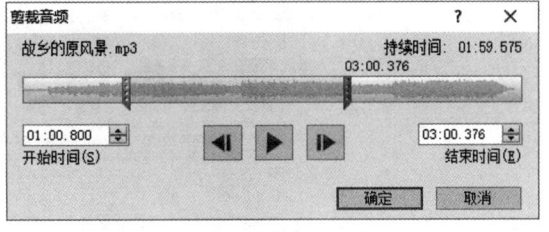

图 3-101 "剪裁音频"对话框

图 3-102 确定剪裁位置

（3）"文件"→"信息"→"压缩媒体"→"演示文稿质量"进行剪裁音频的输出，如图 3-103 所示。在弹出的"压缩媒体"对话框（图 3-104）中，下方的绿色进度条显示了压缩的进度，图中可以看出该音频原始大小为 7.1 MB，压缩保存后只有 4.3 MB。待压缩完成后，单击"关闭"按钮，如图 3-105 所示。单击"保存"，然后关闭演示文稿。

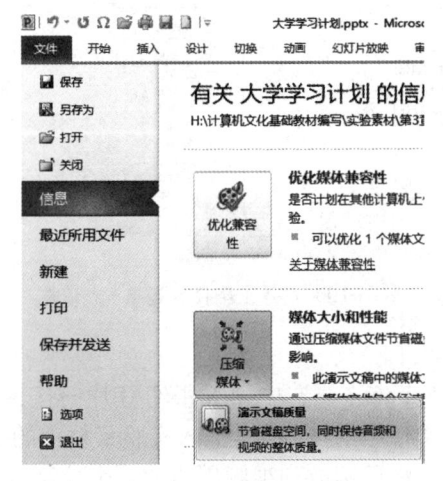

图 3-103 剪裁音频输出

图 3-104 "压缩媒体"对话框

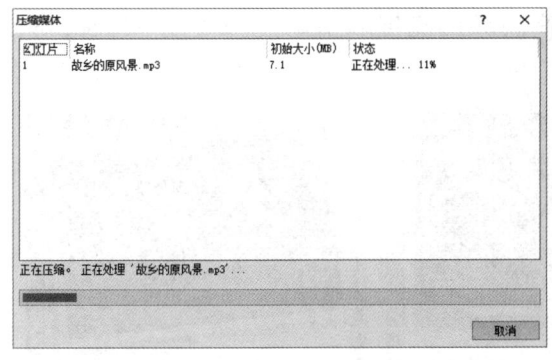

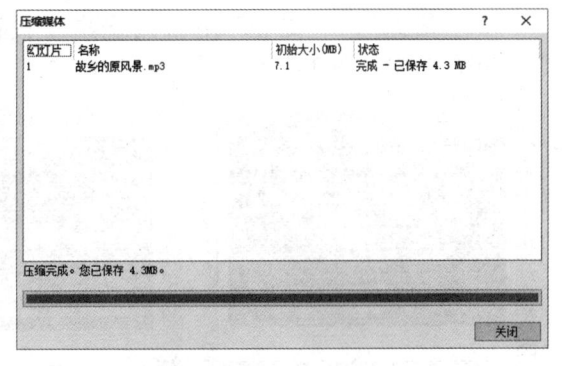

图 3-105 压缩完成

（4）右击刚保存的"大学学习计划.pptx"→"打开方式"→"WinRAR 压缩文件管理器"→"ppt"→"media1.wma"→在"解压路径和选项"对话框设置解压路径。解压完成后，即可在解压出的文件夹中找到剪裁后的音频，其长度为我们刚才设置的长度，而不是原始音频的长度。"解压路径和选项"对话框的设置如图 3-106 所示。

图 3-106 "解压路径和选项"对话框

3. 插入视频

（1）打开"大学学习计划.pptx"→选中第6张幻灯片→按回车键新建一张幻灯片→"插入"→"媒体"→"视频"→"文件中的视频"→插入实验素材中的视频"法国民众歌舞庆祝马克龙当选新一届法国总统.avi"→将鼠标放到视频周边的8个控制点中的任意一个，调整视频播放窗口到合适的大小，如图3-107所示。

（2）"格式"→"更正"下拉列表项中提高视频的亮度和清晰度→亮度＋20％，对比度＋40％，效果如图3-108所示。

图 3-107　调整插入视频播放窗口的大小

图 3-108　调整插入视频亮度和清晰度

图 3-109　旋转渐变视频样式

（3）"格式"→"颜色"→选中"褐色，文本颜色2深色"，对视频重新着色使其具有风格效果，如灰色或褐色色调→"格式"→"视频样式"→在"细微型""中等""强烈"中选择一种视频样式（此处选择"中等"）→"旋转，渐变"，效果如图3-109所示。

（4）通过"格式"→"视频形状"中的任意一种形状，更改视频的形状，保留视频的格式（这里选择"基本形状")→"心形",效果如图 3-110 所示。通过"格式"→"视频边框"指定所选视频边框的颜色、宽度和线型,这里选择"浅绿色"。

(5)对修改满意的演示文稿进行保存。如果不满意,也可通过"格式"→"重置设计",使得视频恢复到刚刚插入的状态,对其重新进行修改。

(6)右击插入的视频,在弹出的快捷菜单中选择"剪裁视频",可以对视频进行长度的修改,其操作步骤与"剪裁音频"的步骤相似。

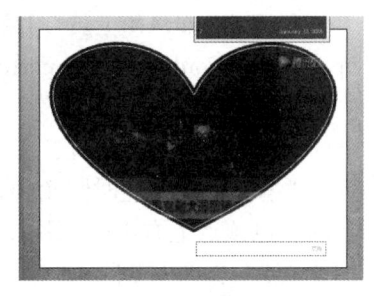

图 3-110 更改视频的形状

4. 插入图片

"插入"→"图像"组→"图片"→插入素材中的"牡丹花.JPG"→"格式"→"删除背景",如图 3-111 所示→根据需要选择要保留的区域、标记要删除的区域、设置删除标记→"格式"→"保留更改",即可完成删除图片背景操作,结果如图 3-112 所示。

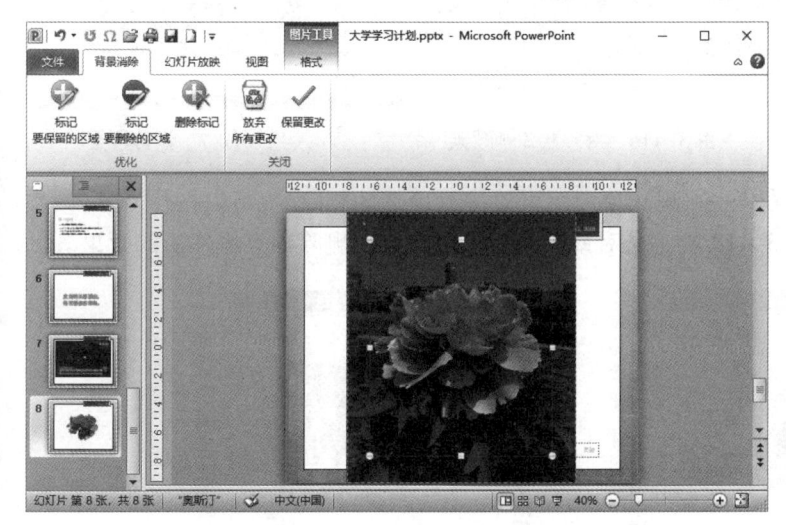

图 3-111 删除图片背景操作

图 3-112 删除牡丹花背景效果图

5. 插入 SmartArt 图形

"插入"→"SmartArt"→"选择 SmartArt 图形"对话框→选择"连续图片列表"→"确定",结果如图 3-113 所示。拖动 SmartArt 图形的边框中间或四个角可以改变其大小,使之适合页面→双击图片占位符,从左到右依次插入"樱花大道.JPG""仁心湖.JPG""沪祥楼.JPG",在下方的"文本"处依次输入"樱花大道""仁心湖""沪祥楼"(也可单击 SmartArt 图形框左侧的三角形按钮,打开对话框进行相应输入),最终效果如图 3-114 所示。

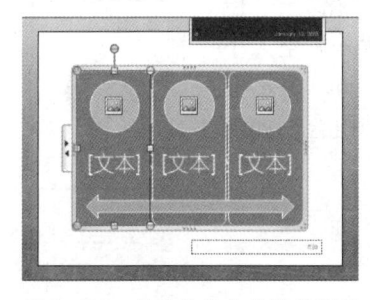

图 3-113 删除牡丹花背景效果图

图 3-114 SmartArt 图形效果图

利用"SmartArt 工具"中的"设计"和"格式"选项卡,可对 SmartArt 图形进行进一步的设计,可参照 Word 中关于 SmartArt 的介绍。

6. 插入形状

(1)"插入"→"形状"→在下拉列表中选择圆角矩形→拖动鼠标左键插入→右击该图形→"编辑顶点",此时圆角矩形对象周围会出现红色的轮廓线,如图 3-115 所示。在该轮廓线上的黑色顶点上右击→"添加顶点",在圆角矩形的轮廓线上想要添加顶点的地方单击,就会添加新顶点(也可以按下 Ctrl 键,在轮廓线上单击左键)。新添加的顶点的两端有一条直线,并有两个白色方形控制手柄,如图 3-116 所示,可以用鼠标拖动顶点进行形状的改变,结果如图 3-117 所示。

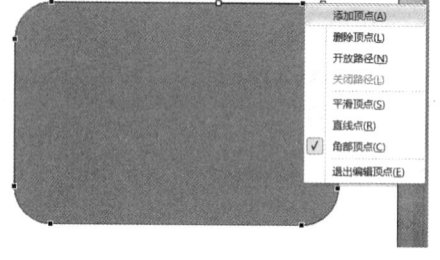

图 3-115 对形状编辑顶点　　图 3-116 对形状添加顶点　　图 3-117 拖动顶点

(2)在某个选中的顶点上右击→"删除顶点",可以进行顶点的删除(也可以按住 Ctrl 键,在轮廓线的顶点上单击左键),图 3-118 所示是对该圆角矩形进行多次删除顶点操作后的效果。

图 3-118 删除形状顶点　　图 3-119 开放形状路径

(3)在某个选中的顶点上右击→"开放路径",可开放形状路径。图 3-119 所示是对该圆角矩形进行开放路径和拖动顶点操作后的效果。

7. 插入剪贴画

(1)"插入"→"图像"→"剪贴画"→"剪贴画"任务窗格(图 3-120)→在"搜索文字"文本框中输入关键词"花"→"搜索"→选择一张剪贴画→"插入",将其移到合适位置并调整大小→右击剪贴画→"编辑图片"→"Microsoft PowerPoint"提示框(图 3-121)→"是"→右击剪贴画→"组合"→"取消组合",如图 3-122 所示。

图 3-120 "剪贴画"任务窗格

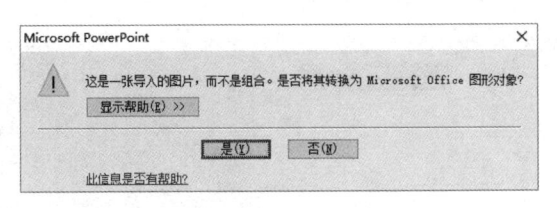

图 3-121 "Microsoft PowerPoint"提示框

图 3-122 剪贴画取消组合

图 3-123 剪贴画某一部分的颜色改变

（2）选中中间的"$"符号→"绘图"组→"标准色"→"红色"，实现剪贴画某一部分颜色的改变，效果如图 3-123 所示。

8. 插入图表

（1）"插入"→"表格"→"插入表格"→"插入表格"对话框→输入表格的行数 5 和列数 4→"确定"，表格数据如图 3-124 所示→选中表格→复制→新建空白幻灯片→"插入"→"图表"→"插入图表"对话框（图 3-125）→"簇状柱形图"→"确定"→在弹出的工作表中选中 A1 单元格→"粘贴"，刚才复制的表格数据即粘贴到工作表中，如图 3-126 所示，最后关闭工作表，此时幻灯片中出现图表。

图 3-124 插入的表格的数据

图 3-125 "插入图表"对话框

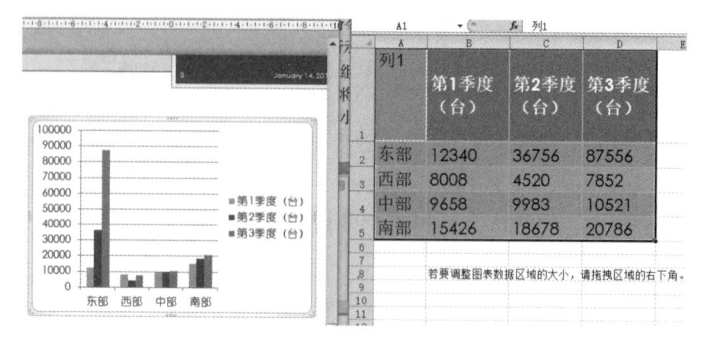

图 3-126　图表效果

（2）选中图表→"图表工具－设计"→"数据"组→"选择数据"→"选择数据源"对话框（图 3-127）→"切换行/列"按钮，将数据源中的行和列互换。拖动图表的边框中间或四个角可以改变图表的大小，在图表中的某个项目上双击可以打开相应的格式设置对话框。

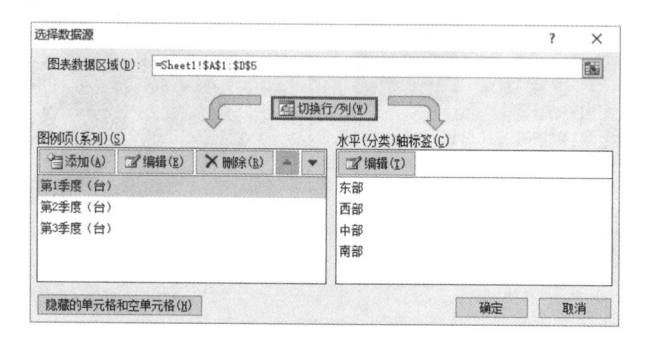

图 3-127　"选择数据源"对话框

实验十八　演示文稿的动画效果和动作设置

一、实验目的

（1）掌握在幻灯片中设置对象动画效果的方法；
（2）掌握幻灯片的切换设置方法；
（3）掌握插入超链接和动作的方法。

二、实验任务及操作过程

下载素材文件：实验素材\第 3 章\实验十八。

1. 动画效果的设置

（1）打开实验素材中的"讲座.pptx"→选择第 1 张幻灯片→选定标题文字→"动画"→"动画"组→"出现"→选择动画→单击动画序列按钮→"动画"组右下角的对话框启动器→"动画效果设置"对话框（图 3-128）→在"效果"选项卡中可以设置动画的具体效果，如在"声音"项中可以选择播放动画时的声音效果；在"计时"选项卡中可以设置动画的开始方式和持续时间。

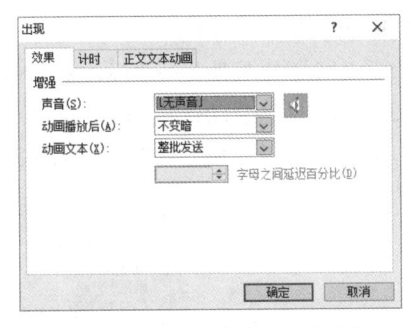

图 3-128 动画效果设置对话框

除了可以设置进入效果外,还可以设置强调和退出效果。如果想删除动画效果,可以单击对象前面的序列按钮,然后按 Delete 键或选择"动画"组中的"无"。

(2)利用前面的方法,设置演示文稿中后面几张幻灯片的标题进入效果为"旋转",内容的进入效果为"飞入",方向为"自底部",速度(期间)为"快速(1 秒)"。

2. 幻灯片切换效果

打开"讲座 .pptx"→选择第 1 张幻灯片→"切换"→"切换到此幻灯片"组→"其他"→"闪耀"→"切换到此幻灯片"组→"效果选项"→设置效果为"从下方闪耀的菱形"→"计时"组→"声音"→"风铃"→"持续时间"为 2 秒→"全部应用",将切换效果应用于所有幻灯片。

"计时"组中的换片方式可以选择"单击鼠标时"(单击鼠标切换幻灯片),也可以选择"设置自动换片时间",设置换片的具体时间,到时间后自动换片。

3. 超链接与动作

(1)选择第 2 张幻灯片→选中文本"影响遗忘的因素"→"插入"→"链接"→"超链接"(或直接右击选中的文本→"超链接")→"插入超链接"对话框→在"链接到"区域选择"本文档中的位置","请选择文档中的位置"处选择"幻灯片标题"中和选中文本对应的第 4 项(图 3-129)→"确定"。此时,选中的文本下增加了下划线,同时字体颜色也发生了变化,如图 3-130 所示。

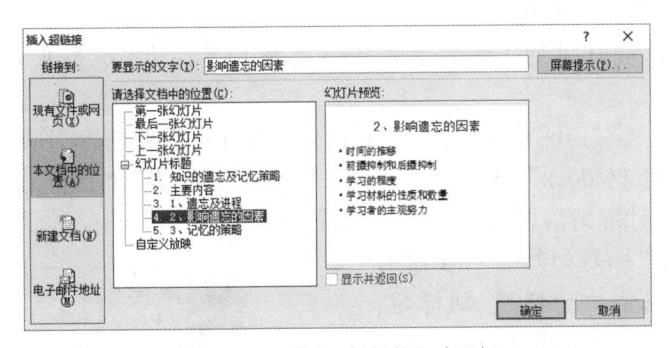

图 3-129 "插入超链接"对话框

图 3-130 文本超链接效果

用同样的方法将第 2 张幻灯片中的"遗忘及进程"和"记忆的策略"也设置相应的超链接。

(2)"视图"→"母版视图"→"幻灯片母版"→"标题和内容"→"插入"→"图像"→"剪贴画"→在"剪贴画"任务窗格搜索"季节",并将第 1 张剪贴画插入到母版的右下角→右击该剪贴画→"超链接"→在"插入超链接"对话框中选择"本文档中的位置"中的第 2 张幻灯片→"确定"。

(3)放映演示文稿,在第 2 张幻灯片中单击某一项,就会跳转到相应的幻灯片,单击幻灯片右下角的剪贴画,又会跳回第 2 张幻灯片。

(4)"视图"→"母版视图"→"幻灯片母版"→"标题和内容"→"插入"→"插图"→"形状"→在下拉列表中选择图 3-131 所示的三个动作按钮。在插入动作按钮时,会弹出"动作设置"对话框,可根据需要选择合适的动作,并单击"确定"按钮,如图 3-132 所示。

图 3-131　插入的动作按钮

图 3-132　"动作设置"对话框

放映演示文稿,体会动作按钮的作用。

实验十九　PowerPoint 综合实验

一、实验目的

通过本实验,掌握 PowerPoint 2010 的基本操作方法,培养在实践中利用 PowerPoint 2010 制作演示文稿的能力。

二、实验任务及操作过程

下载素材文件:实验素材\第 3 章\实验十九。

1. 打开实验素材中的"《小企业会计准则》培训素材.docx",将其另存为"小企业会计准则培训.pptx"

启动 PowerPoint 2010→"文件"→"打开"→在"打开"对话框中将文件类型选为"所有文件"→选择"《小企业会计准则》培训素材.docx"→"打开"→"保存"→"另存为"对话框,选择保存文件夹,输入文件名为"小企业会计准则培训.pptx"→"保存"→"确定"。

2. 将第 1 张幻灯片的版式设为"标题幻灯片",在该幻灯片的右下角插入任意一幅剪贴画;依次为标题、副标题、新插入的图片设置不同的动画效果,动画的出现顺序为图片、标题、副标题

(1)选择第 1 张幻灯片→"开始"→"幻灯片"→"版式"→"标题幻灯片"→"插入"→"图像"组→"剪贴画"→"剪贴画"窗格→在"搜索文字"文本框中输入"人物"→"搜索"→选择一幅剪贴画,适当调整其位置和大小→选中标题→"添加动画"→"进入"→"飞入",为标题设置动画,如图 3-133 所示。

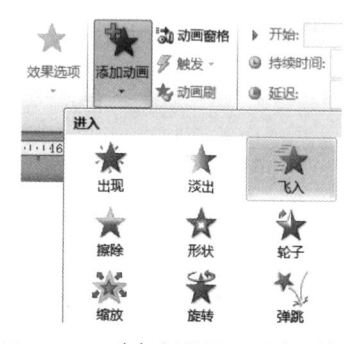

图 3-133　为标题设置飞入动画效果

(2)选中副标题→"添加动画"→"进入"→"缩放",为副标题设置动画。选中插入的剪贴画→"添加动画"→"进入"→"形状",为剪贴画设置动画。

(3)"高级动画"→"动画窗格"→"Picture 2"→单击下方的向上箭头,将其调整到最上方的第1层,最后效果如图3-134所示。

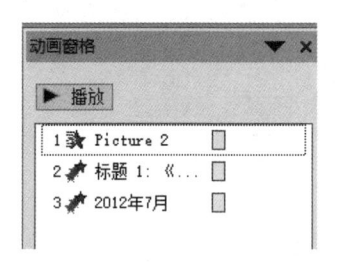

图3-134　动画窗格最终设置效果 　　　　　图3-135　取消文本内容前的项目符号

3. 取消第2张幻灯片中文本内容前的项目符号,并将最后两行的落款和日期右对齐

选中第2张幻灯片中的文本内容→"开始"→"段落"组→"项目符号"右侧的下三角按钮→"无"(图3-135)→选择最后的两行文字和日期,单击"段落"组中的"文本右对齐"按钮。

4. 将第3张幻灯片中用绿色标出的文本内容转换为垂直框列表类的SmartArt图形,并分别将每个列表框链接到对应的幻灯片

(1)选中第3张幻灯片中的文本内容→"开始"→"段落"组→"转换为SmartArt"→"其他SmartArt图形"→"选择SmartArt图形"对话框→"列表"→"垂直框列表"(图3-136)→"确定",转换后的效果图如图3-137所示。

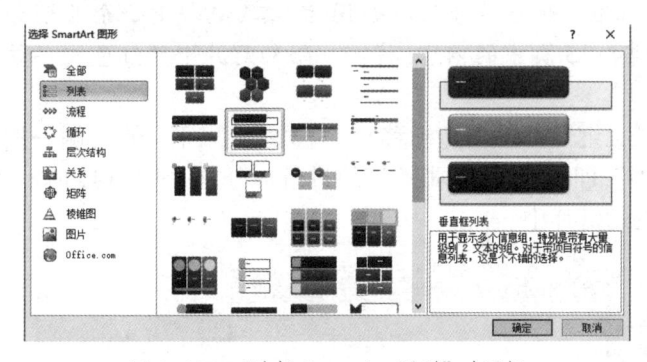

图3-136　"选择SmartArt图形"对话框 　　　　图3-137　文字转换为SmartArt图形

(2)选中"小企业会计准则的颁布意义"列表框→右击→"超链接"→"插入超链接"对话框→"本文档中的位置"→"4.小企业会计准则的颁布意义"幻灯片(图3-138)→"确定"。使用同样的方法将第2~4个列表框依次链接到第9、第10、第18张幻灯片。

5. 将第9张幻灯片的版式设为"两栏内容",在右侧内容框中插入对应素材文档第9页中的图形,将第14张幻灯片最后一段文字向右缩进2个级别,并链接到文件"小企业准则适用行业范围.docx"

选择第9张幻灯片→"开始"→"幻灯片"组→"版式"→"两栏内容"(图3-139)→将第9页中的图形复制粘贴到幻灯片右侧内容框中,适当调整图片的位置→选中第14张幻灯片中的最后一段文字→"开始"→"段落"组→"提高列表级别"单击两次→右击→"超链接"→"插入超链接"对话框→"现有文件或网页"→在"查找范围"中选择对应文件夹下的"小企业准则适

图 3-138　文字转换为 SmartArt 图形

用行业范围 .docx"（图 3-140）→"确定"。

图 3-139　设置两栏内容版式 　　　　图 3-140　"插入超链接"对话框

6. 将第 15 张幻灯片自"（二）定性标准"开始拆分为标题同为"二、统一中小企业划分范畴"的两张幻灯片，并参考原素材文档第 15 页中的内容，将前一张幻灯片中的红色文字转换为表格

（1）选择第 15 张幻灯片→切换至"大纲"视图→光标移至"100 人及以下"的右侧→按 Enter 键→单击"段落"组"降低列表级别"，即可将第 15 张幻灯片进行拆分，如图 3-141 所示。然后将原有幻灯片的标题复制到拆分后的幻灯片中。

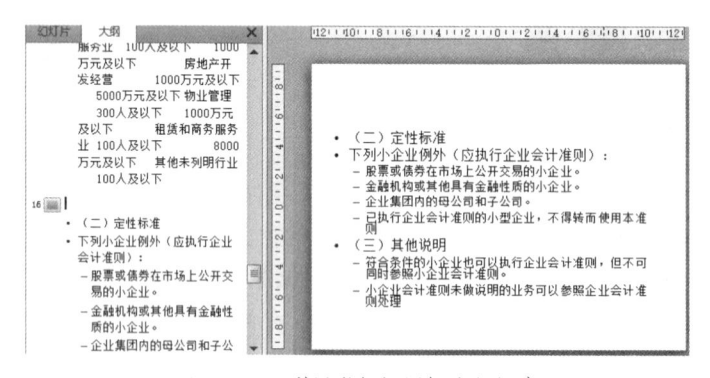

图 3-141　利用大纲视图拆分幻灯片

（2）删除第 15 张幻灯片中的红色文字，复制素材文稿中第 15 页标红的表格和文字→粘贴到第 15 张幻灯片上→双击该表格→"表格工具"→"设计"组→"表格样式"→对表格内的文字的格式进行适当的调整。

7. 将素材文档第 16 页中的图片插入到对应幻灯片中，并适当调整图片大小。将最后一张幻灯片的版式设为"标题和内容",将图片"pic1.gif"插入内容框中并适当调整大小,将倒数第 2 张幻灯片的版式设为"内容与标题",参考素材文档第 18 页中的内容,在幻灯片右侧的内容框中插入 SmartArt 不定向循环图,并为其设置一个逐项出现的动画效果。

(1)选中素材文件第 16 页中的图片,复制粘贴到第 17 张幻灯片中,并适当调整图片的大小和位置,效果如图 3-142 所示。选择最后一张幻灯片→"开始"→"幻灯片"→"版式"→"标题和内容"→在内容框内单击"插入来自文件的图片"占位符→在"插入图片"对话框中选择对应文件夹下的"pic.gif"→"插入"→适当调整图片的大小和位置。选择倒数第二张张幻灯片→"开始"→"幻灯片"→"版式"→"内容与标题"→单击右侧内容框内的"插入 SmartArt 图形"→"选择 SmartArt 图形"对话框→"循环"→"不定向循环"→"确定",此时输入的图形中缺少一个形状。

图 3-142　利用大纲视图拆分幻灯

(2)选择最左侧的形状→"SmartArt 工具-设计"→"创建图形"→"添加形状"→"在前面添加形状"→参考素材文件在形状中输入文字。文字输入完成后效果如图 3-143 所示,选中插入的 SmartArt 图形→"动画"→"动画"组→"进入"→"形状"→"效果选项"→"逐个",如图 3-144 所示。

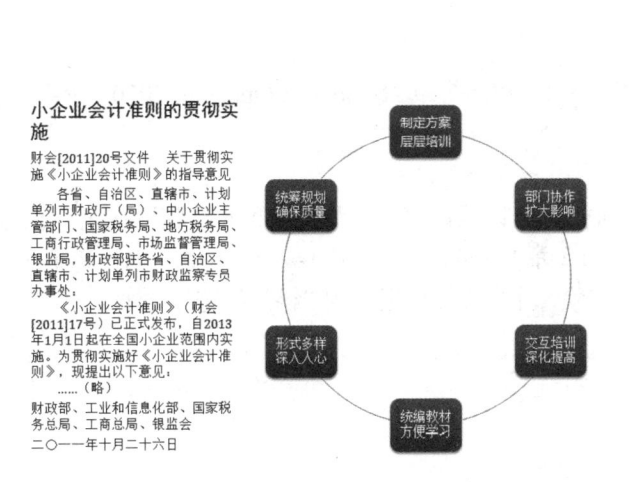

图 3-143　插入 SmartArt 图形后的效果图

图 3-144　效果选项设置

8.将演示文稿分为 5 节(表 3-5),并为每节应用不同的设计主题和幻灯片切换方式

表 3-5　分节要求

节　名	包含的幻灯片
小企业准则简介	1～3
准则的颁布意义	4～8
准则的制定过程	9
准则的主要内容	10～18
准则的贯彻实施	19～20

右击第 1 张幻灯片→"新增节"→"无标题节"文字→右键单击"无标题节"→"重命名节"→"节名称"设置为"小企业准则简介"→"重命名"。将光标置于第 3 张与第 4 张幻灯片之间,使用前面介绍的方法新建节,并将节的名称设置为"准则的颁布意义"。使用同样的方法将余下的幻灯片进行分节,效果如图 3-145 所示。

图 3-145　分节后的效果图

选中"小企业准则简介"节所有幻灯片,在"设计"选项卡下"主题"组中选择一种主题。使用同样的方法为不同的节设置不同的主题,并对幻灯片内容的位置及大小进行适当的调整。选中"小企业准则简介"节所有幻灯片,在"切换"选项卡"切换到此幻灯片"组中选择一种切换方式。使用同样的方法为不同的节设置不同的切换方式,保存演示文稿。

实验二十　OneNote 的应用

一、实验目的

(1) 了解 OneNote 2010 电子笔记;
(2) 掌握利用 OneNote 创建笔记、整理笔记、识别图片中文字的方法。

二、实验任务及操作过程

下载实验素材:实验素材\第 3 章\实验二十。

1. 创建笔记本、分区和页

(1) 启动 OneNote 2010。

执行"开始"→"所有程序"→"Microsoft Office"→"Microsoft OneNote 2010"命令,启动 OneNote 2010。

(2) 创建笔记本。

单击"文件"→"新建",在"新建"面板中选择笔记存储位置为"我的电脑",在名称框输入"科研笔记",具体位置为"D:\实验素材\第 3 章\实验二十"(图 3-146),单击"创建笔记本"按钮,完成"科研笔记"笔记本的建立,在"实验二十"文件夹里出现"科研笔记"文件夹。

图 3-146　创建笔记本

(3) 将默认分区 "新分区 1" 改名为 "糖尿病",再建立一个名为 "高血压" 的新分区。

① 右击 "新分区 1" 分区选项卡→ "重命名"(图 3-147)→输入 "糖尿病",完成默认分区重命名操作。

② 在图 3-147 中,选择 "新建分区" 命令或者单击 "糖尿病" 分区选项卡右侧的 "创建新分区" 按钮,均可创建一个新分区,输入新分区名称 "高血压",完成第二个分区的创建和命名,如图 3-148 所示。

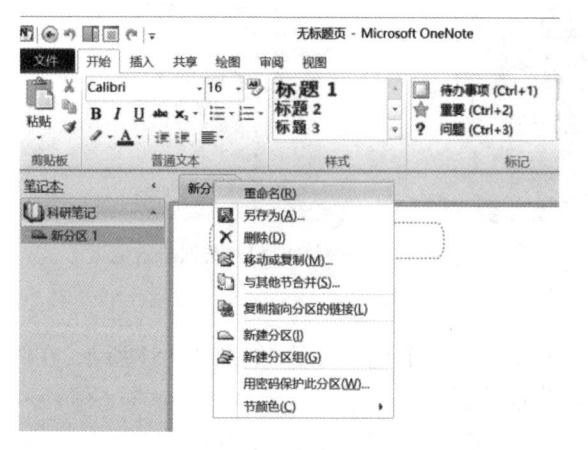

图 3-147　重命名默认分区

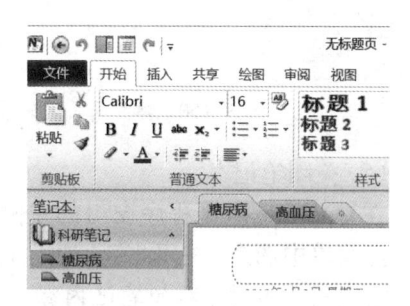

图 3-148　建立分区效果图

笔记本中的分区建立后,会自动以 .one 为扩展名保存在该笔记本文件夹中。在 "实验二十" 文件夹的 "科研笔记" 文件夹中出现 "糖尿病 .one" 和 "高血压 .one" 两个分区文件。

(4) 将 "糖尿病" 分区中的默认页 "无标题页" 改名为 "基础知识",再建立一个名为 "参考文献" 的新页面,在 "参考文献" 新页面下面建立两个子页,分别命名为 "文献 1" 和 "文献 2"。

① 单击 "糖尿病" 分区选项卡,在默认页编辑区的 "页标题" 框中输入 "基础知识",完成默认页的重命名。

② 单击页面右侧 "基础知识" 页标签上方的 "新页" 按钮,在弹出的下拉菜单中选择 "新建页面" 命令,在该页面的 "页标题" 框中输入 "参考文献",完成新标准页面的建立,如图 3-149 所示。

图 3-149　建立标准页面

③ 选中 "参考文献" 页面,单击 "新页" 按钮→ "新子页" 命令,建立新子页,在新子页的 "页

标题"框中输入"文献1"。重复上述操作完成"文献2"子页的建立,如图3-150所示。

图3-150 建立子页面效果图　　　　图3-151 关闭当前笔记本

（5）关闭笔记本。

在OneNote应用程序窗口的左侧,右击"科研笔记"笔记本标签,如图3-151所示,在弹出的快捷菜单中选择"关闭此笔记本",即可关闭当前笔记本。

2. 打开笔记本,添加笔记内容

（1）打开笔记本。

在OneNote应用程序窗口中,单击"文件"→"打开"→"打开"面板→"打开笔记本"按钮,弹出"打开笔记本"对话框,找到"实验二十"文件夹的"科研笔记"文件夹,选择其中的"打开笔记本.onetoc2"文件,单击"打开"按钮,即可打开该笔记本。

（2）在"糖尿病"分区的"基础知识"页面中添加笔记内容。

① 输入文本。

单击"基础知识"页面的任一位置,在出现的"笔记容器"中输入文本"糖尿病是一组以高血糖为特征的代谢性疾病。高血糖则是由于胰岛素分泌缺陷或其生物作用受损,或两者兼有引起。"→"开始"→"普通文本"组的相关格式化命令对文本进行适当的格式化,效果如图3-152所示。

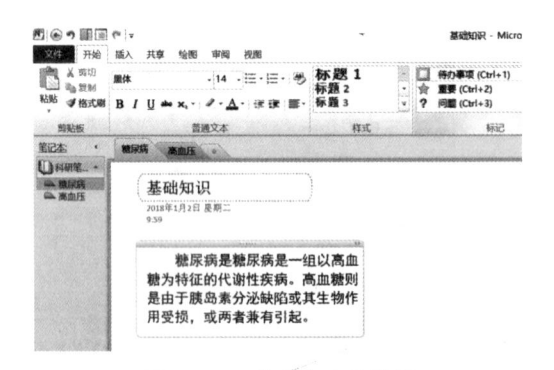

图3-152 输入文本效果图

② 插入来自网页的文本。

插入来自离线网页文件的文本:打开"实验二十\素材"文件夹中的网页文件"糖尿病－百度百科.html",复制网页中的"病因"一段文字,在OneNote的"基础知识"页面任意处右击,选择"粘贴"。

插入在线网页中的文本:接入 Internet 后,在百度搜索引擎中输入"糖尿病"进行搜索,打开"糖尿病-百度百科"页面,复制"临床表现"一段文字,在 OneNote 的"基础知识"页面任意处右击,选择"粘贴",结果如图 3-153 所示。

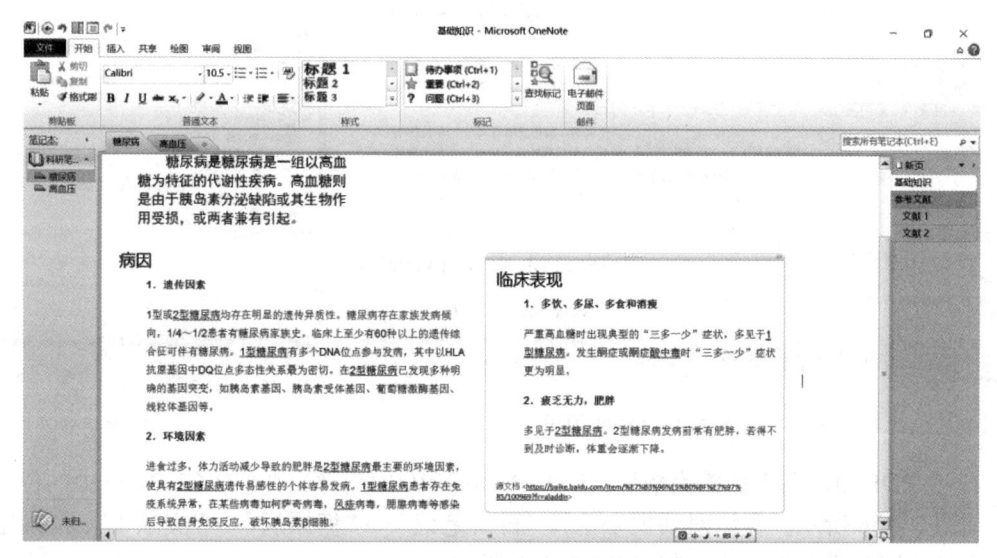

图 3-153　插入来自网页的文本效果图

注意:来自在线网页的文本下方会出现原文档的链接地址。

(3) 插入文件附件(实验素材\第 3 章\实验二十\素材\糖尿病基础知识.pptx)。

在 OneNote 页面中选好准备显示附件文件图标的位置→"插入"→"附加文件"→在"选择要插入的一个或一组文件"对话框中选择需要插入的文件(糖尿病基础知识.pptx)→"插入",即可将文件以图标的形式附加到笔记中,如图 3-154 所示。

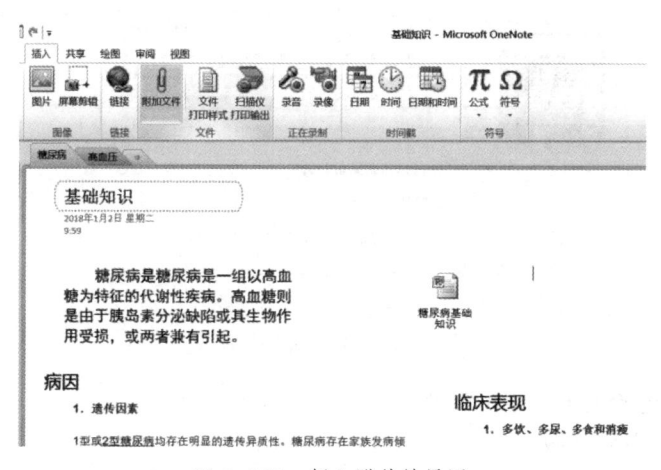

图 3-154　插入附件效果图

3. 导入文献

要求:将"实验素材\第 3 章\实验二十\素材\中国糖尿病的患病概况.pdf"一文导入 OneNote 的"糖尿病"分区的"文献 1"页。

(1) 双击打开 PDF 文件(需要计算机上安装 PDF 阅读器,本文使用精灵 PDF 阅读器),在

PDF 阅读器窗口中,执行"文件"→"打印"→"选择打印机"→"发送到 OneNote 2010"→"打印",如图 3-155 所示。

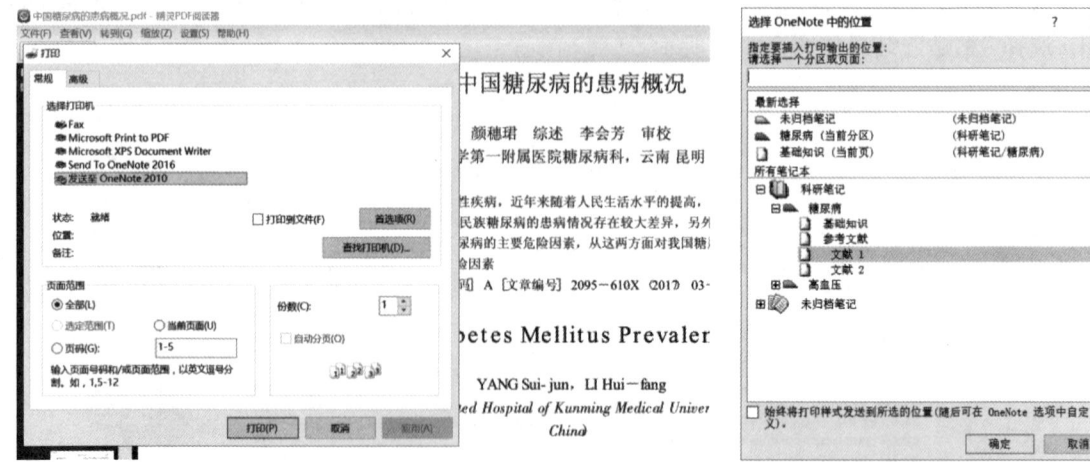

图 3-155　发送到 OneNote 2010　　　　图 3-156　选择接收页面

(2)在 PDF 阅读器中传输完毕后,在 OneNote 2010 中会弹出"选择 OneNote 中的位置"对话框,如图 3-156 所示。在该对话框中选择"科研笔记"→"糖尿病"→"文献 1"→"确定"按钮,即可在"文献 1"页面导入文献,如图 3-157 所示。

图 3-157　导入文献效果图

4.增大笔记的空白区域,插入图片

(1)增大笔记的空白区域。

在"糖尿病"分区的"基础知识"页面中,准备在"糖尿病定义"和"病因"两部分内容直接添加其他笔记内容,需要增大两部分之间的空白区域,具体操作如下:

单击"插入"选项卡"插入"组的"插入空间"命令后,鼠标进入 OneNote 页面后出现一条蓝色线(可水平也可垂直),定位到要插入新笔记的地方,向下拖动鼠标,即可将文本下移,腾出足够的空间插入新的笔记,如图 3-158 所示。

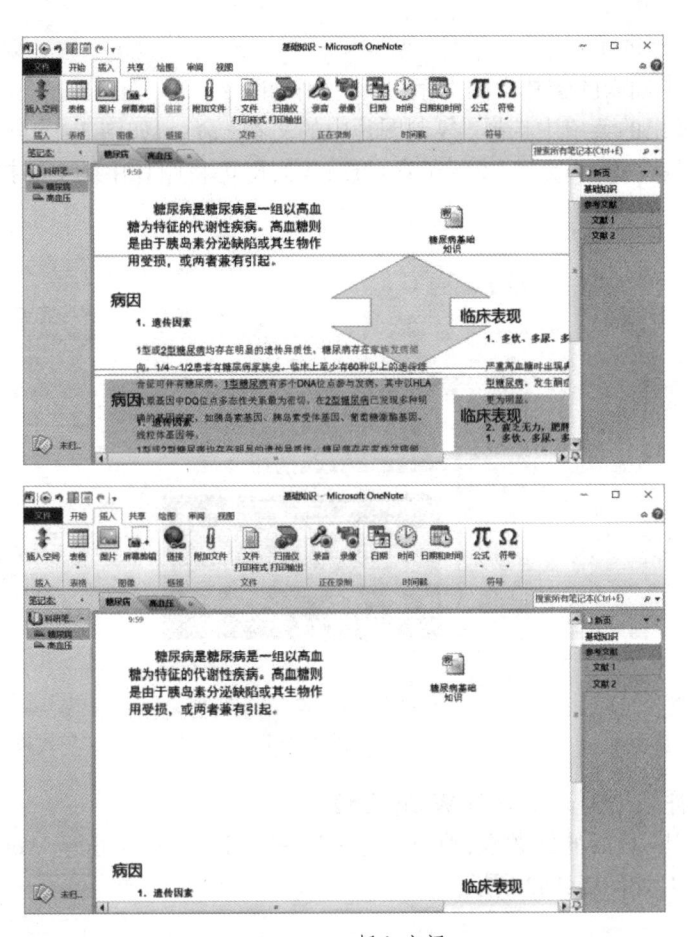

图 3-158　插入空间

（2）插入图片（实验素材\第 3 章\实验二十\素材\糖尿病数据 .jpg）。

单击"插入"选项卡→"图像"组→"图片"→"插入图片"对话框中选择"糖尿病数据 .jpg"→"插入"，将图片文件插入到"基础知识"页面→通过尺寸柄调整大小，放置在"糖尿病定义"和"病因"两部分之间，如图 3-159 所示。

图 3-159　插入图片效果图

5. 识别图片中的文字

识别图 3-159 中插入的图片中的文字,具体操作如下:

右击图片,在弹出的菜单中选择"复制图片中的文本"命令,如图 3-160 所示,在该图片右侧的页面位置右击,选择"粘贴文本"命令(或 Ctrl + V),即可将图片中的文字提取到笔记中,如图 3-161 所示。

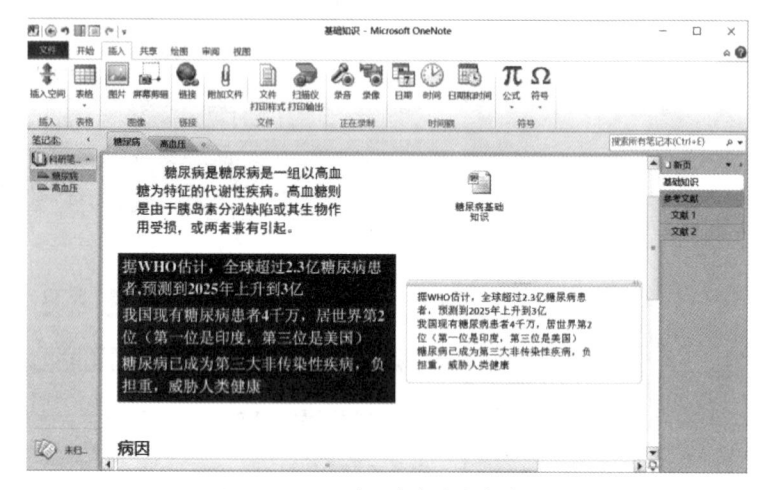

图 3-160　图片的快捷菜单　　　　　图 3-161　识别图片中的文字效果图

6. 导出笔记,将笔记页面发送到 Word 文档

选择"基础知识"页面的标题框,执行"文件"→"发送"→"发送至 Word"命令,即可将该页面发送到 Word 中,如图 3-162 所示。

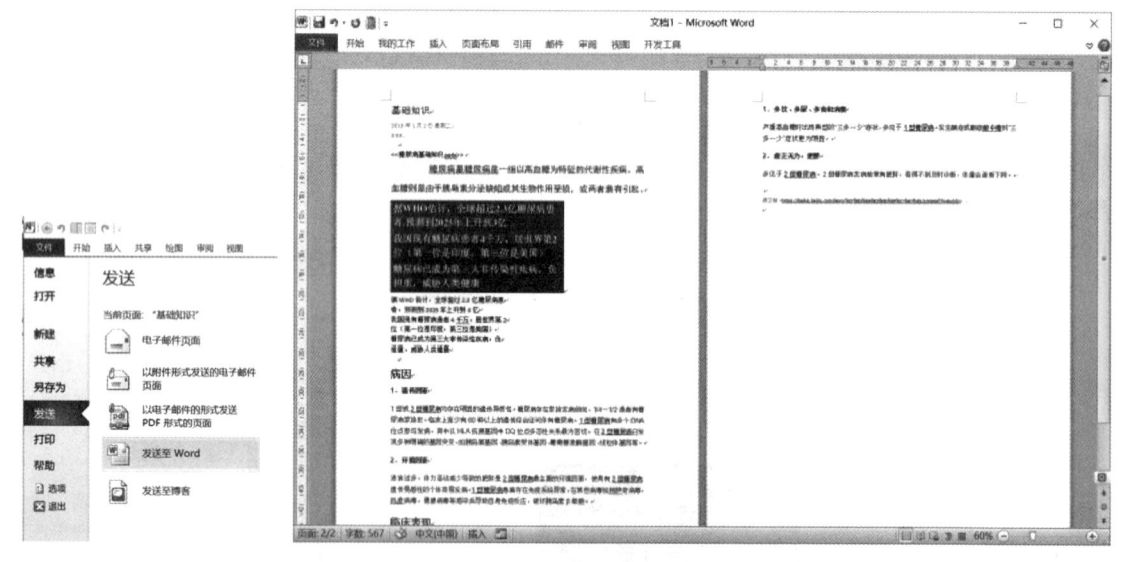

图 3-162　将笔记页面发送到 Word

三、实验分析及知识拓展

本实验主要让学生理解 OneNote 的相关知识,掌握创建笔记、整理笔记的常用方法,在掌握本实验涉及的操作的基础上,还要掌握在页面中添加录音和录像、手绘标记、手写插入公式等操作。

综合练习

一、单项选择题

（一）Office 综述部分

1. Office 2010 取消了传统的菜单操作方式，取而代之的是_____。
   A. 面板　　　　　B. 工具按钮　　　　C. 下拉列表　　　　D. 功能区
2. Office 文档实现快速格式化的重要工具是_____。
   A. 工具按钮　　　B. 选项卡命令　　　C. 格式刷　　　　　D. 对话框
3. Office 2010 中，Word、Excel、PowerPoint 文档的默认扩展名分别是_____。
   A. .dat、.xlm、.ppx　　B. .dotx、.xltx、.potx　　C. .docx、.xlsx、.pptx　　D. .doc、.xls、.ppt
4. 下列关于在 Office 2010 中设置保护密码的说法正确的是_____。
   A. 保护密码不可以取消
   B. 在设置保护密码后，每次打开该文档时都要输入密码
   C. 设置保护密码后，不需要保存文件，密码在下次打开时就能使用
   D. 在设置保护密码后，每次打开该文档时都不要输入密码
5. 在 Office 中，_____用于控制文档在屏幕上的显示大小。
   A. 页面显示　　　B. 缩放显示　　　　C. 显示比例　　　　D. 全屏显示
6. 下列关于"保存"与"另存为"命令的叙述正确的是_____。
   A. 保存旧文档时，不会打开"另存为"对话框
   B. 保存新文档时，"保存"与"另存为"的作用是相同的
   C. 保存旧文档时，"保存"与"另存为"的作用是相同的
   D. "保存"命令只能保存新文档，"另存为"命令只能保存旧文档
7. 如果用户想保存一个正在编辑的文档，但希望以不同文件名存储，可用_____命令。
   A. "保存"　　　　B. "另存为"　　　　C. "比较"　　　　　D. "限制编辑"
8. Office 2010 通常在_____环境下使用。
   A. DOS　　　　　B. WPS　　　　　　C. UCDOS　　　　　D. Windows
9. 打开一个原有文档，编辑后进行"保存"操作，则该文档_____。
   A. 被保存在原文件夹下　　　　　　　B. 可以保存在已有的其他文件夹下
   C. 可以保存在新建文件夹下　　　　　D. 保存后文档被关闭
10. Office 中格式刷的作用是_____。
    A. 复制文本　　　B. 复制图形　　　　C. 复制文本和格式　D. 复制格式
11. 第一次保存文件时，将出现_____对话框。
    A. "保存"　　　　B. "全部保存"　　　C. "另存为"　　　　D. "保存为"
12. 在 Office 2010 应用程序窗口中，用于编辑和显示文档内容的是_____。
    A. 标题栏　　　　B. 状态栏　　　　　C. 文档编辑区　　　D. 功能区
13. 在 Office 2010 应用程序窗口的右上角，可以同时显示的按钮是_____。
    A. "最小化""还原"和"最大化"　　　　B. "还原""最大化"和"关闭"
    C. "最小化""还原"和"关闭"　　　　　D. "还原"和"最大化"
14. 在 Office 2010 中，单击"开始"选项卡的"字体"组右下角的_____按钮，可以打开"字

体"对话框。

  A. 对话框启动器 B. 控制 C. 对话框控制 D. 下拉

15. 为了防止意外掉电等事件,最好_____。

  A. 经常用鼠标点击快速存盘按钮 B. 几分钟就关闭文件,再打开

  C. 设置自动保存功能 D. 经常保存备份

16. 关于标题栏可显示的内容,错误的是_____。

  A. 快速访问工具栏 B. 可显示应用程序名称和文档名称

  C. 窗口控制按钮 D. 窗口显示比列

17. 要快速将一个已经修改的 Office 文档保存到另外一个文件夹里,最快捷的方法是_____。

  A. F12 B. Ctrl+S C. "文件"→"保存" D. F11

18. 下列关于格式刷的说法错误的是_____。

  A. 单击格式刷只能使用一次格式刷 B. 只对文字的格式进行复制

  C. 可连带文字内容进行复制 D. 按 Esc 键可以退出格式刷

19. 使用"格式刷"可以进行_____操作。

  A. 复制文本 B. 保存文本 C. 移动文本 D. 以上三种都不对

20. 如果想关闭 Office 2010 应用程序,可在应用程序窗口中单击"文件"选项卡,选择_____命令。

  A. "打印" B. "退出" C. "保存" D. "关闭"

21. 在 Office 应用程序中按_____键可新建一个空白文档。

  A. Ctrl+O B. Ctrl+N C. Ctrl+E D. Ctrl+C

22. 在 Office 2010 应用程序中,控件需要退出_____才可以实现效果。

  A. 编辑模式 B. 设计模式 C. 自定义模式 D. 编辑对话框

23. 在快速访问工具栏中,↶按钮的功能是_____。

  A. 加粗 B. 设置下划线

  C. 撤销上次操作 D. 改变所选择内容的字体颜色

24. 单击 Office 应用程序窗口右上角的_____按钮,可退出应用程序。

  A. 控制菜单 B. 下拉菜单 C. 退出 D. 关闭

25. 在文档中,"查找"功能在"开始"选项卡的_____。

  A. "字体"组 B. "段落"组 C. "编辑"组 D. "样式"组

26. Office 2010 与 Office 2003 相比,下列说法错误的是_____。

  A. 由菜单和命令换成选项卡和功能区 B. 功能更加强大了

  C. 操作更加方便了 D. 没任何区别

27. 在 Office 2010 中,在_____选项卡中显示及隐藏标尺及网格线。

  A. "开始" B. "视图" C. "页面布局" D. "插入"

28. 制作宏的两种方法是录制宏和_____。

  A. 查看宏 B. 编辑宏 C. 编写宏代码 D. 插入宏

29. _____选项卡既包含"宏"命令,又包含"控件"工具。

  A. "开始" B. "视图" C. "开发工具" D. "插入"

30. 将"Windows Media Player"播放器控件的_____属性值设置为文件的完整路径,即可在

Office 文档中播放视频和音频。

  A. cd   B. URL   C. Movie   D. path

（二）Word 部分

1. 在 Word 2010 中"打开"文档的作用是_____。

  A. 将指定的文档从内存中读入、并显示出来

  B. 为指定的文档打开一个空白窗口

  C. 将指定的文档从外存中读入、并显示出来

  D. 显示并打印指定文档的内容

2. 在 Word 环境下，为了处理中文文档，用户可以使用_____键在英文和各种中文输入法之间进行切换。

  A. Ctrl+Alt   B. Shift+W   C. Ctrl+V   D. Ctrl+Shift

3. 在 Word 2010 的编辑状态，执行"开始"选项卡中的"复制"命令后，_____。

  A. 被选择的内容将复制到插入点处   B. 被选择的内容将复制到剪贴板

  C. 被选择的内容出现在复制内容之后   D. 光标所在的段落内容被复制到剪贴板

4. 在 Word 环境下，分栏编排_____。

  A. 只能用于全部内容   B. 可运用于所选择的内容

  C. 只能排两栏   D. 两栏必须是对等的

5. 在 Word 文档中有一段落的最后一行只有一个字符，想把该字符合并到上一行，下述方法中无法达到该目的的是_____。

  A. 减小页的左右边距   B. 减小该段落文字的字号

  C. 减小该段落的字间距   D. 减小该段落的行间距

6. Word 文档实现快速格式化的重要工具是_____。

  A. 格式刷   B. 工具按钮   C. 选项卡命令   D. 对话框

7. 要设置行距小于标准的单倍行距，需要选择_____再输入磅值。

  A. 两倍   B. 单倍   C. 固定值   D. 最小值

8. 在 Word 2010 文档编辑状态下，"插入公式"按钮呈灰色，处于不能使用状态，原因是_____。

  A. 文档是旧版本格式   B. 插入公式没有链接到文档

  C. Word 不能使用公式   D. 没有安装公式插件

9. 在 Word 2010 文档中，可以使被选中的文字内容看上去像使用荧光笔作了标记一样。此效果是使用 Word 2010 的_____文本功能。

  A."字体颜色"   B."突出显示"   C."字符底纹"   D."文字效果"

10. Word 以"磅"为单位的字号中，根据页面的大小，文字的磅值最大可以达到_____磅。

  A. 1 024   B. 1 638   C. 500   D. 390

11. 在文本选择区三击鼠标，可选定_____。

  A. 一句   B. 一行   C. 一段   D. 整个文本

12. 在 Word 2010 文档中，艺术字默认的插入形式是_____。

  A. 浮动式   B. 嵌入式   C. 四周型   D. 紧密型

13. 在 Word 2010 中，当剪贴板中的"复制"按钮呈灰色时，表示_____。

  A. 剪贴板里没有内容   B. 剪贴板里有内容

C. 在文档中没有选定内容　　　　　　　D. 在文档中已选定内容

14. Word 文档的分栏效果只能在_____视图中正常显示。
   A. 草稿　　　　B. 页面　　　　C. 阅读版式　　　　D. 大纲

15. 在 Word 2010 文档中,通过"查找和替换"对话框查找任意数字,在"查找内容"文本框中使用代码_____表示匹配 0～9 的数字。
   A. ^#　　　　B. ^$　　　　C. ^&　　　　D. ^*

16. 要在 Word 2010 的同一个多页文档中设置三个以上不同的页眉页脚,必须_____。
   A. 分栏　　　　　　　　　　　　　　　B. 分节
   C. 分页　　　　　　　　　　　　　　　D. 采用的不同的显示方式

17. 在 Word 2010 的编辑状态下,设置了由多个行和列组成的表格。如果选中一个单元格,再按 Del 键,则_____。
   A. 删除该单元格所在的行　　　　　　　B. 删除该单元格的内容
   C. 删除该单元格,右方单元格左移　　　D. 删除该单元格,下方单元格上移

18. 启动 Word 2010 时已经启动了模板,该模板是 Word 提供的普通模板,即_____模板。
   A. Normal　　　B. Letter&Fax　　　C. 简历　　　　D. 论文

19. 在 Word 2010 中,可以在文档的每页上设置一图形作为页面背景,这种特殊的文本效果被称为_____。
   A. 图形　　　　B. 艺术字　　　　C. 插入艺术字　　　　D. 水印

20. 要设置各节不同的页眉/页脚,必须在第二节开始的每一节处单击_____按钮后编辑内容。
   A. 上一项　　　　　　　　　　　　　　B. 链接到前一条页眉
   C. 下一项　　　　　　　　　　　　　　D. 页面设置

21. 在 Word 2010 表格的编辑中,快速拆分表格应按_____快捷键。
   A. Ctrl + 回车键　　　　　　　　　　　B. Ctrl + Shift + 回车键
   C. Shift + 回车键　　　　　　　　　　D. Alt + 回车键

22. 在 Word 中,下列关于模板的说法正确的是_____。
   A. 模板的扩展名是 .txt
   B. 模板不可以创建
   C. 模板是一种特殊的文档,它决定着文档的基本结构和样式,是其他同类文档的模型
   D. 在 Word 中,文档都不是以模板为基础的

23. 在 Word 2010 中无法实现的操作是_____。
   A. 在页眉中插入剪贴画　　　　　　　　B. 建立奇偶页内容不同的页眉
   C. 在页眉中插入分隔符　　　　　　　　D. 在页眉中插入日期

24. Word 2010 中的格式刷可用于复制文本或段落的格式,若要将选中的文本或段落格式重复应用多次,应_____。
   A. 单击"格式刷"　　B. 双击"格式刷"　　C. 右击"格式刷"　　D. 拖动"格式刷"

25. 在 Word 2010 中,下列关于浮动式对象和嵌入式对象的说法不正确的是_____。
   A. 浮动式对象既可以浮于文字之上,也可以衬于文字之下
   B. 剪贴画的默认插入形式是嵌入式
   C. 嵌入式对象可以和浮动式对象组合成一个新对象

D. 浮动式对象可以直接拖放到页面上的任意位置

26. 打印页码 2-5,10,12 表示打印的是_____。
   A. 第 2 页,第 5 页,第 10 页,第 12 页　　B. 第 2 至 5 页,第 10 至 12 页
   C. 第 2 至 5 页,第 10 页,第 12 页　　　D. 第 2 页,第 5 页,第 10 至 12 页

27. 在 Word 2010 中,保存文件不可以使用的保存类型是_____。
   A. .txt　　　　B. .wav　　　　C. .html　　　　D. .dotx

28. 在设定纸张大小的情况下,每页行数和每行字数是通过页面设置对话框中的_____选项卡设置的。
   A. 页边距　　　B. 版式　　　　C. 文档网络　　　D. 纸张

29. 如要用矩形工具画出正方形,应同时按下_____键。
   A. Ctrl　　　　B. Shift　　　　C. Alt　　　　D. Ctrl+Alt

（三）Excel 部分

1. 王同学从网站上查到了最近一次全国人口普查的数据表格,他准备将这份表格中的数据引用到 Excel 中以便进一步分析,最优的操作方法是_____。
   A. 对照网页上的表格,直接将数据输入到 Excel 工作表中
   B. 通过复制、粘贴功能,将网页上的表格复制到 Excel 工作表中
   C. 通过 Excel 中的"自网站获取外部数据"功能,直接将网页上的表格导入到 Excel 工作表中
   D. 先将包含表格的网页保存为 .htm 或 .mht 格式文件,然后在 Excel 中直接打开该文件

2. 张同学利用 Excel 对销售人员的销售额进行统计,销售工作表中已包含每位销售人员对应的产品销量,且产品销售单价为 456 元,计算每位销售人员销售额的最优操作方法是_____。
   A. 直接通过公式"=销量×456"计算销售额
   B. 将单价 456 定义名称为"单价",然后在计算销售额的公式中引用该名称
   C. 将单价 456 输入到某个单元格中,然后在计算销售额的公式中绝对引用该单元格
   D. 将单价 456 输入到某个单元格中,然后在计算销售额的公式中相对引用该单元格

3. 在 Excel 工作表中存放了第一中学和第二中学所有班级总计 300 个学生的考试成绩,A 列到 D 列分别对应"学校""班级""学号""成绩",利用公式计算第一中学 3 班的平均分,最优的操作方法是_____。
   A. =SUMIFS(D2:D301, A2:A301,"第一中学", B2:B301, "3 班")/COUNTIFS(A2:A301,"第一中学", B2:B301, "3 班")
   B. =SUMIFS(D2:D301, A2:A301, "第一中学", B2:B301, "3 班")/COUNTIFS(A2:A301,"第一中学", B2:B301, "3 班")
   C. =AVERAGEIFS(D2:D301, A2:A301, "第一中学", B2:B301, "3 班")
   D. =AVERAGEIF(D2:D301, A2:A301, "第一中学", B2:B301, "3 班")

4. Excel 工作表 F 列保存了 18 位身份证号码信息,为了保护个人隐私,需将身份证信息的第 9 到 12 位用"*"表示,以 F3 单元格为例,最优的操作方法是_____。
   A. =MID(F3,1,8)+"****"+MID(F3,13,6)
   B. =CONCATENATE(MlD(F3,1,8),"****", MID(F3,13,6))
   C. =REPLACE(F3, 9, 4, "****")
   D. =MlD(F3, 9, 4, "****")

5. 在 Excel 中,如果要在 Sheet1 的 A1 单元格内输入公式,引用 Sheet3 表中的 B1:C5 单元格区域,其正确的引用为_____。

  A. Sheet3!B1:C5　　　B. Sheet3(B1:C5)　　　C. Sheet3 B1:C5　　　D. B1:C5

6. 在 Excel 2010 中,下列叙述错误的是_____。

  A. 单元格的名字是用行号和列标表示的。例如,第 5 行第 5 列的单元格叫 E5

  B. 单元格的名字是用行号和列标表示的。例如,第 5 行第 5 列的单元格叫 5E

  C. 单元格区域地址是该区域的左上角单元格地址和右下角单元格地址中间加冒号

  D. D3:E6 表示从左上角 D3 到右下角 E6 的一片连续的矩形区域

7. 在工作表中输入数据时,如果需要在单元格中回车换行,下列操作不能实现的是_____。

  A. Alt+Enter　　　B. Ctrl+Enter　　　C. Shift+Enter　　　D. Ctrl+Shift+Enter

8. 在 Excel 2010 中,在单元格中求 4 的平方,下列说法正确的是_____。

  A. 输入一个单引号 "'",然后输入 "4^2"　　　B. 输入 "4^2"

  C. 输入一个双引号 """,然后输入 "4^2"　　　D. 输入 "54^2"

9. 在 Excel 2010 中,要在单元格中输入分数 "3/8",下列输入方法正确的是_____。

  A. 先输入 "0" 及一个空格,然后输入 "3/8"

  B. 直接输入 "3/8"

  C. 先输入一个单引号 "'",然后输入 "3/8"

  D. 在编辑栏中直接输入 "3/8"

10. 在 Excel 某列单元格中,快速填充 2011~2013 年每月最后一天日期的最优操作方法是_____。

  A. 在第一个单元格中输入 "2011-1-31",然后使用 MONTH 函数填充其余 35 个单元格

  B. 在第一个单元格中输入 "2011-1-31",拖动填充柄,然后使用智能标记自动填充其余 35 个单元格

  C. 在第一个单元格中输入 "2011-1-31",然后使用格式刷直接填充其余 35 个单元格

  D. 在第一个单元格中输入 "2011-1-31",然后执行 "开始" 选项卡中的 "填充" 命令

11. 在 Excel 中,按快捷键 Ctrl+Shift+";"(分号),则在当前单元格中插入_____。

  A. 系统当前日期　　　B. :(冒号)　　　C. 系统当前时间　　　D. 当前北京标准时间

12. 在 Excel 2010 中,活动工作表_____。

  A. 有 3 个　　　　　　　　　　　　B. 其个数根据用户需要确定

  C. 只能有 1 个　　　　　　　　　　D. 其个数由系统确定

13. 在 Excel 2010 中,下列不属于单元格引用符的是_____。

  A. :　　　　　　B. ,　　　　　　C. 空格　　　　　　D. @

14. 如果 Excel 单元格值大于 0,则在本单元格中显示 "已完成";单元格值小于 0,则在本单元格中显示 "还未开始";单元格值等于 0,则在本单元格中显示 "正在进行中"。最优的操作方法是_____。

  A. 使用 IF 函数

  B. 通过自定义单元格格式,设置数据的显示方式

  C. 使用条件格式命令

  D. 使用自定义函数

15. 在 Excel 2010 数据清单中,若使用 "排序" 命令按钮或对某列数据进行排序,此时,用户

应先_____。
  A. 单击工作表标签   B. 选取整个工作表数据
  C. 单击该列中任一单元格   D. 单击数据清单中任一单元格

16. 在 Excel 2010 中,清除和删除_____。
  A. 完全一样
  B. 不一样,清除是指清除选定的单元格区域内的内容、格式等,单元格依然存在,而删除则是将选定的单元格和单元格内的内容一并删除
  C. 不一样,删除是指对选定的单元格区域内的内容作清除,单元格依然存在,而清除则是将选定的单元格和单元格内的内容一并删除
  D. 不一样,清除是指对选定的单元格区域内的内容作清除,单元格的数据格式和附注保持不变,而删除则是将单元格和单元格数据格式及附注一并删除

17. 在单元格 A1、A2、A3、B1、B2、B3 中分别有数据 1、2、3、4、5、6,则在单元格 C5 中输入 "5AVERAGE(B3:A1)" 后, C5 单元格中的数据为_____。
  A. 21   B. #NAME?   C. 3   D. 3.5

18. 在 Excel 2010 中,设定新建工作簿中工作表数目的方法是_____。
  A. "工具"→"选项"—"常规"   B. "文件"→"选项"—"常规"
  C. "插入"→插入工作表数目   D. "视图"→显示工作表数目

19. 在 Excel 2010 中,当公式中以零做分母时,将在单元格中显示_____。
  A. #N/A!   B. #DIV/0!   C. #NUM!   D. #VALUE!

20. 在 Excel 2010 中,对数据清单进行多重排序,_____。
  A. 主要关键字和次要关键字都必须递增
  B. 主要关键字和次要关键字都必须递减
  C. 主要关键字或次要关键字都必须同为递增或递减
  D. 主要关键字或次要关键字可以独立选定递增或递减

21. 在 Excel 2010 中,假设当前工作簿已打开五个工作表,此时插入一个工作表,其默认工作表名为_____。
  A. Sheet6   B. Sheet(5)   C. Sheet5   D. 自定

22. 如果 Excel 2010 工作簿中既包含一般工作表又包含图表,则执行"文件"→"保存"命令时,_____。
  A. 只保存工作表   B. 将工作表和图表作为一个文件保存
  C. 只保存图表   D. 分成两个文件夹保存

23. 在 Excel 2010 工作表中,如果双击输入有公式的单元格或先选择单元格再按 F2 键,则单元格显示_____。
  A. 公式   B. 公式的结果   C. 公式和结果   D. 空白

24. 在 Excel 2010 中,使用_____命令可以防止工作表的移动、删除、添加等操作。
  A. 共享工作簿   B. 工作表锁定   C. 保护工作表   D. 保护工作簿

25. 在 Excel 2010 中,若在某一工作表的某一单元格出现错误值 "#VALUE!",可能的原因是_____。
  A. 公式被零除
  B. 单元格所含的数字、日期或时间比单元格宽,或者单元格的日期时间公式产生了一个

负值

  C. 公式中使用了 Excel 2010 不能识别的文本

  D. 使用了错误的参数或运算对象类型，或者公式自动更正功能不能更正公式

26. 在 Excel 中，若 A1 数据为 1，函数 AVERAGE（10*A1,AVERAGE（12,0））的值是_____。

  A. 6   B. 7   C. 8   D. 9

27. 在 Excel 活动单元格中输入"＝SUM(1,2,3)"并单击"√"按钮，则单元格显示_____。

  A. 6   B. 3   C. TRUE   D. FALSE

28. 在 Excel 中，使用公式进行自动填充时，应在公式中使用单元格的_____。

  A. 数据   B. 地址   C. 批注   D. 格式

29. 下列属于 Excel 单元格地址混合引用的是_____。

  A. A5   B. 9F   C. $5D   D. $E5

（四）PowerPoint 部分

1. PowerPoint 2010 默认的视图方式是_____。

  A. 大纲视图   B. 幻灯片浏览视图   C. 普通视图   D. 幻灯片视图

2. 在演示文稿中，给幻灯片重新设置背景，若要给所有幻灯片使用相同背景，则在"背景"对话框中应单击_____按钮。

  A. "全部应用"   B. "应用"   C. "取消"   D. "重置背景"

3. 创建动画幻灯片时，应选择"动画"选项卡"动画"组中的_____。

  A. 自定义动画   B. 动作设置   C. 动作按钮   D. 自定义放映

4. 在 PowerPoint 2010 中，对已做过的有限次编辑操作，以下说法正确的是_____。

  A. 不能对已做的操作进行撤消

  B. 能对已经做的操作进行撤消，但不能恢复撤消后的操作

  C. 不能对已做的操作进行撤消，也不能恢复撤消后的操作

  D. 能对已做的操作进行撤消，也能恢复撤消后的操作

5. 放映幻灯片时，要对幻灯片的放映具有完整的控制权，应使用_____。

  A. 演讲者放映   B. 观众自行浏览   C. 展台浏览   D. 重置背景

6. 在 PowerPoint 2010 中，不属于文本占位符的是_____。

  A. 标题   B. 副标题   C. 普通文本   D. 图表

7. 下列_____不属于 PowerPoint 2010 创建的演示文稿的格式文件保存类型。

  A. PowerPoint 放映   B. RTF 文件   C. PowerPoint 模板   D. Word 文档

8. 下列_____属于演示文稿的扩展名。

  A. .opx   B. .pptx   C. .dwg   D. .jpg

9. 在 PowerPoint 中输入文本时，按一次回车键则系统生成段落。如果是在段落中另起一行，需要按下列_____键。

  A. Ctrl + Enter   B. Shift + Enter   C. Ctrl + Shift + Enter   D. Ctrl + Shift + Del

10. 在幻灯片上常用图表_____。

  A. 可视化的显示文本   B. 直观地显示数据

  C. 说明一个进程   D. 直观地显示一个组织的结构

11. 绘制图形时，如果画一条水平、垂直或者 45 度角的直线，在拖动鼠标时，需要按下列_____键。

A. Ctrl　　　　　B. Tab　　　　　C. Shift　　　　　D. F4

12. 选择全部幻灯片时,可用快捷键_____。
　　A. Shift + A　　B. Ctrl + A　　C. F3　　　　　D. F4

13. 若计算机没有连接打印机,则 PowerPoint 2010 将_____。
　　A. 不能进行幻灯片的放映,不能打印
　　B. 按文件类型,有的能进行放映,有的不能放映
　　C. 可以进行幻灯片的放映,不能打印
　　D. 按文件大小,有的能进行幻灯片的放映,有的不能进行幻灯片的放映

14. 绘制圆时,需要按下_____键再拖动鼠标。
　　A. Shift　　　　B. Ctrl　　　　C. F3　　　　　D. F4

15. 选中图形对象时,如选择多个图形,需要按下_____键,再用鼠标单击要选中的图形。
　　A. Shift　　　　B. ALT　　　　C. Tab　　　　D. F1

16. 如果要求幻灯片能够在无人操作的情况下自动播放,应该事先对演示文稿进行_____。
　　A. 自动播放　　B. 排练计时　　C. 存盘　　　　D. 打包

17. 在幻灯片中插入了声音以后,幻灯片中将会出现_____。
　　A. 喇叭标记　　B. 一段文字说明　　C. 超链接说明　　D. 超链接按钮

18. 对幻灯片中某对象进行动画设置应在_____对话框中进行。
　　A. 计时　　　　B. 动画预览　　C. 动态标题　　D. 动画效果

19. 当需要将幻灯片转移至其他地方放映时,应_____。
　　A. 将幻灯片文稿发送至磁盘　　　　B. 将幻灯片打包
　　C. 设置幻灯片的放映效果　　　　　D. 将幻灯片分成多个子幻灯片,以存入磁盘

20. 在 PowerPoint 2010 中,_____不是演示文稿的输出形式。
　　A. 打印输出　　B. 幻灯片放映　　C. 网页　　　　D. 幻灯片拷贝

21. PowerPoint 2010 将演示文稿保存为"演示文稿设计模板"时的扩展名是_____。
　　A. .pot　　　　B. .pptx　　　　C. .pps　　　　D. .ppa

22. 在 PowerPoint 中,下列说法错误的是_____。
　　A. 可以利用自动版式建立带剪贴画的幻灯片,用来插入剪贴画
　　B. 可以向已存在的幻灯片中插入剪贴画
　　C. 可以修改剪贴画
　　D. 不可以将剪贴画改变颜色

23. 若要使一张图片出现在每一张幻灯片中,则需要将此图片插入到_____中。
　　A. 幻灯片模板　　B. 幻灯片母版　　C. 标题幻灯片　　D. 备注页

24. 幻灯片布局中的虚线框是_____。
　　A. 占位符　　　B. 图文框　　　C. 文本框　　　D. 表格

25. 保存演示文稿的快捷键是_____。
　　A. Ctrl + O　　B. Ctrl + S　　C. Ctrl + A　　D. Ctrl + D

26. 要在幻灯片浏览视图中选定连续的多张幻灯片,可以先选定起始幻灯片,然后按_____键,再选定末尾幻灯片。
　　A. Ctrl　　　　B. Enter　　　　C. Alt　　　　D. Shift

27. 在 PowerPoint 中,可以在_____中用拖曳的方法改变幻灯片的顺序。

A. 幻灯片视图　　　B. 备注页视图　　　C. 幻灯片浏览视图　　　D. 幻灯片放映

28. 下列叙述错误的是_____。

　　A. 幻灯片母版中添加了放映控制按钮,则所有的幻灯片上都会包含放映控制按钮
　　B. 在幻灯片之间不能进行跳转链接
　　C. 在幻灯片中可以插入自己录制的声音文件
　　D. 在播放幻灯片的同时,也可以播放 CD 唱片

29. 在 PowerPoint 中,下列说法中错误的是_____。

　　A. 将图片插入到幻灯片中后,用户可以对这些图片进行必要的操作
　　B. 利用"图片"工具栏中的工具可裁剪图片、添加边框、调整图片亮度及对比度
　　C. 选择"视图"选项卡中的"工具栏",再从中选择"图片"命令可以显示"图片"工具栏
　　D. 对图片进行修改后不能再恢复原状

30. 在 PowerPoint 中,有关幻灯片母版的说法中错误的是_____。

　　A. 只有标题区、对象区、日期区、页脚区　　B. 可以更改占位符的大小和位置
　　C. 可以设置占位符的格式　　　　　　　　　　D. 可以更改文本格式

二、多项选择题

(一) Office 综述部分

1. 在 Office 应用程序中关闭文件时,下列说法错误的有_____。

　　A. 可以关闭文件而不退出 Office 应用程序
　　B. 可以退出 Office 应用程序而不关闭文件
　　C. 可以不保存所做的修改而关闭文件
　　D. 不可以单独关闭同一个文件的几个活动窗口中的一个

2. 属于 Office 2010 的"开始"选项卡的功能的是_____。

　　A. 格式刷　　　　　　　　　　　　　　　　B. 字体设置
　　C. 查找、替换　　　　　　　　　　　　　　D. 段落对齐方式设置

3. 下列说法正确的是_____。

　　A. 通过设置"打开权限密码"和"修改权限密码"均可达到保护文档的目的
　　B. "打开权限"和"修改权限"只是说法不一样,其功能完全相同
　　C. "打开权限"与"修改权限"所起的保护作用不完全一样
　　D. 以上说法皆正确

4. 下列操作可以保存一个文件的是_____。

　　A. 单击"常用"工具栏上的"保存"按钮　　B. 单击快速访问工具栏中的"保存"按钮
　　C. 利用快捷键 Ctrl + S　　　　　　　　　　D. 利用功能键 F12

5. 下列_____是 Office 2010 各应用程序通用的默认选项卡。

　　A. "文件"　　　B. "数据"　　　C. "审阅"　　　D. "引用"

6. 下列属于 Office 2010 应用程序窗口组成部分的是_____。

　　A. 标题栏　　　B. 菜单栏　　　C. 状态栏　　　D. 工具栏

7. 在 Office 2010 中,下列各项可以通过"开始"选项卡进行设置的有_____。

　　A. 视图模式　　B. 字体格式　　C. 纸张大小　　D. 段落格式

8. PowerPoint 2010 中的功能区由_____组成。

　　A. 选项卡　　　B. 组　　　　　C. 菜单栏　　　D. 命令

9. 启动 Visual Basic 编辑器的方法有_____。
    A. 单击"视图"选项卡→"宏"组→"查看宏"命令，输入宏名，按 Enter 键
    B. 按下快捷键 Alt＋F11
    C. 单击"开发工具"选项卡→"Visual Basic"命令
    D. 单击"开发工具"选项卡→"宏"命令，选择宏名，单击"编辑"按钮
10. 默认包含"宏"命令的选项卡有_____。
    A. "开始"选项卡   B. "视图"选项卡
    C. "开发工具"选项卡   D. "插入"选项卡
11. 在 Office 中，常用控件有_____。
    A. 日历控件   B. Windows Media Player
    C. Windows Control   D. Shockwave Flash Object
12. 在两个分区之间移动页的方法有_____。
    A. 用鼠标右键单击页标签，然后单击"移动或复制"，选择另一个分区，单击"移动"
    B. 从当前位置剪切页并将其粘贴至另一个分区
    C. 按 Ctrl＋Alt＋M，选择另一个分区，单击"移动"
    D. 拖动页标签并将其放到所需位置
13. 关于 OneNote，下列描述不正确的是_____。
    A. 通过"文件"选项卡的"发送"命令可以将 OneNote 页面发送到 Word
    B. 通过"开始"选项卡的"字体"组的命令可以对文本进行格式化
    C. 通过"插入"选项卡可以插入"重要""关键"等标记
    D. 通过"审阅"选项卡的"字数统计"命令可以统计页面中的字数
14. "插入空间"命令在_____选项卡中可以找到。
    A. "开始"   B. "插入"   C. "绘图"   D. "视图"
15. 下列关于 Office 文档窗口的说法错误的是_____。
    A. 只能打开一个文档窗口
    B. 可以同时打开多个文档窗口，被打开的窗口都是活动窗口
    C. 可以同时打开多个文档窗口，但其中只有一个是活动窗口
    D. 可以同时打开多个文档窗口，但在屏幕上只能见到一个文档窗口
16. Office 2010 的主要组件有_____。
    A. Word   B. Excel   C. PowerPoint   D. OneNote
    E. FrontPage
17. 关闭 Office 应用程序可以用的方法有_____。
    A. 选择"文件"选项卡中的"退出"命令
    B. 单击应用程序标题栏
    C. 双击应用程序标题栏左上角的系统控制按钮
    D. 单击应用程序标题栏右上角的"关闭"按钮
18. 关于"保存"与"另存为"命令，下列说法正确的是_____。
    A. 在文件第一次保存的时候，两者功能相同
    B. 另存为是将文件另外再保存一份，可以重新起名，重新更换保存位置
    C. 用另存为保存的文件不能与原文件同名

D. 两者在任何情况下都相同

19. 以下关于 Office 2010 "屏幕截图"功能的说法正确的有_____。
   A. 该功能在"插入"选项卡　　　　　B. 包含"可用视窗"截图
   C. 包含"屏幕剪辑"截图　　　　　　D. 以上只有 A 和 C 正确

20. 关于关闭 Office 办公软件中的任意一个组件，下列说法正确的是_____。
   A. "文件"选项卡，"退出"命令　　　B. Ctrl + W
   C. Alt + F4　　　　　　　　　　　　D. 关闭计算机

（二）Word 部分

1. 在 Word 中，下列有关页边距的说法错误的有_____。
   A. 用户可以同时设置上、下、左、右页边距
   B. 设置页边距影响原有的段落缩进
   C. 可以同时设置装订线的距离
   D. 页边距的设置只影响当前页或选定文字所在的页

2. 下列关于图形或图片的叙述中，正确的是_____。
   A. 依次单击各个图形可以选择多个图形　B. 图形的对齐方式与文本设置相同
   C. 不是所有图形都可组合　　　　　　　D. 选中图形或图片后，才能对其进行编辑操作

3. 下列选择 Word 整篇文档的方法有_____。
   A. 在"开始"选项卡的"编辑"组中单击"选择"按钮，在弹出的下拉列表中单击"全选"选项
   B. 将鼠标指针指向编辑区左边的空白处，连续单击鼠标左键三次即可选中整篇文档
   C. 按住 Ctrl 键，将鼠标指针指向编辑区左边的空白处，单击左键
   D. 鼠标指针位于选择区，双击左键

4. 在 Word 2010 中，下列关于表格操作的叙述正确的是_____。
   A. 可以将表中两个单元格或多个单元格合成一个单元格
   B. 可以对表格加上实线边框
   C. 可以将两张表格合成一张表格
   D. 不能将表格拆分

5. 关于 Word 2010，下列叙述正确的有_____。
   A. Word 文件的扩展名通常为 .docx
   B. 不能编辑纯文本文件
   C. 支持 RTF 文件格式，可以用它编写 Windows 类型的帮助文件
   D. 能够编写任何格式的文件

6. 下列说法中不正确的有_____。
   A. 替换时不可以一次性全部替换
   B. 不可以替换一些特殊字符
   C. 部分替换时直到找到要替换的内容时才按下"替换"按钮
   D. 在"查找和替换"对话框下方的"更多"按钮中可以进行设置

7. 关于 Word 的文本框，下列叙述不正确的有_____。
   A. 文本框内只能是文字、表格等，不能有图形图像
   B. 文本框的边框不能隐藏

C. 在文档中,正文文字不能和文本框处于同一行

D. 文本框中的文字也允许有多种排版格式(如左对齐、右对齐等)

8. 下列有关页眉和页脚的说法正确的有_____。

A. 只要将"奇偶页不同"这个复选框选中,就可在文档的奇、偶页中插入不同的页眉和页脚内容

B. 在输入页眉和页脚内容时还可以在每一页中插入页码

C. 可以将每一页的页眉和页脚的内容设置成相同

D. 插入页码时必须每一页都输入页码

9. 关于 Word 文档页码设置的叙述正确的有_____。

A. 页码可设在页面的纵向两侧
B. 页码只可用 1,2,3,…,不能用一、二、三、…
C. 页码可以从任意数值开始
D. 可以设置首页不显示页码

10. 在 Word 2010 中,下列关于分栏操作的说法不正确的是_____。

A. 栏与栏之间不可以设置分隔线

B. 任何视图下均可看到分栏效果

C. 设置的各栏宽度和间距与页面宽度无关

D. 可以将指定的段落分成指定宽度的两栏

11. 关于 Word 的样式,下列叙述正确的有_____。

A. 样式就是 Word 系统自带的或由用户自定义的一系列排版格式的总和,包括字符格式、段落格式等

B. 允许建立自定义的样式

C. 所有样式都可以删除

D. 样式可以应用,也可以取消应用样式

12. 在 Word 2010 中,下列叙述不正确的是_____。

A. 不能够将"考核"替换为"kaohe",因为一个是中文,一个是英文字符串

B. 不能够将"考核"替换为"中级考核",因为它们的字符长度不相等

C. 能够将"考核"替换为"考核"(字体颜色为红色)

D. 不可以将含空格的字符串替换为无空格的字符串

13. 分节符的类型有_____。

A. "分页符"   B. "下一页"   C. "连续"   D. "分栏符"

14. 在 Word 2010 中,欲删除刚输入的汉字"李",正确的操作是_____。

A. 选择快速访问工具栏中的"撤消"命令   B. 按 Ctrl+Z 键

C. 按 Backspace 键   D. 按 Delete 键

15. Word 提供了多种视图模式供用户选择,包括下列_____。

A. 页面视图   B. 草稿视图   C. Web 版式视图   D. 大纲视图

16. 根据文件的扩展名,下列文件中 Word 2010 能打开的是_____。

A. text.wav   B. text.txt   C. text.png   D. text.docx

17. Word 2010 具有的功能是_____。

A. 表格处理   B. 绘制图形   C. 自动更正   D. 输入数学公式

18. 在 Word 中,下列叙述正确的有_____。

A. Word 可以进行英文拼写检查

B. Word 可以进行英文语法检查

C. 由于 Word 具有自动存盘功能，因此被编辑的文件可以不存盘

D. 带排版格式的 Word 文件是文本文件

19. 通常情况下，下列选项中能用于启动 Word 2010 的操作是_____。

    A. 双击 Windows 桌面上的 Word 2010 快捷方式图标

    B. 单击"开始"→"所有程序"→"Microsoft Office"→"Microsoft Word 2010"

    C. 在 Windows 资源管理器中双击 Word 文档图标

    D. 单击 Windows 桌面上的 Word 2010 快捷方式图标

20. 在 Word 2010 中，下列关于页眉和页脚的叙述正确的是_____。

    A. 一般情况下，页眉和页脚适用于整个文档

    B. 在页眉和页脚中可以插入图片

    C. 在编辑"页眉与页脚"时可同时插入时间和日期

    D. 一次可以为每一页设置不同的页眉和页脚

（三）Excel 部分

1. 在 Excel 2010 中，对活动单元格进行数据输入的类型有_____。

    A. 字符型　　　　B. 备注型　　　　C. 数值型　　　　D. 日期型

2. 在 Excel 单元格中输入数值 3000，与它相等的表达式是_____。

    A. 300000%　　　B. =3000/1　　　C. 30E+2　　　D. 3,000

3. 在 Excel 2010 中，可以在活动单元格中_____。

    A. 输入文字　　　B. 插入迷你图　　C. 设置边框　　　D. 设置超级链接

4. 在 Excel 中，单元格的引用地址方式有_____。

    A. 直接引用　　　B. 相对引用　　　C. 绝对引用　　　D. 间接引用

5. 在 Excel 中，图表_____。

    A. 可以改变位置　　　　　　　　B. 可以调整大小

    C. 不可以改变类型　　　　　　　D. 可打印，但必须和相关工作表一起打印

6. 下列选择单元格的说法正确的有_____。

    A. 可以使用拖动鼠标的方法来选中多列或多行

    B. 单击行号即可选定整行单元格

    C. 若要选定几个相邻的行或列，可选定第一行或第一列，然后按住 Ctrl 键再选中最后一行或列

    D. Excel 不能同时选定几个不连续的单元格

7. 在 Excel 中，要对数据进行填充，可以_____。

    A. 拖动填充柄进行填充　　　　　B. 用"填充"对话框进行填充

    C. 用"序列"对话框进行填充　　　D. 用"替换"对话框进行填充

8. 在 Excel 中，公式或函数对单元格的引用包括_____。

    A. 相对引用　　　B. 绝对引用　　　C. 交叉引用　　　D. 混合引用

9. 在 Excel 2010 中，下列叙述正确的有_____。

    A. Excel 2010 工作表中最多有 255 列

    B. 按快捷键 Ctrl+S 可以保存工作簿文件

    C. 按快捷键 Shift+F12 可以保存工作簿文件

D. 对单元格内容的"删除"与"清除"操作是相同的

10. 在 Excel 中,清除一行内容的方法是_____。
    A. 选中该行行号,再按 Del 键
    B. 用鼠标将该行隐藏
    C. 用鼠标拖动功能
    D. 选中要清除的部分,使用"开始"选项卡"编辑"组中的"全部清除"命令

11. 在 Excel 中,下列属于单元格引用运算符的有_____。
    A. 冒号(:)　　　B. 逗号(,)　　　C. 分号(;)　　　D. 空格

12. 在 Excel 工作表中,A1 单元格的内容是 1,如果要在区域 A1:A5 中生成序列 1,3,5,7,9,则下列操作正确的有_____。
    A. 在 A2 中输入 3,选中区域 A1:A2 后拖曳填充柄至 A5
    B. 选中 A1 单元格后,按 Ctrl 键拖曳填充柄至 A5
    C. 在 A2 中输入 3,选中 A2 后拖曳填充柄至 A5
    D. 选中 A1 单元格后,使用"开始"选项卡"编辑"组中的"填充"→"系列"命令,然后选中相应选项

13. 在 Excel 中,要编辑单元格中的数据,下列方法正确的是_____。
    A. 单击数据所在的单元格,直接输入可对其中的内容进行修改
    B. 选定单元格,然后在编辑栏中要添加数据的位置单击,可添加新数据
    C. 先选定单元格,然后选定编辑栏中要修改的字符,输入新内容
    D. 双击数据所在的单元格,可对其中的内容进行修改

14. 在 Excel 中,关于工作表的重命名,下列说法正确的是_____。
    A. 双击相应的工作表标签,输入新名称覆盖原有名称即可
    B. 单击相应的工作表标签,执行"开始"选项卡"单元格"组中的"格式"→"重命名工作表"命令
    C. 单击相应的工作表标签,输入新名称覆盖原有名称即可
    D. 右击要改名的工作表标签,选择"重命名"命令,然后输入新的工作表名

15. 在 Excel 中,调整行高可以通过_____。
    A. 拖动行的下边界来调整所需的行高
    B. 复制行高(先选定一行,单击"复制",右击目标行,从快捷菜单中选择粘贴格式)
    C. 右击该行,从快捷菜单中选择"行高",直接输入数值
    D. 双击行的下边界,使行高调整到最适合高度

16. 在 Excel 数据清单中,要按某列进行排序,下列说法正确的是_____。
    A. 单击该列任一单元格,选择"开始"选项卡"编辑"组中的"排序和筛选"下拉菜单中的"升序"或"降序"命令
    B. 单击该列任一单元格,选择"数据"选项卡"排序和筛选"组中的"升序"或"降序"命令
    C. 单击数据清单中任一单元格,选择"开始"选项卡"编辑"组中的"排序和筛选"命令
    D. 要对某一列数据排序,必须选中该列,然后才能排序

17. 在 Excel 中,下列打印方法正确的是_____。
    A. 单击"文件"→"打印"→"页面设置",打开"页面设置"对话框,在"页面"选项卡

中单击"打印"按钮,最后单击"确定"按钮

B. 单击"文件"→"打印",进行相应设置后,单击"打印"按钮即可

C. 单击快速访问工具栏中的"打印预览"图标,再单击"打印"按钮

D. 单击"视图"选项卡中的"打印"命令

18. 单击含有内容的单元格,将鼠标移到填充柄上,当鼠标指针变为黑色十字形时,按住鼠标左键拖动到所需位置,所经过的单元格可能被填充_____。

    A. 相同的数字型数据   B. 不具有增减可能的文字型数据

    C. 日期时间型自动增 1 序列   D. 具有增减可能的文字型自动增 1 序列

19. 在 Excel 中,关于输入数据,下列说法正确的是_____。

    A. 字母、汉字可直接输入

    B. 如果输入文本型数字,则可先输入一个半角单引号

    C. 如果输入的首字符是等号,则可先输入一个半角双引号

    D. 如果输入的数值超过 15 位,15 位后的数据将以"0"显示

20. 在 Excel 中,下列输入方式可输入日期时间型数据的是_____。

    A. 2020/8/16   B. 9/5   C. 5-SEP   D. SEP/5

(四)PowerPoint 部分

1. PowerPoint 中,下列关于在幻灯片中插入图表的说法正确的是_____。

    A. 可以直接通过复制和粘贴将图表插入到幻灯片中

    B. 需先创建一个演示文稿或打开一个已有的演示文稿,再插入图表

    C. 只能通过插入包含图表的新幻灯片来插入图表

    D. 双击图表占位符可以插入图表

2. PowerPoint 中,关于在幻灯片中插入多媒体内容的说法正确的是_____。

    A. 可以插入声音(如掌声)   B. 可以插入音乐(如 CD 乐曲)

    C. 可以插入影片   D. 放映时只能自动放映,不能手动放映

3. PowerPoint 中,下列有关在应用程序中链接数据的说法正确的是_____。

    A. 可以将整个文件链接到演示文稿中

    B. 可以将一个文件中的选定信息链接到演示文稿中

    C. 可以将 Word 的表格链接到 PowerPoint 中

    D. 要与 Word 建立链接关系,选择 PowerPoint 的"编辑"菜单中的"粘贴"命令即可

4. PowerPoint 中,要为幻灯片上的文本和对象设置动态效果,下列步骤中正确的是_____。

    A. 在浏览视图中,单击要设置动态效果的幻灯片

    B. 选择"幻灯片放映"菜单中的"自定义动画"命令,单击"顺序和时间"标签

    C. 打开"自定义动画"任务窗格

    D. 要设置动画效果,单击"添加效果"标签

5. PowerPoint 中,要设置幻灯片切换效果,下列步骤中正确的是_____。

    A. 选择"幻灯片放映"选项卡中的"幻灯片切换"命令

    B. 选择要添加切换效果的幻灯片

    C. 选择"编辑"菜单中的"幻灯片切换"命令

    D. 在效果区的列表框中选择需要的切换效果

6. PowerPoint 中,下列说法中正确的是_____。

A. 可以在浏览视图中更改某张幻灯片上动画对象的出现顺序
B. 可以在普通视图中设置动态显示文本和对象
C. 可以在浏览视图中设置幻灯片切换效果
D. 可以在普通视图中设置幻灯片切换效果

7. PowerPoint 中,有关排练计时的说法正确的是_____。
   A. 可以首先放映演示文稿,进行相应的演示操作,同时记录幻灯片之间切换的时间间隔
   B. 要使用排练计时,请选择"幻灯片放映"→"排练计时"命令
   C. 系统以窗口方式播放
   D. 如果对当前幻灯片的播放时间不满意,可以单击"重复"按钮

8. PowerPoint 中,有关自定义放映的说法正确的是_____。
   A. 自定义放映功能可以产生该演示文稿的多个版本,避免浪费磁盘空间
   B. 通过这个功能,不用再针对不同的听众创建多个几乎完全相同的演示文稿
   C. 用户可以在演示过程中,单击鼠标右键,指向快捷菜单上的"自定义放映",然后单击所需的放映
   D. 创建自定义放映时,不能改变幻灯片的显示次序

9. PowerPoint 中,有关幻灯片母版的说法中正确的是_____。
   A. 只有标题区、对象区、日期区、页脚区　　B. 可以更改占位符的大小和位置
   C. 可以设置占位符的格式　　　　　　　　　D. 可以更改文本格式

10. PowerPoint 中,在_____视图中,可以轻松地按顺序组织幻灯片,进行插入、删除、移动等操作。
    A. 备注页　　　　B. 浏览　　　　C. 幻灯片　　　　D. 黑白

11. PowerPoint 中,有关修改图片,下列说法正确的是_____。
    A. 裁剪图片是指保持图片的大小不变,而将不希望显示的部分隐藏起来
    B. 当需要重新显示被隐藏的部分时,还可以通过"裁剪"工具进行恢复
    C. 如果要裁剪图片,单击选定图片,再单击"图片"工具栏中的"裁剪"按钮
    D. 按住鼠标右键向图片内部拖动时,可以隐藏图片的部分区域

12. PowerPoint 中,下列说法正确的是_____。
    A. 可以利用自动版式建立带剪贴画的幻灯片,用来插入剪贴画
    B. 可以向已存在的幻灯片中插入剪贴画
    C. 可以修改剪贴画
    D. 不可以将剪贴画改变颜色

13. PowerPoint 中,下列关于幻灯片母版中的页眉/页脚的说法正确的是_____。
    A. 页眉或页脚是加在演示文稿中的注释性内容
    B. 典型的页眉/页脚内容是日期、时间以及幻灯片编号
    C. 在打印演示文稿的幻灯片时,页眉/页脚的内容也可打印出来
    D. 不能设置页眉和页脚的文本格式

14. 关于 PowerPoint 备注页视图,下列叙述正确的是_____。
    A. 在"视图"选项卡中选择"备注页"命令,可切换到备注页视图方式
    B. 备注信息是供讲演者在讲演时提示用的,因此在播放时以小字号显示
    C. 在窗口左下角有备注页视图按钮,单击它可切换到备注页视图方式

D. 备注信息在播放时根本不显示

15. PowerPoint 中，下列关于删除幻灯片的说法正确的是_____。

　　A. 选定幻灯片，单击"编辑"菜单中的"删除幻灯片"

　　B. 如果要删除多张幻灯片，请切换到幻灯片浏览视图。按下 Ctrl 键并单击各张幻灯片，然后单击"删除幻灯片"

　　C. 如果要删除多张不连续幻灯片，请切换到幻灯片浏览视图。按下 Shift 键并单击各张幻灯片，然后单击"删除幻灯片"

　　D. 在浏览视图下，单击选定幻灯片，单击 Del 键

16. PowerPoint 中，下列有关链接与嵌入的说法正确的是_____。

　　A. 用户可以链接或嵌入在 Office 应用程序中创建的全部或部分信息

　　B. 对象链接与嵌入技术是 Windows 应用程序之间共享信息的重要手段之一

　　C. 对象是用户使用应用程序创建的任何形式的信息，但不包含公式

　　D. 链接对象和嵌入对象之间的主要区别在于对象存储位置和更新方式的不同

17. PowerPoint 中，下列关于在幻灯片中插入组织结构图的说法正确的是_____。

　　A. 只能利用自动版式建立含组织结构图的幻灯片

　　B. 可以通过"插入"选项卡的"图片"命令插入组织结构图

　　C. 可以向组织结构图中输入文本

　　D. 可以编辑组织结构图

18. PowerPoint 中，下列说法中正确的是_____。

　　A. 剪贴画和其他图形对象一样，都是多个图形对象的组合对象

　　B. 可以取消剪贴画的组合，再对局部图形进行修改

　　C. 取消剪贴画的组合，需双击"绘图"工具栏中的"绘图"，再单击"取消组合"命令

　　D. 取消剪贴画的组合，可选定图片，再右击，选择"组合"中的"取消组合"命令

19. 关于 PowerPoint 创建文件的保存类型，下列叙述中正确的是_____。

　　A. 若希望打开文件后可以在多种视图下进行修改和播放，保存类型应该选择演示文稿

　　B. 若保存类型选择了演示文稿，则文件扩展名为 .pps

　　C. 若希望打开文件后可以在多种视图下进行修改和播放，保存类型应该选择 PowerPoint 放映

　　D. 若保存类型选择了 PowerPoint 放映，则文件扩展名为 .ppt

20. 关于幻灯片的视图方式的切换，下列叙述中正确的是_____。

　　A. 用 PowerPoint 文稿窗口的"视图"选项卡可以完成全部视图的切换

　　B. 用 PowerPoint 文稿窗口左下角的视图切换按钮只可以完成部分视图的切换

　　C. 用 PowerPoint 文稿窗口的"视图"选项卡只可以完成部分视图的切换

　　D. 用 PowerPoint 文稿窗口左下角的视图切换按钮可以完成全部视图的切换

三、判断题

（一）Office 综述部分

1. 在 Office 2010 中，既可用鼠标也可用键盘选择菜单中的命令。（　　）
2. Word 2010 默认的文档扩展名为 .doc。（　　）
3. 在 Office 2010 的"编辑"组中不包括"转到"命令。（　　）
4. Office 2010 的功能区不包括全部功能。（　　）

5. 在默认环境下,编辑的文档每隔10分钟就会自动保存一次。　　　　　(　　)
6. 在 Excel 2010 中,"打开"对话框中打开文件的默认扩展名为 .xlsm。　(　　)
7. 任何时候对所编辑的文档存盘,Office 应用程序都会显示"另存为"对话框。(　　)
8. 在"文件"选项卡中选择"打印"命令,可设置"打印"参数。　　　　(　　)
9. 进入 Office 2010 工作界面,最下方的区域称为标题栏。　　　　　(　　)
10. 在 Office 2010 应用程序中,"开始"选项卡中的大写黑体的 U 可以把选定的文本改为带有下划线的格式。　　　　　　　　　　　　　　　　　　　(　　)
11. Office 应用程序窗口中的选项卡、组和命令可以通过 Backstage 视图的"选项"命令进行增减。　　　　　　　　　　　　　　　　　　　　　　　　(　　)
12. 在 Office 2010 中,在"开始"选项卡的"符号"组中可以插入公式和符号、编号等。
　　　　　　　　　　　　　　　　　　　　　　　　　　　(　　)
13. 在 Office 2010 中,通过"屏幕截图"功能,不但可以插入未最小化到任务栏的可视化窗口图片,还可以通过屏幕剪辑插入屏幕任何部分的图片。　　　　　(　　)
14. 通过设置"Shockwave Flash Object"控件的 URL 属性值为文件完整路径,可以实现在 Office 文档中播放 Flash 动画的操作。　　　　　　　　　　　(　　)
15. 可以启用宏的 Excel 文档的扩展名是 .xlsm。　　　　　　　　　(　　)
16. OneNote 是 Microsoft Office 办公软件中的一款电子笔记软件。　　(　　)
17. 通过设置"Windows Media Player"控件的 Movie 属性值为文件完整路径,可以实现在 Office 文档中播放音频和视频的操作。　　　　　　　　　　(　　)
18. 在同一分区内移动页的最快捷方式是拖动页标签并将其放到所需位置。(　　)
19. 在 OneNote 中,每个页面都存放在一个分区中,而每个分区都是一个 .one 文件。(　　)
20. OneNote 中的每一个笔记本都是一个 .one 文件。　　　　　　　(　　)

(二) Word 部分

1. 在 Word 2010 中,对于用户的错误操作,只能撤消最后一次对文档的操作。(　　)
2. 在 Word 2010 文档操作中,按 Enter 键的结果是产生一个段落结束符。(　　)
3. 如果要使 Word 2010 编辑的文档可以用 Word 2003 打开,操作方法是打开"文件"选项卡,另存为"word97-2003 文档"。　　　　　　　　　　　　　(　　)
4. Word 通过使用主题可以快速改变文档的整体外观,主要包括字体、字体颜色和图形对象的效果。　　　　　　　　　　　　　　　　　　　　　　(　　)
5. 在 Word 2010 中,使用"自动更正"功能的步骤是单击"文件"→"选项"→"校对",在"自动更正选项"区域单击"自动更正选项"按钮。　　　　　　　(　　)
6. 在 Word 2010 中,用"自动更正"功能能用"ABC"3个英文字母输入来代替"广东省考试管理中心"9个汉字的输入。　　　　　　　　　　　　　　(　　)
7. 在 Word 2010 表格中,对当前单元格右边的所有单元格中的数值求和,应使用公式"=SUM(above)"。　　　　　　　　　　　　　　　　　　(　　)
8. 在 Word 2010 中,如果使用了项目符号或编号,则项目符号或编号在每次按回车键时会自动出现。　　　　　　　　　　　　　　　　　　　　　(　　)
9. 在 Word 中不能编写 HTML 语言代码程序。　　　　　　　　　(　　)
10. 在 Word 2010 中,设置页眉时会自动出现一条直线,这条直线是边框线。(　　)
11. 新样式名称可以与 Word 提供的已有的常见样式重复。　　　　　(　　)

12. 在 Word 2010 中,为文档分栏后,将鼠标移到标尺上需要改变栏宽的栏的左边界或右边界,然后拖动鼠标即可调整栏宽。（   ）
13. Word 2010 中,当选中几段文字分栏后,将在选中内容的前后自动插入分节符。（   ）
14. Word 2010 表格可以转换成文字,文字也可以转换成表格。（   ）
15. Word 2010 中增强了图片处理功能,可以调整图片的色调、图片颜色的饱和度、亮度、对比度,以及为图片重新着色和删除图片背景等操作。（   ）
16. 在 Word 环境下,用户大部分时间可能工作在草稿视图模式下,在该模式下用户看到的文档与打印出来的文档完全一样。（   ）
17. 文档经人工分页后,分页效果是可以看到的,但分页符是不可见的（   ）
18. 在字号中,磅值越大,表示的字越小。（   ）
19. 在 Word 2010 下保存文件时,默认的文件扩展名是 .doc。（   ）

（三）Excel 部分
1. 在 Excel 中不能同时打开文件名相同的工作簿。（   ）
2. 在 Excel 中可以设置按笔画对数据清单进行排序。（   ）
3. 我们可以对任意区域命名,包括连续的和不连续的,甚至对某个单元格也可以重新命名。（   ）
4. $B4 中为 "50",C4 中为 "=$B4",D4 中为 "=B4",C4 和 D4 中数据没有区别。（   ）
5. 数据清单的排序,既可以按行进行,也可以按列进行。（   ）
6. 对于数值型数据,如果将单元格格式设成小数点后第 3 位,这时计算精度将保持在 0.001 上。（   ）
7. 通过 Excel "工具 / 选项"下的"常规"标签可以设置新工作簿内工作表的数目。（   ）
8. 复制或移动工作表使用同一个对话框。（   ）
9. 通过记录单删除的记录可以被恢复。（   ）
10. 逻辑值 TRUE 大于 FALSE。（   ）

（四）PowerPoint 部分
1. PowerPoint 2010 文件的默认扩展名为 .ppt。（   ）
2. 利用 PowerPoint 可以制作出交互式幻灯片。（   ）
3. 在 PowerPoint 中,文本、图片和表格在幻灯片中都可以设置为动画对象。（   ）
4. 关闭所有演示文稿后会自动退出 PowerPoint 系统。（   ）
5. 双击一个演示文稿文件,计算机会自动启动 PowerPoint 程序,并打开这个演示文稿（   ）
6. 演示文稿中的幻灯片版式必须一样。（   ）
7. PowerPoint 使用模板可以为幻灯片设置统一的外观式样。（   ）
8. 在 PowerPoint 中,只能在窗口中同时打开一份演示文稿。（   ）
9. 可以使用"文件"选项卡中的"新建"命令为演示文稿添加幻灯片。（   ）
10. 在 PowerPoint 中,给幻灯片添加动作按钮,可以使用"插入"菜单。（   ）
11. 在 PowerPoint 中,能设置声音的循环播放。（   ）
12. 在 PowerPoint 中,不能设置对象出现的先后次序。（   ）
13. 在 PowerPoint 可以在一个幻灯片文件中插入另一个 PPT 文件里的幻灯片。（   ）
14. 在 PowerPoint 中,图片不能够进行复制、粘贴。（   ）

15. 在 PowerPoint 中，可在利用绘图工具绘制的图形中加入文字。　　　　（　　）
16. 在 PowerPoint 中，可以对自选图形进行自由旋转。　　　　　　　　（　　）
17. 在 PowerPoint 中，后插入的图形只能覆盖在先前插入的图形上，这种层叠关系是不能改变的。　　　　　　　　　　　　　　　　　　　　　　　　　　　　　　（　　）
18. 在 PowerPoint 中，插入的艺术字不可以进行修改。　　　　　　　　（　　）
19. 在 PowerPoint 中，可以对普通文字进行三维效果设置。　　　　　　（　　）
20. 在 PowerPoint 中，横排文本框和竖排文本框可以方便地转换。　　　（　　）

四、操作题

（一）Word 部分

下载"实验素材\第3章\第2节\综合练习"。

打开文档 Word.docx，按照要求完成下列操作并以"海报.docx"保存。为了使学生更好地进行职场定位和职业准备，提高就业能力，某高校学工处将于2018年4月27日（星期五）19:30～21:30在校国际会议中心举办题为"领慧讲堂——大学生人生规划"的就业讲座，特别邀请资深媒体人、著名艺术评论家赵覃先生担任演讲嘉宾。请根据上述活动的描述，利用 Word 2010 制作一份宣传海报（宣传海报的参考样式请参考"海报参考样式.docx"），要求如下：

（1）调整文档版面，要求页面高度为35厘米，宽度为27厘米，上、下页边距为5厘米，左、右页边距为3厘米，并将考生文件夹下的图片"背景图片.jpg"设置为海报背景。

（2）根据"海报参考样式.docx"文件，调整海报内容文字的字号、字体和颜色。

（3）根据页面布局需要，调整海报内容中"报告题目""报告人""报告日期""报告时间""报告地点"信息的段落间距。

（4）在"报告人："位置后面输入报告人姓名（赵覃）。

（5）在"主办：校学工处"位置后另起一页，并设置第2页的页面纸张大小为A4篇幅，纸张方向为"横向"，页边距为"普通"页边距定义。

（6）在新页面的"日程安排"段落下面，复制本次活动的日程安排表（请参考"活动日程安排.xlsx"文件），要求表格内容引用 Excel 文件中的内容，这样，若 Excel 文件中的内容发生变化，Word 文档中的日程安排信息随之发生变化。

（7）在新页面的"报名流程"段落下面，利用 SmartArt 制作本次活动的报名流程（学工处报名、确认座席、领取资料、领取门票）。

（8）设置"报告人介绍"段落下面的文字排版布局为参考示例文件中所示的样式。

（9）插入"Pic1.jpg"照片，调整图片在文档中的大小，并放于适当位置，不要遮挡文档中的文字内容。

（10）调整所插入图片的颜色和图片样式，与"海报参考样式.docx"文件中的示例一致。

（二）Excel 部分

请根据销售数据报表"Excel.xlsx"，按照以下要求完成统计和分析工作：

（1）对"订单明细"工作表进行格式调整，通过套用表格格式方法将所有的销售记录调整为一致的外观格式，并将"单价"列和"小计"列所包含的单元格调整为"会计专用"（人民币）数字格式。

（2）根据图书编号，在"订单明细"工作表的"图书名称"列中，使用 VLOOKUP 函数完成图书名称的自动填充。"图书名称"和"图书编号"的对应关系在"编号对照"工作表中。

（3）根据图书编号，在"订单明细"工作表的"单价"列中，使用 VLOOKUP 函数完成图书单价的自动填充。"单价"和"图书编号"的对应关系在"编号对照"工作表中。

（4）在"订单明细"工作表的"小计"列中，计算每笔订单的销售额。

（5）根据"订单明细"工作表中的销售数据，统计所有订单的总销售金额，并将其填写在"统计报告"工作表的B3单元格中。

（6）根据"订单明细"工作表中的销售数据，统计图书《MS Office高级应用》在2012年的总销售额，并将其填写在"统计报告"工作表的B4单元格中。

（7）根据"订单明细"工作表中的销售数据，统计隆华书店在2011年第3季度的总销售额，并将其填写在"统计报告"工作表的B5单元格中。

（8）根据"订单明细"工作表中的销售数据，统计隆华书店在2011年的每月平均销售额（保留2位小数），并将其填写在"统计报告"工作表的B6单元格中。

（9）保存"Excel.xlsx"文件为"图书销售数据统计分析.xlsx"。

（三）PowerPoint部分

下载"实验素材\第3章\第4节\练习五\年终工作总结.pptx"，完成以下操作：

（1）将演示文稿主题设置为"华丽"，第二张幻灯片的背景纹理设置成"再生纸"。

（2）选中第一张幻灯片，设置标题文本字体为华文新魏，字号60，颜色橙色，副标题文本字体为楷体，字号28，倾斜。

（3）为第一张幻灯片设置切换效果为"闪耀"，从下方闪耀的六边形，鼓声声音，自动换页时间为2秒，持续时间3秒。

（4）为第3张幻灯片上的"树立公司形象"建立超链接，链接到第4张幻灯片，并在第4张幻灯片上插入动作按钮，命名为"返回"，则幻灯片放映时，单击返回第3张幻灯片。

（5）为第4张幻灯片上的标题文字设置动画效果为"旋转"，在上一动画之后开始播放，持续时间3秒，为幻灯片上其他内容设置动画为"缩放"，消失点在幻灯片中心，持续时间3秒，单击鼠标开始动画。

（6）除标题幻灯片外，给其他幻灯片添加编号。

第 4 章

数据库技术与应用

实验一 数据库及表的创建

一、实验目的

（1）掌握创建数据库的方法和过程；
（2）掌握创建表的方法；
（3）掌握创建主键和索引的方法；
（4）掌握在表之间创建关系的方法；
（5）掌握记录的基本操作。

二、实验任务及操作过程

下载素材文件：实验素材\第4章\实验一。

1. 数据库的创建

（1）执行"开始"→"所有程序"→"Microsoft Office"→"Microsoft Access 2010"命令，启动 Access 2010，Backstage 视图随即出现，如图 4-1 所示。

图 4-1 Access 2010 启动窗口

(2)在中间窗格的上方单击"空数据库",在右侧窗格的文件名文本框中给出文件名"学生基本信息.accdb",单击后面的图标选择数据库的保存位置,最后单击"创建"按钮,系统将创建空白数据库,并自动打开新建表功能。

(3)放弃表的创建,直接单击右上角的"关闭"按钮,结束数据库的创建过程。

2. 表的创建

(1)打开刚创建的"学生基本信息.accdb"数据库,依据图4-2所示,在"创建"选项卡的"表格"组中单击"表设计"按钮,打开表的设计视图。

图4-2 表设计按钮

(2)按表4-1指定的表结构要求将"学生"表的各个字段(字段名称、数据类型、字段大小等)输入到表设计器中,如图4-3所示。

表4-1 "学生"表的结构

表名称	字段名称	数据类型	字段大小
学生	学号	文本	10
	姓名	文本	8
	性别	文本	2
	出生日期	日期/时间	
	班级编号	文本	8

图4-3 表设计器

(3)如图4-3所示,在表设计视图中,选中"学号"所在行为当前行,并单击工具栏中的"主键"按钮,"学号"所在行前出现钥匙图标,说明已将此字段设置为主键。

(4) 单击快速访问工具栏中的"保存"按钮保存表,在弹出的对话框中设置表名称为"学生"。

(5) 如图 4-4 所示,从视图中选择"数据表视图",切换到图 4-5 所示的数据表视图,在该视图中可以输入数据,也可以选中前面的"*"号,粘贴符合要求的一条或多条数据。

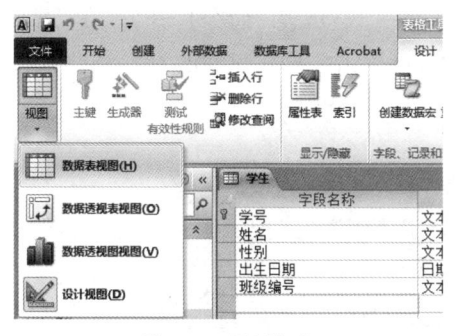

图 4-4 视图切换

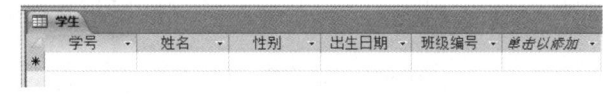

图 4-5 数据表视图下的学生表

(6) 根据表 4-2,按照步骤(1)~(4)分别创建"课程""成绩"和"班级"三个表,并将"课程号"设置为"课程"表的主键,将"班级编号"设置为"班级"表的主键。因为"学号"和"课程号"两个字段才能确定一个成绩信息,需将"学号"和"课程号"两个字段的组合作为"成绩"表的主键,在设置时应同时选择"学号"和"课程号"所在行并单击工具栏中的"主键"按钮。

表 4-2 "课程""成绩""班级"表的结构

表名称	字段名称	数据类型	字段大小
课程	课程号	文本	6
	课程名	文本	24
成绩	成绩编号	自动编号	
	学号	文本	10
	课程号	文本	6
	成绩	数字	单精度型
班级	班级编号	文本	8
	班级名称	文本	36

3. 为各表建立索引

数据库索引好比一本书的目录,能加快数据库的查询速度。以下步骤将在"学生"表基于"姓名"字段创建一个非唯一索引,在"课程"表基于"课程名"字段创建一个唯一索引。

(1) 打开"学生基本信息.accdb"数据库,并在设计视图中打开"学生"表。

(2) 在上部单击"姓名"字段,在下部选择"常规",因姓名存在重名现象,所以从"索引"框中选"有(有重复)",保存后关闭设计视图窗口。

(3) 用同样的方法在"课程"表中选择"课程名"字段,从索引框选"有(无重复)"。或在设计视图中选择"设计"选项卡并单击"索引",在打开的"索引"对话框中选择字段"课程名"并设置相应值,如图 4-6 所示,也可为"课程名"

图 4-6 "索引"对话框

设置索引。

4. 创建表间关系

表间关系就是表之间的内在联系。以下将在"学生"表与"成绩"表之间、"课程"表与"成绩"表之间、"学生"与"班级"之间分别建立关系。

(1) 打开"学生基本信息"数据库,选择"数据库工具"选项卡"关系"组中的"关系"命令,"显示表"对话框将自动打开(如果没有打开,可单击"关系"→"显示表"命令打开)。在"显示表"对话框中依次将四个表添加到关系窗口,如图 4-7 所示,再单击"关闭"按钮。

图 4-7 "显示表"对话框   图 4-8 "编辑关系"对话框

(2) 选中"学生"表中的"学号"字段,按住鼠标左键将其拖到"成绩"表的"学号"字段上并松开鼠标左键,出现"编辑关系"对话框,如图 4-8 所示,单击"创建"按钮创建两表的关系;选中"课程"表中的"课程号"字段,按住鼠标左键将其拖到"成绩"表的"课程号"字段上并松开鼠标左键,出现"编辑关系"对话框后单击"创建"按钮创建两表的关系;选中"学生"表中的"班级编号"字段,按住鼠标左键将其拖到"班级"表的"班级编号"字段上并松开鼠标左键,出现"编辑关系"对话框后单击"创建"按钮创建两表的关系。结果如图 4-9 所示。

图 4-9 学生基本信息的表间关系

5. 外部数据导入

Access 最有用的功能之一是能够连接许多其他程序中的数据。打开数据库并浏览功能区中的"外部数据"选项卡可快速了解该功能,如图 4-10 所示。

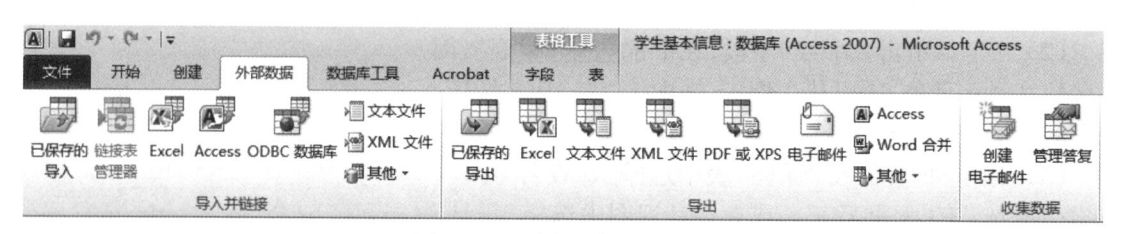

图 4-10 "外部数据"选项卡

以下实例将导入存储在 Excel 工作表中的数据。事实上,在 Access 导入过程中还可以用存储在其他位置的信息来创建表。

(1) 打开"学生基本信息"数据库,单击"外部数据"选项卡"导入并链接"组中的"Excel",打开"选择数据源和目标"对话框。

(2) 在对话框中单击"浏览"按钮,选择实验素材中的"学生.xls"作为导入数据源文件,单击"打开"按钮返回对话框;选中"向表中追加一份记录的副本",并在下拉列表中选中"学生",如图 4-11 所示,单击"确定"按钮,打开选择工作表对话框,如图 4-12 所示。

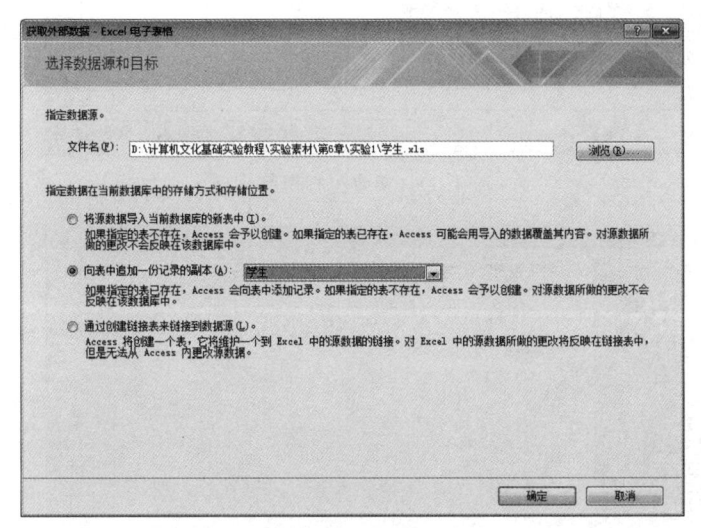

图 4-11 选择数据源和目标

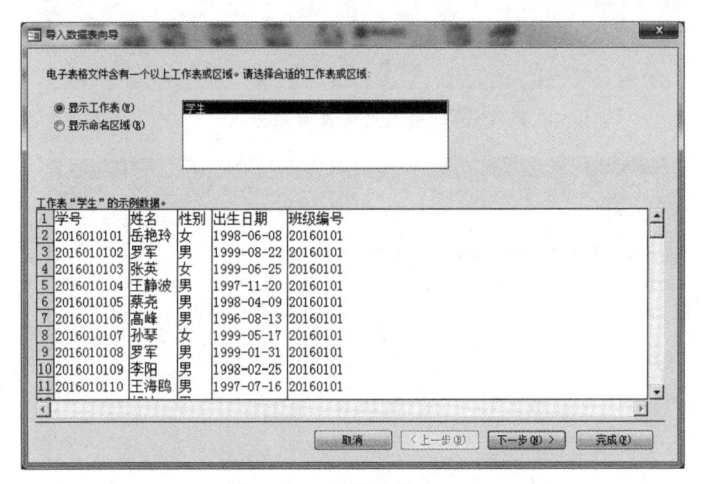

图 4-12 选择工作表

(3) 在选择工作表对话框中直接单击"下一步"按钮,打开确定列标题行对话框,如图 4-13 所示。

(4) 直接单击"下一步"按钮,打开导入数据表向导完成对话框,如图 4-14 所示。

(5) 单击"完成"按钮,打开保存导入步骤对话框,如图 4-15 所示,直接单击"关闭"按钮。

(6) 按照同样的方法分别导入"班级.xls""课程.xls""成绩.xls"中的数据到相应的表中。

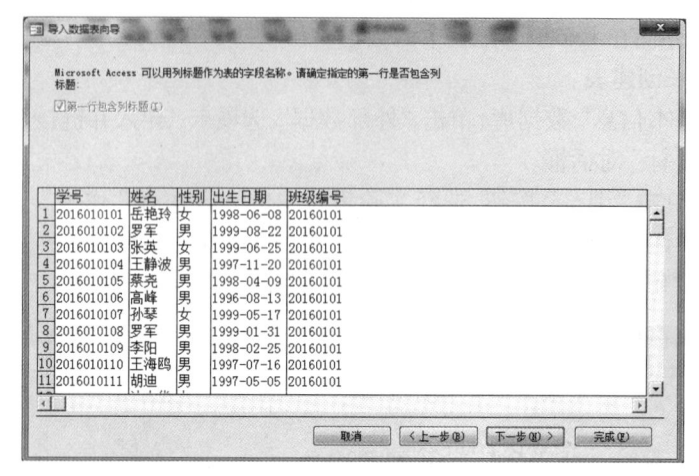

图 4-13 确定列标题行

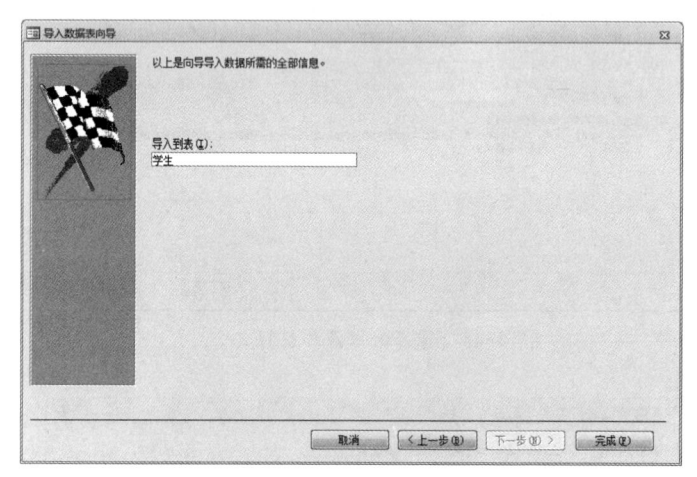

图 4-14 导入数据表向导完成

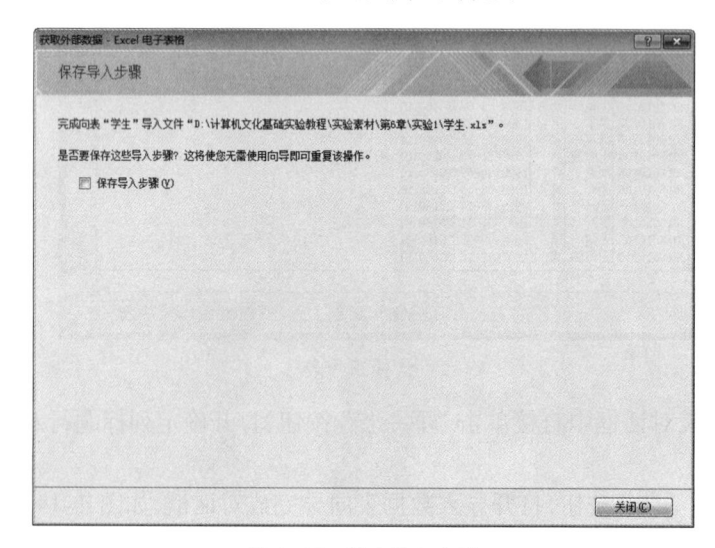

图 4-15 保存导入步骤

三、实验分析及知识拓展

本实验主要让学生掌握数据库及其表的创建方法,在掌握本实验涉及的基本操作的基础上,还要掌握使用向导创建表的方法,并同时进行主键的设置,数据库设计视图下的"有效性规则"和"有效性文本"的设置。

四、拓展作业

1. 拓展作业任务

(1)根据模板创建数据库,如 Office.com 模板中的资产.accdb、联系人.accdb 等。

(2)下载并浏览"实验结果\第4章\实验一\工资管理.accdb",了解实验任务,创建"工资管理.accdb"及相关表。

2. 本作业用到的主要操作提示

创建空数据库,使用表设计器设计表,设置表间关系,并录入或导入相应的数据。

实验二　查询设计

一、实验目的

(1)掌握创建查询的方法;
(2)掌握在查询中使用条件的方法;
(3)掌握创建操作查询的方法。

二、实验任务及操作过程

下载素材文件:实验素材\第4章\实验二\学生基本信息.accdb。

1. 使用向导创建查询

该查询将检索所有同学的记录,要求查询结果显示"学号""姓名""性别""班级编号"等字段。

(1)打开"学生基本信息"数据库,单击"创建"选项卡"查询"组中的"查询向导",在弹出的对话框中选择"简单查询向导",如图 4-16 所示,按"确定"按钮,打开确定查询字段对话框,如图 4-17 所示。

图 4-16　新建查询　　　　图 4-17　确定查询字段

(2)从"表/查询"下拉列表框中选择"学生"表,将所有可用字段添加到选定字段中,单击"下一步",打开图 4-18 所示对话框。为查询指定标题"所有学生信息",选中"打开查询查看信息"并单击"完成"。

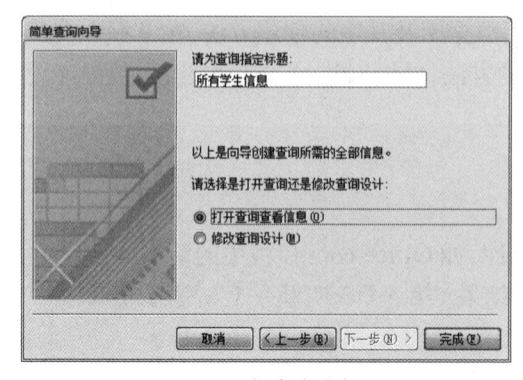

图 4-18 指定查询标题

（3）查看选择查询的运行结果。

2. 在查询中使用条件及排序

创建一个选择查询，检索出所有姓"雷"的女同学的记录，并按照学号从小到大排序。

（1）打开"学生基本信息"数据库，单击"创建"选项卡"查询"组中的"查询设计"。

（2）在"显示表"对话框中将"学生"表添加到查询中，单击"关闭"按钮。

（3）将查询设计窗口上面的字段"学号""姓名""性别""出生日期""班级编号"分别拖到窗口下面的设计网格的"字段"行的前五列中，即可将这些字段添加到查询中来。

（4）在设计网格中单击"学号"字段的"排序"单元格，选择"升序"。

（5）在设计网格中单击"性别"字段的"条件"单元格，然后输入""女""，再在设计网格中单击"姓名"字段的"条件"单元格，然后输入"Like "雷*""（注意此处引号为半角双引号），如图4-19所示。

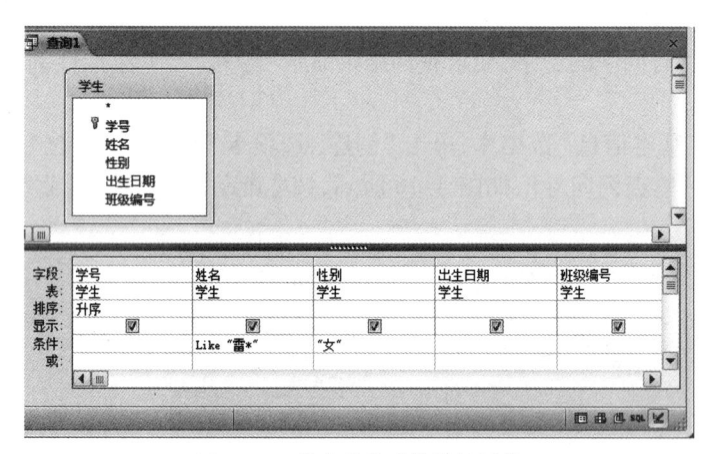

图 4-19 指定条件后的设计网格

（6）单击"设计"选项卡中的"运行"命令后，保存查询结果，名称为"雷姓女同学信息"。

说明： 在设计过程中，可切换到 SQL 视图查看对应的 SQL 代码。

3. 操作查询

查找"计算机文化基础"课程不及格的学生，并对该课程成绩加上 5 分。

（1）在设计视图中创建一个查询，并将"课程"和"成绩"两个表添加进来。

（2）从"查询工具—设计"选项卡中选择"更新查询"，此时设计网格出现"更新到"行；

（3）从上部表中将"成绩"表的字段"成绩"拖到查询设计网格中，将"课程"表的字段"课程名"拖到查询设计网格中。

（4）在"课程名"字段的"条件"单元格内输入"计算机文化基础"，在"成绩"字段的"条件"单元格内输入"<60"，在"更新到"单元格内输入用于改变该字段值的表达式，即"[成绩]+5"，如图4-20所示。

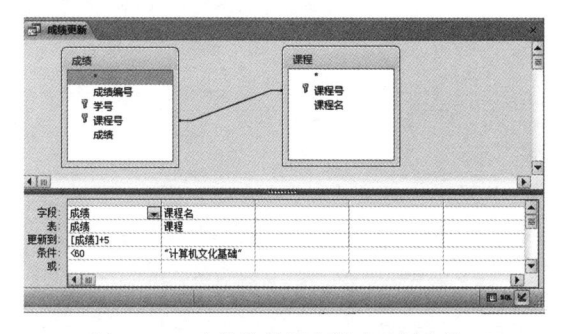

图4-20 在设计视图中创建更新查询

图4-21 更新记录提醒

（5）保存查询，名称为"成绩更新"。

（6）切换到数据表视图，查看相关数据后回到设计视图，执行"查询工具—设计"选项卡中的"运行"，出现图4-21所示对话框，单击"是"，重新回到数据表视图，查看数据发生的变化。

说明：如果在进行步骤（6）时查询未执行，可单击"文件"→"信息"→"启用内容"（图4-22）后，重新执行步骤（6）。

图4-22 启用内容

三、实验分析及知识拓展

本实验主要让学生掌握创建查询的各种方法，在掌握本实验涉及的基本操作的基础上，还要掌握参数查询、交叉表查询和SQL查询的创建。

四、拓展作业

1. 拓展作业任务

下载并浏览"实验结果\第4章\实验二\工资管理.accdb"中的查询结果，了解实验任务，然后根据提供的实验素材，创建"工资管理.accdb"中的相关查询。

2. 拓展作业所需素材

下载素材文件：实验素材\第4章\实验二\工资管理.accdb。

3. 本作业用到的主要操作提示

在"系别"字段的"条件"行写参数提示(["请输入系别:"]);"系别"字段的"总计"行选择"分组","交叉表"行选择"行标题";"职称"字段的"总计"行选择"分组","交叉表"行选择"列标题";"编号"字段的"总计"行选择"计数","交叉表"行选择"值";在不添加表的情况下单击工具栏中的按钮 SQL ▼,编写 SELECT 语句。

实验三　窗体设计

一、实验目的
（1）掌握创建窗体的方法;
（2）掌握常用控件的使用方法;
（3）掌握使用窗体处理数据的方法。

二、实验任务及操作过程

下载素材文件:实验素材\第 4 章\实验三\学生基本信息.accdb。

1. 直接创建窗体

从左侧选择任意表或查询,单击"创建"选项卡"窗体"组中的"窗体"按钮,系统自动生成相应的窗体,查看相应的效果后关闭。为不影响后面的操作,关闭时不要保存。

2. 利用窗体向导创建窗体

使用窗体向导创建多表分层窗体,其中主窗体用于显示学生资料,子窗体包含在主窗体中,用于显示相应的学生成绩。使用主窗体上的"浏览"按钮可在不同的学生记录间移动,子窗体中的成绩随主窗体数据的变化而改变。

（1）打开"学生基本信息"数据库,单击"创建"选项卡"窗体"组中的"窗体向导",打开图 4-23 所示的对话框。在"表/查询"下拉列表框中选择需要的表或查询,将"可用字段"中的字段添加到"选定字段"中(">"添加选择的一个字段,">>"添加所有的字段,"<"撤消添加的一个字段,"<<"撤消添加的所有字段)。本操作中添加"学生"表的"学号""姓名","班级"表的"班级名称","课程"表的"课程名","成绩"表的"成绩"。

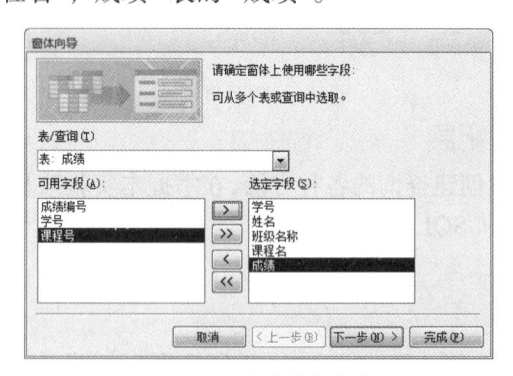

图 4-23　确定窗体字段

（2）单击"下一步",在弹出的图 4-24 所示的对话框中确定在窗体上查看数据的方式。本操作要求在主窗体查看学生资料,所以应在左窗口选择"通过 学生"选项,然后选中"带有子窗体的窗体"项,这时将在右窗口看到分层窗体的布局效果。

图 4-24　确定查看数据的方式

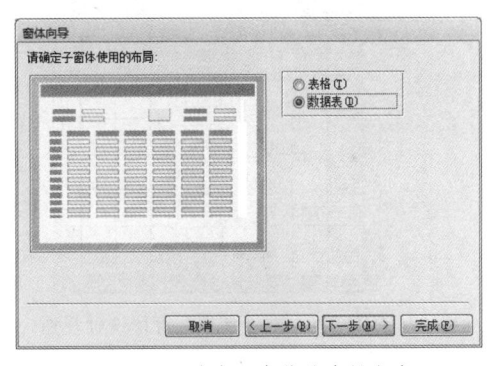

图 4-25　确定子窗体的布局方式

（3）单击"下一步",在弹出的图 4-25 所示的对话框中确定子窗体所用的布局方式,可选择"表格"或"数据表"。当选择一种布局方式时,可在对话框中看到相应的布局结果。

（4）单击"下一步",打开图 4-26 所示的对话框,将主窗体和子窗体的标题分别指定为"学生"和"课程成绩",并选中"打开窗体查看或输入信息",再单击"完成"按钮。

图 4-26　为主窗体和子窗体指定标题

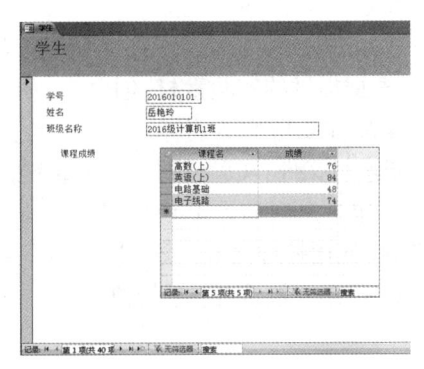

图 4-27　生成的窗体效果

（5）在窗体视图中查看所生成的窗体,适当调整"课程名""成绩"字段的宽度,如图 4-27 所示,同时可以看到左侧导航栏中出现了"学生""课程成绩"两个窗体对象。

3. 使用设计器创建窗体

在设计视图中创建一个窗体,以该窗体作为主窗体,用于显示"学生"表中的数据,然后在窗体上创建控件,并调整它们的布局方式。

（1）在功能区中单击"创建"选项卡"窗体"组中的"窗体设计"按钮,建立窗体。

（2）在窗体页眉节显示时（如果此时看不到页眉/页脚,则右击窗体主体部分,单击"窗体页眉/页脚"命令即可）,单击"窗体设计工具–设计"选项卡,选择"控件"组的"标签"控件,在页眉节拖动添加一个标签控件,并输入内容"学生资料浏览窗体"。

（3）单击"窗体设计工具–设计"选项卡"工具"组中的"添加现有字段"按钮,右侧出现"字段列表"窗格,如果当前有"显示所有表"链接,单击切换到可用字段,展开"学生"表,将表中的字段拖到窗体的主体节上,并在窗体上调整各个控件的大小和对齐方式,如图 4-28 所示。

（4）最后以"学生信息"为窗体名称保存窗体,单击右下角的视图切换按钮,切换到窗体视图,查看窗体运行结果,可在该视图中添加、修改、删除相应的数据,如图 4-29 所示。

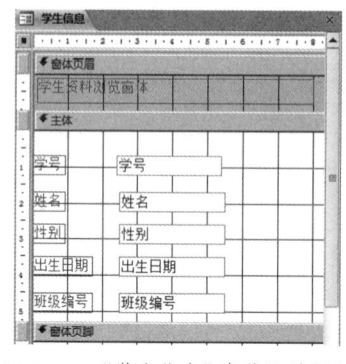

图 4-28 "学生信息"窗体设计视图　　图 4-29 "学生信息"窗体

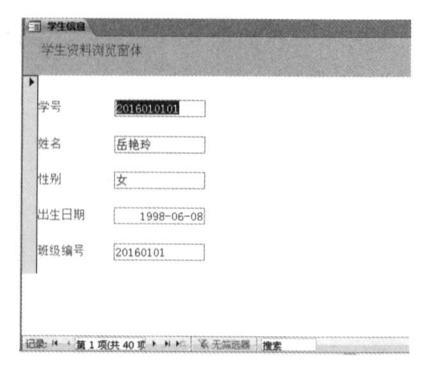

三、实验分析及知识拓展

本实验主要让学生掌握创建窗体的方法,掌握常用控件的使用方法,掌握使用窗体处理数据的方法。在掌握本实验涉及的基本操作的基础上,还要掌握创建窗体的其他方法。

四、拓展作业

1. 拓展作业任务

下载并浏览"实验结果\第4章\实验三\工资管理.accdb"中窗体对象的结果,了解实验任务,然后根据提供的实验素材,创建"工资管理.accdb"中的相关窗体。

2. 拓展作业所需素材

下载素材文件:实验素材\第4章\实验三\工资管理.accdb。

3. 本作业用到的主要操作提示

选中"使用控件向导",添加"图表"控件,将"年龄""系别"字段作为图表使用的字段,选择图表类型,汇总字段选择"平均值"。

实验四　创建报表

一、实验目的

(1) 掌握创建报表的各种方法;
(2) 掌握修改报表的方法及报表中排序和分组的方法。

二、实验任务及操作过程

下载素材文件:实验素材\第4章\实验四\学生基本信息.accdb。

1. 自动创建学生报表

(1) 打开"学生基本信息"数据库,在"导航"窗格中选中"学生"表,单击"创建"选项卡"报表"组中的"报表"按钮,"学生"报表即创建完成,并且切换到布局视图,如图4-30所示。

(2) 保存报表,报表名称为"学生报表"。

2. 修改学生报表

(1) 打开"学生基本信息"数据库,在导航窗格中选择"学生报表",右击并选择"设计视图"。

图 4-30 "学生"报表

（2）选择"报表布局工具—设计"选项卡，单击"分组和排序"，下方出现"分组、排序和汇总"任务窗格。

（3）单击"添加组"，选择"分组形式"为"班级编号"，并选择"升序"，如图4-31所示。

（4）分别切换到报表视图、打印预览视图查看报表布局，最后对报表所做修改进行保存。

图4-31 分组、排序和汇总

三、实验分析及知识拓展

本实验主要让学生掌握创建报表的各种方法，掌握修改报表的方法，掌握报表中排序和分组的方法。在掌握本实验涉及的基本操作的基础上，还要结合窗体设计掌握报表的设计方法。

四、拓展作业

1. 拓展作业任务

下载并浏览"实验结果\第4章\实验四\工资管理.accdb"中报表对象的结果，了解实验任务，然后根据提供的实验素材，创建"工资管理.accdb"中的相关报表。

2. 拓展作业所需素材

下载素材文件：实验素材\第4章\实验四\工资管理.accdb。

3. 本作业用到的主要操作提示

"报表页眉"节、"报表主体"节、"页面页眉"节、"页眉页脚"节高度的调整；选择图表控件，将"年龄""系别"字段作为图表使用的字段，汇总字段选择"平均值"，在设计视图中完成报表的设计。

综合练习

一、单项选择题

1. 数据库（DB）、数据库系统（DBS）和数据库管理系统（DBMS）三者间的关系是 _____ 。
   A. DBS包括DB和DBMS   B. DBMS包括DB和DBS
   C. DB包括DBS和DBMS   D. DBS就是DB，也就是DBMS

2. 关于数据库和数据仓库的数据来源，下列说法正确的是 _____ 。
   A. 数据库的数据一般来源于同种数据源，而数据仓库的数据可以来源于多个异种数据源
   B. 数据库的数据可以来源于多个异种数据源，而数据仓库的数据一般来源于同种数据源
   C. 两者一般来源于同种数据源
   D. 两者都可以来源于多个异种数据源

3. _____ 是一种独立于计算机系统的模型。
   A. 数据模型   B. 关系模型   C. 概念模型   D. 层次模型

4. 用于DBMS的模型是 _____ 。
   A. 树状模型   B. 关系模型   C. 概念模型   D. 数据模型

5. DBMS的主要功能不包括 _____ 。
   A. 数据定义   B. 数据操纵
   C. 网络连接   D. 数据库的建立和维护

6. 下列 _____ 不属于常用的DBMS数据模型。
   A. 网状模型   B. 关系模型   C. 线性模型   D. 层次模型

7. 下列有关数据库的描述正确的是 _____。
   A. 数据库是一个 DBF 文件　　　　　B. 数据库是一个关系
   C. 数据库是一个结构化的数据集合　　D. 数据库是一组文件
8. 关系数据库管理系统所管理的关系是 _____。
   A. 若干个二维表　B. 一个数据库文件　C. 一个表文件　D. 若干个数据库文件
9. 下列属于关系基本运算的是 _____。
   A. 选择、排序　B. 选择、投影　C. 并、差、交　D. 连接、查找
10. 在表中选择不同的字段形成新表,属于关系运算中的 _____。
    A. 选择　　B. 连接　　C. 投影　　D. 复制
11. 一个关系就是一张二维表,其垂直方向的列称为 _____。
    A. 域　　B. 元组　　C. 属性　　D. 分量
12. 下列关于关系的叙述中错误的是 _____。
    A. 一个关系是一张二维表　　　　B. 二维表一定是关系
    C. 表中的一行称为一个元组　　　D. 同一列只能出自同一个域
13. 在 E-R 图中,_____ 用来表示实体之间的联系。
    A. 椭圆形　　B. 矩形　　C. 三角形　　D. 菱形
14. 下列实体联系中,属于多对多联系的是 _____。
    A. 工厂与厂长　B. 工厂与车间　C. 车间与车间主任　D. 读者与图书馆图书
15. 假定有关系模式:部门(部门号,部门名称),职工(职工号,姓名,性别,职称,部门号),工资(职工号,基本工资,奖金),级别(职称,对应行政级别),要查找在"财务部"工作的职工的姓名及奖金,将涉及的关系是 _____。
    A. 职工,工资　B. 职工,部门　C. 部门,级别,工资　D. 职工,工资,部门
16. 假定有职工表(职工号,姓名,性别,职称,部门号),工资表(职工号,基本工资,奖金),且两个表中的记录都是唯一的,则职工与工资之间的关系是 _____。
    A. 一对一　　B. 一对多　　C. 多对一　　D. 多对多
17. Access 2010 中表与数据库的关系是 _____。
    A. 一个数据库包含多个表　　　　B. 一个表只能包含一个数据库
    C. 一个表可包含多个数据库　　　D. 一个数据库只能包含一个表
18. 下列对 Access 2010 数据表的描述错误的是 _____。
    A. 数据表是数据库的重要对象之一　　B. 表的设计视图主要用于设计表的结构
    C. 数据表视图只能用于显示数据　　　D. 可将其他数据库中的表导入到当前库中
19. 数据表的"行"也叫做 _____。
    A. 数据　　B. 记录　　C. 数据表视图　　D. 字段
20. 假设数据表 A 与 B 按某字段建立了一对多关系,B 为多方,正确的说法是 _____。
    A. A 中一条记录可与 B 中多条记录匹配　B. B 中一条记录可与 A 中多条记录匹配
    C. A 中一条字段可与 B 中多条字段匹配　D. B 中一条字段可与 A 中多条字段匹配
21. 表中的某字段取值具有唯一性,则可将该字段指定为 _____。
    A. 关键字段　　B. 排序键　　C. 自动编号　　D. 主键
22. 在打开某个 Access 2010 数据库后,双击导航窗格上的表对象列表中的某个表名,便可打开该表的 _____。
    A. 关系视图　　B. 查询视图　　C. 设计视图　　D. 数据表视图

23. 对于 Access 2010 数据库,在下列数据类型中,不可以设置"字段大小"属性的是_____。
    A. 文本　　　　　B. 数字　　　　　C. 备注　　　　　D. 自动编号
24. 在表设计视图中,若要将某个表中的若干个字段定义为主键,需要先按住_____键,逐个单击所需字段后,再单击"主键"按钮。
    A. Shift 或 Ctrl　　B. Ctrl 或 Alt　　C. Alt 或 Shift　　D. Tab
25. 在 Access 数据库中,要往数据表中追加新记录,需要使用_____。
    A. 交叉表查询　　B. 选择查询　　　C. 参数查询　　　D. 操作查询
26. 在下列有关"是/否"类型字段的查询条件设置中,设置正确的是_____。
    A. "False"　　　B. "True"　　　　C. True　　　　　D. "是"
27. 数据表中有一个"姓名"字段,查找姓名最后一个字为"菲"的条件是_____。
    A. Right(姓名,1)="菲"　　　　　　B. Right([姓名]:1)="菲"
    C. Right([姓名],1)=[菲]　　　　　D. Right([姓名],1)="菲"
28. 有一"职工"表,该表中有"职工编号""姓名""性别""职位"和"工资"五个字段的信息,现要求显示所有职位不是工程师的女职工的信息,能完成该功能的 SQL 语句是_____。
    A. SELECT * FROM 职工 WHERE 职位 <>"工程师" 性别 ="女"
    B. SELECT * FROM 职工 WHERE 职位 <>"工程师" AND 性别 = 女
    C. SELECT * FROM 职工 WHERE 职位 <>"工程师" OR 性别 ="女"
    D. SELECT * FROM 职工 WHERE 职位 <>"工程师" AND 性别 ="女"
29. 有一"职工"表,该表中有"职工编号""姓名""性别""职位"和"工资"五个字段的信息,现需要按性别统计工资低于 800 元的人数,则使用的 SQL 语句是_____。
    A. SELECT 性别,COUNT(*) AS 人数 FROM 职工 WHERE 工资 <800 ORDER BY 性别
    B. SELECT 性别,COUNT(*) AS 人数 FROM 职工 WHERE 工资 <800 GROUP BY 性别
    C. SELECT 性别,SUM(*) AS 人数 FROM 职工 WHERE 工资 <800 GROUP BY 性别
    D. SELECT 性别,AVG(*) AS 人数 FROM 职工 WHERE 工资 <800 GROUP BY 性别
30. 在 Access 数据库中,数据透视表窗体的数据源是_____。
    A. Word 文档　　B. 表或查询　　　C. 报表　　　　　D. Web 文档
31. 查询排序时,如果选取了多个字段,则输出结果是_____。
    A. 先对最左侧字段排序,然后对其右侧的下一个字段排序,依此类推
    B. 先对最右侧字段排序,然后对其左侧的下一个字段排序,依此类推
    C. 按主键从大到小进行排序
    D. 无法进行排序
32. 在窗体中,对于"是/否"类型字段,默认的控件类型是_____。
    A. 复选框　　　　B. 文本框　　　　C. 列表框　　　　D. 按钮
33. Access 2010 数据库属于_____数据库系统。
    A. 树状　　　　　B. 逻辑型　　　　C. 层次型　　　　D. 关系型
34. 在 Access 2010 中,如果在数据表中删除一条记录,则被删除的记录_____。
    A. 可以恢复到原来位置　　　　　　B. 能恢复,但将被恢复为最后一条记录
    C. 能恢复,但将被恢复为第一条记录　D. 不能恢复
35. 在 Access 2010 中,设置窗体中对象的背景色时,使用_____设置。
    A. 工具箱　　　　B. 字段列表　　　C. 属性　　　　　D. 格式

36. 在 Access 2010 中,在数据表视图中按下 _____ 键可以选中全部记录。
    A. Ctrl+Z　　　　　B. Ctrl+D　　　　　C. Ctrl+A　　　　　D. Ctrl+E
37. 在 Access 2010 中,建立查询时可以设置筛选条件,应在 _____ 栏中输入筛选条件。
    A. 总计　　　　　　B. 条件　　　　　　C. 排序　　　　　　D. 字段
38. 在 Access 2010 中,查询可以作为 _____ 的数据来源。
    A. 窗体和报表　　　B. 窗体　　　　　　C. 报表　　　　　　D. 任意对象

二、多项选择题

1. 下列关于数据库基本概念的叙述中,正确的是 _____。
    A. DBS 包含了 DBMS　　　　　　　　B. DBS 包含了 DB
    C. DBMS 包含了 DBS　　　　　　　　D. DB 包含了 DBS
2. 在 Access 数据库中,下列关于表的说法错误的是 _____。
    A. 表中每一列元素必须是相同类型的数据　B. 在表中不可以含有图形数据
    C. 表是 Access 数据库对象之一　　　　　D. 一个 Access 数据库只能包含一个表
3. 下列关于查询的说法中,正确的是 _____。
    A. 可以利用查询来更新数据表中的记录
    B. 在查询设计视图中可以进行查询字段是否显示的设定
    C. 不可以利用查询来删除表中的记录
    D. 在查询设计视图中可以进行查询条件的设定
4. 要查找"姓名"字段头两个字为"欧阳"的记录,采用的条件是 _____。
    A. Right([姓名],2)="欧阳"　　　　　　B. Left([姓名],2)="欧阳"
    C. Like "欧阳?"　　　　　　　　　　　D. Like "欧阳★"
5. 在 Access 中,下列关于窗体的说法不正确的是 _____。
    A. 在窗体设计视图中,可以对窗体进行结构的修改
    B. 在窗体设计视图中,可以进行数据记录的浏览
    C. 在窗体设计视图中,可以进行数据记录的添加
    D. 在窗体视图中,可以对窗体进行结构的修改
6. 下列叙述中正确的是 _____。
    A. Access 不具备程序设计能力　　　　　B. 在数据表视图中,不能设置主键
    C. 在数据表视图中,不能修改字段的名称　D. 在数据表视图中,可以删除一个字段
7. 在 Access 数据库中,下列关于报表的说法中错误的是 _____。
    A. 主报表不可以包含子报表
    B. 主报表和子报表可以基于完全不同的记录源
    C. 主报表和子报表必须基于相同的记录源
    D. 主报表和子报表必须基于相关的记录源
8. Access 2010 数据库文件包含的对象有 _____。
    A. 表　　　　　　　B. 查询　　　　　　C. 窗体　　　　　　D. 报表
9. 下列类型是逻辑数据模型的是 _____。
    A. 层次模型　　　　B. 网状模型　　　　C. 关系模型　　　　D. 连接模型
10. 数据库管理阶段具有下列 _____ 特性。
    A. 数据共享　　　　　　　　　　　　　B. 数据独立性
    C. 数据结构化　　　　　　　　　　　　D. 独立的数据操作界面

11. 联系的分类有_____。
    A. 一对一联系　　B. 一对多联系　　C. 多对多联系　　D. 多对一联系
12. 传统的集合运算包括_____。
    A. 并运算　　B. 交运算　　C. 差运算　　D. 笛卡儿乘积
13. 专门的关系运算包括_____。
    A. 选择运算　　B. 投影运算　　C. 连接运算　　D. 交叉运算
14. 下列有关主键的叙述错误的是_____。
    A. 不同记录可以具有重复主键值或空值
    B. 一个表中的主键可以是多个字段
    C. 在一个表中的主键可以是一个字段
    D. 表中的主键的数据类型必须定义为自动编号或文本
15. 下列有关 Access 中表的叙述正确的是_____。
    A. 表是 Access 数据库中的对象之一　　B. 表设计的主要工作是设计表的结构
    C. Access 数据库的各表之间相互独立　　D. 可将其他数据库的表导入到当前数据库中
16. 在 Access 数据库系统中,能建立索引的数据类型是_____。
    A. 文本　　B. 备注　　C. 数值　　D. 时间/日期
17. 下列_____是数据库系统的用户之一。
    A. 数据库管理员　　B. 数据库设计员　　C. 应用程序员　　D. 终端用户

三、判断题

1. 数据库管理系统是数据库系统的核心。　　　　　　　　　　　　　　　(　　)
2. 用树形结构来表示实体之间联系的模型是关系模型。　　　　　　　　(　　)
3. 专门的关系运算包括选择、投影和连接。　　　　　　　　　　　　　(　　)
4. Access 2010 提供了许多便捷的可视化操作工具和向导。　　　　　　(　　)
5. 在删除查询中,删除过的记录可以用"撤销"命令恢复。　　　　　　(　　)
6. 宏对象是一个或多个宏操作的集合,其中的每一个宏操作都能实现特定的功能。(　　)
7. 在任何时刻,Access 2010 只能打开一个数据库,若要打开另外一个数据库,必须先关闭目前已经打开的数据库。　　　　　　　　　　　　　　　　　　　　　　(　　)
8. 如果想在已建立的"tSalary"表的数据表视图中直接显示出姓"李"的记录,应使用 Access 提供的记录筛选功能。　　　　　　　　　　　　　　　　　　　(　　)
9. Access 2010 是一个关系型数据库管理系统,它通过各种数据库对象管理信息。(　　)
10. 在表中,文本型字段最多可存储 256 个字符。　　　　　　　　　　(　　)
11. 可以在报表设计器中创建表。　　　　　　　　　　　　　　　　　(　　)
12. 字段属性中的"格式"属性是用来定义数据的输入格式的。　　　　(　　)
13. 在 Access 2010 数据库中,打开某个数据表后,可以修改该表与其他表之间已经建立的关系。　　　　　　　　　　　　　　　　　　　　　　　　　　　　　(　　)
14. 两个表之间的关系分为一对一、一对多和多对多三种类型。　　　　(　　)
15. 在 Access 2010 数据库中,在列表框中不可以输入新值,在组合框中可以输入新值。(　　)
16. 多对多关系实际上是使用第三个表的两个一对多关系。　　　　　　(　　)
17. 在 Access 中查询只有三种:选择查询、交叉查询和操作查询。　　(　　)
18. 在 Access 2010 数据库中,一个主报表可以包含多个子报表或子窗体。(　　)
19. 在查询的 SQL 视图中,可以查看和改变 SQL 语句,从而改变查询。(　　)

20. 窗体上的控件可以根据是否与字段连接分为绑定控件和非绑定控件。（　　）
21. 在窗体中可以同时选择两个或更多的字段进行排序。（　　）
22. 报表的主要用途是输入数据,并按照指定的格式来打印输出数据。（　　）
23. 报表的版面预览视图用于查看报表的版面设置,其中包括报表中的所有数据。（　　）
24. Access 2010 只能打印窗体和报表中的所有数据。（　　）
25. 在报表中,用户可以根据需要按指定的字段对记录进行排序。（　　）
26. 如果字段内容为声音文件,则该字段的数据类型应定义为备注。（　　）
27. 表是数据库的基础,Access 不允许一个数据库包含多个表。（　　）
28. 使用 Access 提供的设计器,不但可以创建一个表,而且能够修改表的结构。（　　）
29. 记录是表的基本存储单元。（　　）
30. 在 Acccss 2010 数据库中,查询的数据源只能是表。（　　）

四、操作题

下载素材文件:实验素材\第 4 章\综合练习\学生基本信息.accdb。
（1）建立"不及格学生信息"和"按姓名查找学生信息"两个查询。
（2）根据上述两个查询创建两个窗体"不及格学生信息"和"按姓名查找学生信息"。
（3）设置文件打开时自动打开窗体"按姓名查找学生信息"。

第5章 计算机网络

实验一 网络线缆制作与测试

一、实验目的
掌握使用测试工具及双绞线测试的方法。

二、实验任务及操作过程
本实验需准备双绞线、RJ-45 水晶接线头、双绞线 RJ-45 夹线钳、双绞线测线仪。

1. 直连线的制作

（1）用压线钳剪线刀口将双绞线端口剪齐。

（2）剥线。将双绞线放入压线钳的剥线刀处，前端顶住压线钳的限制板，刀口距端头约 1.5 厘米，稍微握紧压线钳手柄并慢慢旋转，用刀切开双绞线的保护胶皮，然后拔下胶皮，将胶皮向后拉约 0.5 厘米，剪除多余的尼龙绳，如图 5-1 所示。

（3）理线。按照 EIA/TIA 568B 标准将 8 条芯线按规定顺序从左到右排好，将芯线伸直、压平、挤紧、理顺，不能缠绕和重叠，朝一个方向紧靠。需要特别注意的是，绿色条线必须跨越蓝色对线。

图 5-1 剥线　　　　图 5-2 剪线

（4）剪线。用压线钳剪线刀口将 8 条芯线端口剪齐，保留约 1.4 厘米，如图 5-2 所示。

（5）插线。一只手拿水晶头（弹片朝下，金属片朝上），另一只手将双绞线插入水晶头内的线槽，并一直插到线槽的顶端，如图 5-3 所示。

（6）压线。确定双绞线的每根线已经放置正确之后，将水晶头插入压线钳的压线口，握紧手柄，将突出在外的针脚压入水晶头内。至

图 5-3 插线

此，RJ-45 头制作完成，如图 5-4 所示。

图 5-4 压线 　　　　　　　　图 5-5 测试

（7）用同样的方法制作另一端接口（线序相同）。

（8）测试。如图 5-5 所示，将网线两端分别接入测线仪的主机和子机中的 RJ-45 接口，打开测线仪开关，观察主机和子机的测试指示灯，如果按照同样顺序亮灯，表明成功。

2. 交叉线的制作

交叉线的制作步骤与直连线的制作步骤相同，只是双绞线的一端应采用 EIA/TIA 568A 标准，另一端则采用 EIA/TIA 568B 标准。

检测方法：测线仪中主机测试指示灯按照 12345678 顺序亮灯，而子机中的测试指示灯按照 36145278 顺序亮灯，表明成功。

注意：随着网络技术的不断发展，目前很多设备已经能够自适应网线类别了。也就是说，不管使用交叉线还是直连线，设备有一个开关自动切换，从而省去了选线的步骤。但一些旧型号的设备仍然需要遵循上面介绍的原则，特别是 PC 之间的连接。

三、实验分析及知识拓展

最常使用的布线标准有 EIA/TIA 568A 标准和 EIA/TIA 568B 标准。EIA/TIA 568A 标准描述的线序从左到右依次如表 5-1 所示。

表 5-1　EIA/TIA 568A 和 EIA/TIA 568B 标准

标　准	1	2	3	4	5	6	7	8
EIA/TIA 568A	白　绿	绿	白　橙	蓝	白　蓝	橙	白　棕	棕
EIA/TIA 568B	白　橙	橙	白　绿	蓝	白　蓝	绿	白　棕	棕
绕　对	同一绕对	与 6 同一绕对	同一绕对	与 3 同一绕对	同一绕对

EIA/TIA 568A 标准的 1、3 对调，2、6 对调后就变成了 EIA/TIA 568B 标准。

实验二　TCP/IP 常用工具命令

一、实验目的

（1）了解流行网络测试工具的基本功能和使用方法；

（2）掌握使用网络工具测试网络状态的方法。

二、实验任务及操作过程

1. 利用 Ping 命令监测网络连接是否正常

Ping 命令的格式是：ping < 要连接的主机的 IP 地址或域名 >

"开始"→"运行"→输入"CMD"→"确定"→在光标闪动处输入"ping IP 地址"命令,可以查看当前主机和目标主机之间的网络连接情况,如图 5-6 所示。

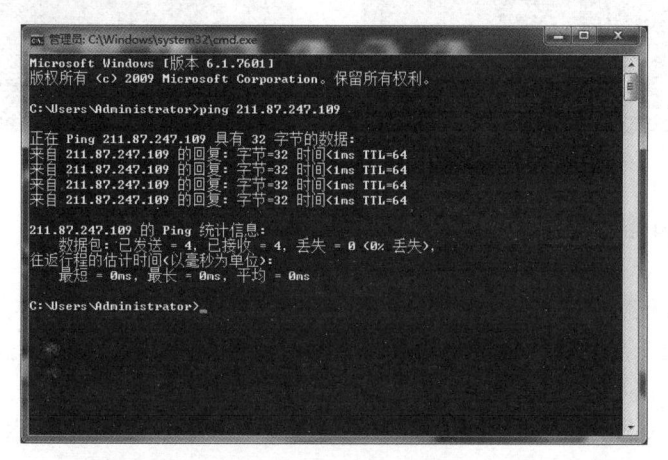

图 5-6　Ping 命令使用

2. 利用 IPConfig 命令检查当前 TCP/IP 网络中的配置情况
（1）不带参数选项（ipconfig）：
为每个已经配置好的接口显示 TCP/IP 信息:IP 地址、子网掩码和默认网关值,如图 5-7 所示。

图 5-7　查看当前 TCP/IP 网络配置

（2）带 all 选项（ipconfig/all）：
可以显示 TCP/IP 信息、本地网卡的物理地址（MAC 地址）以及主机名等。
3. 利用 Tracert 命令判定数据到达目的主机所经过的路径,显示路径上各路由器的信息
基本格式为:tracert 目的主机的 IP 地址或主机域名。
在命令窗口输入"tracert www.bzmc.edu.cn",如图 5-8 所示。

图 5-8　查看主机经过路径

4. 利用 ARP 工具检测 MAC 地址解析
（1）在命令窗口输入"arp -a"命令,可以查看这台计算机的 arp 缓存内容,如图 5-9 所示。

图 5-9　查看 arp 缓存内容　　　　　　图 5-10　清空 arp 缓存内容

（2）在命令窗口输入"arp –d"命令，清空本机的 arp 缓存，此时再执行"arp -a"命令，会发现 ARP 表已经清空，如图 5-10 所示。

（3）在命令窗口输入"arp –s"命令，添加一条静态缓存，此缓存的内容除非手工清除，否则不会丢失。如 arp -s 192.168.1.1 00-0d-88-09-8e-87，将网关 IP 与其物理地址绑定。

5. 利用 Hostname 工具查看主机名

在命令窗口输入"hostname"命令，可以查看这台计算机的主机名。本机的主机名为 PC-201711041445，如图 5-11 所示。

图 5-11　查看主机名　　　　　　图 5-12　共享资源查看

6. 利用 net share 查看和修改网络共享

（1）查看网络共享：

在命令窗口输入"net share"，可查看当前网络共享资源，如图 5-12 所示。

（2）创建共享：

创建名为"sy$"的共享，共享资源为"c:\lianxi"。

打开 C 盘→建立名为"lianxi"的文件夹→在命令窗口输入"net share sy$＝c:\lianxi"。

（3）删除共享：

要将共享 sy$ 删除，在命令窗口输入"net share sy$/d"即可。

三、知识拓展

其他重要的网络命令：

1）利用 Nbtstat 工具查看 NetBIOS 使用情况

（1）在命令窗口中输入"nbtstat –n"命令，查看客户机所注册的 NetBIOS 名称，如图 5-13 所示。

图 5-13　查看客户机所注册的 NetBIOS 名称

（2）在命令窗口中输入"nbtstat –c"命令，显示本机 NetBIOS 缓存信息，如图 5-14 所示。

图 5-14　显示本机 NetBIOS 缓存信息 　　　　图 5-15　显示本机 NetBIOS 统计信息

（3）在命令窗口中输入"nbtstat –r"命令，显示本机 NetBIOS 统计信息，如图 5-15 所示。

2）利用 Netstat 工具查看协议统计信息

在命令窗口中输入"netstat"命令，查看本机和其他计算机进行通信时所使用的协议信息，如图 5-16 所示。

图 5-16　协议信息

实验三　互联网应用

一、实验目的

（1）掌握 Foxmail 的使用方法；

（2）掌握获取 Internet 资源的方法，熟练掌握 Internet 搜索引擎的使用。

二、实验任务及操作过程

1. Foxmail 的使用

1）Foxmail 下载及安装

上网搜索 Foxmail，找到最新版本后下载。双击安装程序，弹出安装界面，根据提示一步步安装。Foxmail 7.2 默认安装到 D 盘，如果要指定其他目录，可以点右下角的"自定义安装"→"更改目录"→选择安装目录。

2）Foxmail 的设置

首次打开 Foxmail，会弹出一个用户向导对话框，要求用户输入电子邮件地址（此软件可用于同时管理多个邮箱）、密码，如图 5-17、5-18 所示。设置完成后单击"创建"按钮进入账户的

Foxmail 主窗口,如图 5-19 所示。

图 5-17　登录账户　　　　　　　图 5-18　输入邮箱地址及密码

图 5-19　Foxmail 主界面

3）接收电子邮件

接收邮件就是从 POP3 服务器上将邮件接收到本地。单击工具栏中的"收取"按钮,开始从服务器上接收邮件。该窗口会显示收信过程中的每一步过程,包括网络连接、登录、读取邮箱信息,以及收取每一封邮件的进度。收取完成后,还将显示收取的邮件数量、保存到的邮箱等信息。

邮件接收完毕,收件箱旁边会显示蓝色的数字,表示邮箱中有多少封邮件没有阅读。在邮件列表中显示了邮件的优先等级、是否有附件、发件人、阅读状态、邮件主题、日期、邮件大小等信息,加粗显示的邮件是未阅读的邮件。选中一个后,在邮件列表的右边会显示该邮件的主题和内容。

4）发送电子邮件

(1) 撰写邮件。单击工具栏上的"写邮件"按钮,会弹出图 5-20 所示的写邮件窗口。首先在窗口中输入收件人的邮箱地址。收件人可以有多个,输入时用分号隔开,也可以在"抄送"栏中添加其他收件人。在"主题"栏中写上邮件标题(可以省略)。

（2）添加附件。电子邮件在发送时可以携带的独立文件(如文本文件、图像文件、程序、截屏等)称为附件。在邮件撰写窗口中单击工具栏的"附件"按钮，在弹出的文件选择窗口中选择要发送的文件。发信时，Foxmail 会自动将这些附件文件传送出去。

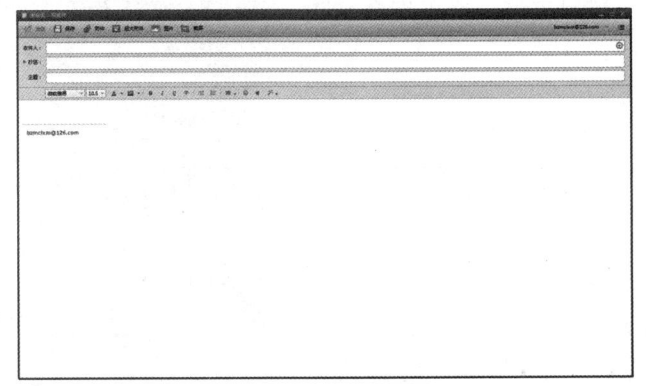

图 5-20　撰写邮件　　　　　　　　　　图 5-21　发送邮件结束

（3）发送邮件。单击工具栏的"发送"按钮，即可将撰写的邮件发送出去。单击"保存"按钮，则可将撰写的邮件保存。发送成功界面如图 5-21 所示。

提示： 在使用 Foxmail 等电子邮件客户端软件时，至少要设置一个用户账户(即邮箱地址)，也可以设置多个。如果要回复邮件，则先在收件箱或某个邮箱中选择要回复的邮件，单击工具栏中的"回复"按钮，弹出邮件撰写窗口。其他操作与撰写邮件相同。如果是转发邮件，则单击工具栏的"转发"按钮，将邮件原样地另发给他人，用户只需添加转发地址就可以了。

2. 使用搜索引擎搜索共享资源

打开因特网浏览器→登录 http://www.baidu.com/ →在搜索框中输入"计算机基础，精品课"→"搜索"，分别打开并浏览搜索到的资源→分别点击搜索页顶端的"图片""视频"等项，打开并浏览相应的资源。

实验四　用"记事本"制作网页

一、实验目的

（1）认识 HTML 超文本标记语言；
（2）掌握 HTML 文档结构，了解 HTML 常用标签的语法和属性；
（3）学会用文本编辑器制作 HTML 网页。

二、实验任务及操作过程

下载素材文件：实验素材\第 5 章\网站制作实验一。

1. 组织网站结构

建立存放 HTML 文件和图像的文件夹。具体操作如下：

建立 "D:\mysite" 和 "D:\mysite\images" 两个文件夹(以后实验中均需要这两个文件夹，不再提示)，把素材文件 qiao.jpg 复制到 "D:\mysite\images" 文件夹中。

2. 用"记事本"制作网页

用"记事本"制作网页"brief.html",如图5-22所示。设置网页标题为"我的个人主页",插入图片qiao.jpg,输入个人基本情况。

具体操作如下:

(1)打开"记事本"程序,在"记事本"窗口中输入以下内容。除中文外,标记符及其属性要在英文状态下输入。

<html>

<head>

<meta http-equiv="Content-Type"content="text/html;charset=utf-8"/>

<title> 我的个人主页 </title>

</head>

<body background="images/bg.jpg">

<h3 align="center"> 我的个人主页 </h3>

<hr/>

<p><img src="images/qiao.jpg" alt=" 学霸 "/></p>

<hr/>

<p> 姓名:乔峰

别名:男

专业:临床医学

年龄:18 岁

爱好:爬山 </p>

<marquee>

<p>

<font size=2>

这是我做的第一个网页,欢迎光临! 谢谢! This is my first web. Welcome.

</font>

</p>

<p> </p>

</marquee>

</body>

</html>

图 5-22 个人主页

(2)把文件保存为"brief.html":"记事本"→"另存为"→保存类型设置为"所有文件"→文件名为"brief.html"→保存位置为"D:\mysite"。

3. 查看网页效果

用浏览器打开文件"D:\mysite\brief.html",查看网页效果。

三、实验分析及知识拓展

(1)HTML文件包括头部head和主体body两部分。<title></title>标记位于头部,其中的内容会显示在浏览器的标题栏上。

(2)网页文件是文本文件,不包含图像、音频、视频等媒体。浏览器作为网页解释器,对

HTML标记的语法和属性进行解析并正确地显示文本、图像等元素。

（3）除"记事本"外，Word、写字板和Dreamweaver等软件都可以用来编辑。

（4）标记按形态分为双标记与单标记。<html></html>、<p></p>等将内容围住，是双标记。<hr/>、
、<img/>只有起始标记，没有终结标记，为单标记。

（5）<p></p>标记表示一个段落。
是换行符，其前后的内容属于同一段。

（6）<img src="images/qiao.jpg" alt="学霸"/>标签中的src、alt是该标签的属性。src指出图像文件的路径名，alt属性指定鼠标悬停在图像上或图像不显示时的替换文字。

四、拓展作业

1. 拓展作业所需素材

实验素材\第5章\网站制作实验一。

2. 拓展作业

修改实验四内容，用表格（<table>）进行网页布局。设置主体中的所有内容居中显示。效果如图5-23所示。

图5-23 个人主页效果

实验五 创建和搭建一个站点

一、实验目的

（1）掌握在Dreamweaver CS5中创建本地站点和站点管理的方法；

（2）掌握文本使用和格式设置的基本方法，初步了解CSS的定义和套用；

（3）初步了解图片的使用方法。

二、实验任务及操作过程

下载素材文件：实验素材\第5章\网站制作实验二。

1. 建立本地站点

以"D:\mysite"为根目录，建立"电镜实验室"站点。具体操作如下：

（1）把本实验素材"images"中的所有图片文件复制到"D:\mysite\images"文件夹中。

（2）在Dreamweaver中，"站点"→"新建站点"→"站点设置对象"对话框（如图5-24所示)→设置站点名称为"电镜实验室"→本地站点文件夹为"D:\mysite"→"保存"。可以从"文件"面板中查看和管理站点中的文件及文件夹。

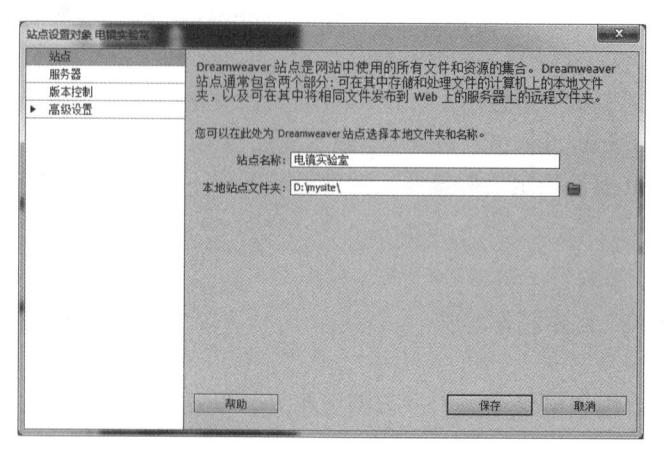

图 5-24 "站点设置对象"对话框

2. 创建基本文件网页

复制"仪器设备.txt"中的内容到网页中,并插入空格,设置标题格式、有序列表和文本使用的样式(CSS)。插入图片并设置图片的对齐方式。设置效果如图 5-25 所示。

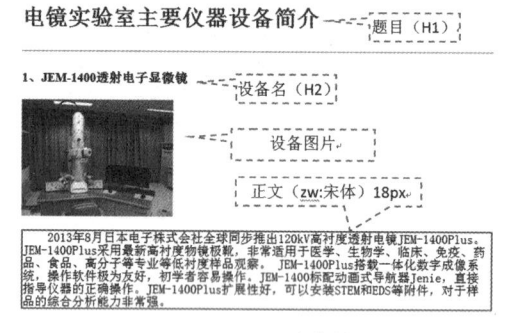

图 5-25 设置效果

具体操作如下:

(1)在 Dreamweaver 中,新建文件"djsh.html"并保存在站点根目录下,文档标题设置为"电镜实验室设备"。

(2)在 Dreamweaver 中,编辑文件"djsh.html",把素材"电镜实验室设备.txt"中的内容复制到网页中。

(3)选择文档上方的题目"电镜实验室主要仪器设备简介"→在属性面板中设置其格式为"标题 1"→"电镜实验室主要仪器设备简介"段后→"插入"→"HMTL"菜单命令→插入一条水平线→逐一选择和设置正文介绍的设备名称部分→"1. JEM-1400 透射电子显微镜"……"6. Q150RS 离子溅射镀膜仪"→设置格式为"标题 3"。

(4)在每一段正文介绍的首行插入四个半角空格(快捷键为 Ctrl+Shift+Space),使首行缩进量为两个汉字。选择第一段正文"山东濒临…"→在 CSS 属性面板中选择 18 px→"新建 CSS 规则"对话框→选择器名称输入"zw",其他使用默认值→"确定"。

(5)确认插入点在第一段正文中,CSS 属性面板中的目标规则应是刚刚建立和套用的

".zw"。单击"编辑规则"→"类型"→"字体"→"编辑字体列表"添加字体"宋体"→"字体"设置为"宋体"→设置行高(Line-height)为 30 px,→在"边框"分类中,设置线型(Style)为实线(solid)、宽度(Width)为细(thin)、颜色(Color)为"#06F"→"确定",则第一段正文的字体自动发生变化。

(6) 逐一选择其他五段正文→在 CSS 属性面板的"目标规则"下拉列表框中选择".zw"规则→为其他段落套用".zw"层叠样式表中定义的格式(宋体和 18 px)。

(7) 在第一设备名称最后按 Enter 键,产生一个空段。"插入"→"图像"→"选择图像源文件"对话框→选择"jem-1400.jpg"→输入替换文本"JEM-1400 透射电子显微镜"→"确定"。根据上述步骤,在其他设备名称后面分别插入另外五幅图片文件。

3. 保存并预览

按 F12 键,按提示保存网页,在默认浏览器中预览网页的效果。

4. 导出

"站点"→"管理站点"→导出对当前站点的定义"电镜实验室 .ste"。

三、实验分析及知识拓展

(1) 站点的建立不是必要的,但是建立站点便于管理站点中的文件和文件夹。在"文件"面板中可以选择不同站点或本地磁盘上的目录,以查看和管理有关内容。

(2) 标题标记(Hn)从 H1 到 H6 共六级,n 值越大字号越小。

(3) 文本可以输入、复制和导入。在编辑文本时,按 Enter 键另起一段,按 Shift+Enter 键另起一行,分别对应标记 <p></p> 和
。

(4) 输入空格除用快捷键外,还可以通过"插入"菜单、全角空格、修改代码等方式输入。在代码窗口中," "表示一个半角空格。

(5) 图像插入后,可以在属性面板中修改它的源文件、宽、高、替换、对齐等属性。在保存过的网页文件中插入本地图像,Dreamweaver 默认使用相对路径。

(6) CSS 全名是层叠样式表,又叫目标规则或类。

实验六 创建多媒体网页

一、实验目的

(1) 了解鼠标经过图像的插入方法,学会设置图像的对齐方式;
(2) 掌握 Flash (SWF)、音频、视频的使用技巧;
(3) 初步了解表格布局技术;
(4) 进一步了解 CSS 的使用。

二、实验任务及操作过程

下载素材文件:实验素材 \ 第 5 章 \ 网站制作实验三。

1. 插入鼠标经过图像

打开网页"bzmc.html"→鼠标定位于第二段开始→"插入"→"图像对象"→"鼠标经过图像"→"浏览"→添加"images"中的原始图像 huanglong.jpg 和鼠标经过图像 shanghai.jpg,其他使用默认值→"确定",如图 5-26 所示。

图 5-26　鼠标经过图像

选择刚刚插入的图像,在属性面板中设置垂直边距和水平边距皆为 8,对齐方式为"左对齐",如图 5-27 所示。

图 5-27　图像属性

2. 插入 Flash 文件

"学科专业"→"插入"→"媒体"→"SWF"→插入"media"文件夹中的影片文件 fg.swf→"确定"→"确定"。选择文档中的 Flash 对象,在属性面板中设置垂直边距和水平边距皆为 8,对齐方式为"右对齐",如图 5-28 所示。

图 5-28　Flash 对象属性

3. 插入 Flash 视频(FLV)

(1)"插入"→"媒体"→"FLV"命令→选择文件"media\earth.flv"→"确定"。文件宽度和高度、外观使用默认,如图 5-29 所示。设置完成后,单击"确定"按钮,将 Flash 视频文件添加到页面中。

图 5-29　插入 FLV 视频属性

(2)单击网页上的视频对象,在标签选择器中单击"<td>"标签,选中视频对象所在的单元格,在属性面板中设置单元格水平居中对齐,如图 5-30 所示。

图 5-30　标签属性

4. 插入音频

（1）在右下单元格中单击→"插入"→"媒体"→"插件"→选择"media\china.mp3"→"确定"。

（2）选择网页中的插件对象，在属性面板中设置其宽度为350，高为41。

（3）右击插件对象→"编辑标签"→勾选"自动开始"→再去掉对"自动开始"的勾选，这样，可以由用户控制开始音乐的播放。

5. 使用外部CSS样式表文件

（1）打开CSS样式面板，单击其下方的附加样式表按钮选择样式表文件"mycss.css"→"确定"。

（2）单击网页上方的文字"滨州医学院"，在标签选择器上单击右数第一个"<td>"标签。

（3）选中第一、二段文字→展开CSS面板中"mycss.css"前的"+"号（图5-31）→右击".zt"样式→"套用"。用同样的方法，为其他段落套用".zt"样式。

图 5-31 CSS面板

三、实验分析及知识拓展

（1）常用图像格式有GIF、JPG、PNG等，其中GIF格式支持动画和透明，最多显示256种颜色，PNG格式支持透明。在Dreamweaver中，可以对文档中的图像进行裁切、亮度/对比度、锐化等修改，也可以使用外部图像处理软件对图像进行编辑。

（2）鼠标经过图像会用到行为或Javascript脚本，预览时要"允许阻止的内容"。

（3）插入Flash文件后，在属性窗口中通过"Wmode"属性设置Flash文件的背景透明或不透明。

（4）插入其他视频格式可以利用插件，详细请参考插入音频的方法。

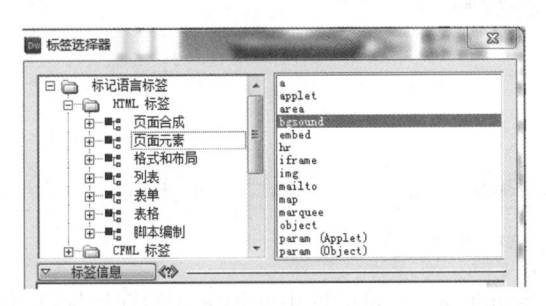

（5）利用标签选择器选择表格元素的方法是：首先单击单元格中的对象，然后在标签选择器中单击"<td>"、"<tr>"、"<table>"等可以选择对象所在的单元格、行、表格，甚至父表格。

（6）音频格式有MID和波形音频两大类。MID是数字乐谱，不能合成语音。MP3、WAV等都属于波形音频，能够表现语音、音乐、音效等内容。

（7）CSS样式按其保存的位置分为"仅限该文档"和独立的样式表文件(.css)。

四、拓展作业

插入背景音乐。

（1）在Dreamweaver中，切换到代码视图，在<body>标签后面单击→执行"插入"→"标签"→在"标签选择器"对话框中选中"bgsound"标签→"确定"，如图5-32所示。

图 5-32 标签选择器

(2) 在标签编辑器(图 5-33)中选中要添加的文件→设置"循环"等参数→"确定"→"关闭"。<bgsound src5"media/molihua.mp3" loop5"-1"/>,"<bgsound>" 也可以手工添加。

图 5-33　标签编辑器

实验七　使用超级链接和框架布局网页

一、实验目的
(1) 掌握设置框架的源文件等属性；
(2) 掌握建立超级链接的方法，会使用跳转菜单；
(3) 了解行为的使用方法；
(4) 学会通过页面属性设置超级链接的样式。

二、实验任务及操作过程
下载素材文件：实验素材 \ 第 5 章 \ 网站制作实验四。

1. 新建、修改和设置框架集

(1) 把本实验素材复制到"D:\mysite"文件夹中→启动 Dreamweaver CS5→建立站点"个人主页"(参考实验五)→"文件"→"新建"→"新建文档"对话框，选择"示例中的页 – 框架页 – 上方固定,左侧嵌套"→"创建"，如图 5-34 所示。

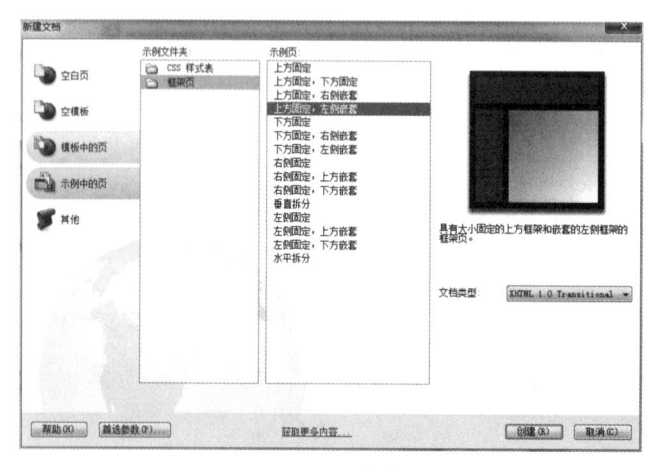

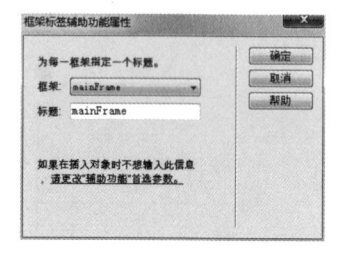

图 5-34　框架布局　　　　　　　　图 5-35　框架属性设置

(2) 在"框架标签辅助功能属性"对话框中使用默认的框架标题,如图 5-35 所示。
(3) 把鼠标放在框架的最下面,当出现上下箭头时,向上拖动鼠标,拆分出一个框架,命名为 bottomFrame。打开框架面板，可以看到框架集由四个框架组成，分别是 topFrame、leftFrame、mainFrame、bottomFrame，如图 5-36 所示。

在某个框架上单击，可以选中该框架，从而可以在属性面板中设置其源文件等属性。在框架面板中的框架集的边框上单击鼠标即可选中框架集。

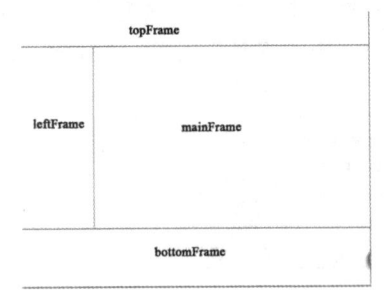

图 5-36 框架页面

图 5-37 框架集设置页面

（4）在框架面板中选中框架集，在属性面板中设置 topFrame 的行为 204 像素，其他行使用默认值，如图 5-37 所示。

2. 设置框架属性

在框架面板中单击 topFrame 选中该框架，在属性面板中设置其源文件为 top.html，如图 5-38 所示。用同样方法设置 leftFrame、mainFrame、bottomFrame 框架，所对应的源文件分别是 left.html、main.html、bottom.html。

图 5-38 topFrame 框架设置页面

3. 设置 main.html 页面的内联框架

"main 框架"→"拆分视图"→鼠标定位到 <body> 代码后→"插入"→"标签"→在"标签选择器"对话框中找到"iframe"标签（图 5-39）→"插入"→按图 5-40 所示设置标签编辑器→"确定"，关闭标签选择器。

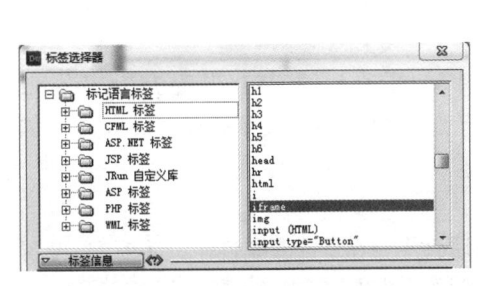

图 5-39 "标签选择器"对话框

图 5-40 "标签编辑器"对话框

4. 保存框架集文件和框架源文件

"文件"→"保存全部"→保存框架集文件和框架中的源文件。本例中,框架集命名为"index.html"。

5. 设置超级链接

(1)选择左框架(leftFrame)中的"个人简介"文本→在属性面板中设置"链接"属性为"main.html"。设置链接属性时,可以通过"浏览"按钮或指向文件按钮等具体方式。"目标"属性设置为"_self",如图 5-41 所示。

图 5-41 链接属性设置

(2)同样设置"我的旅游"的链接文件为"tourism.html"。
(3)选择"与我联系"文本→在链接属性中输入"mailto:"→在其后输入电子邮件地址。
(4)选择下面的图片,在链接属性中输入"http://www.baidu.com",目标设置为"_blank"。

6. 插入跳转菜单

(1)在"友情链接"下方的单元格中单击→"插入"→"表单"→"跳转菜单"。
(2)在"插入跳转菜单"对话框中→编辑"文本","选择时,转到 URL"添加多个菜单项→设置每个菜单项的打开框架→勾选"菜单之后插入前往按钮",如图 5-42 所示。

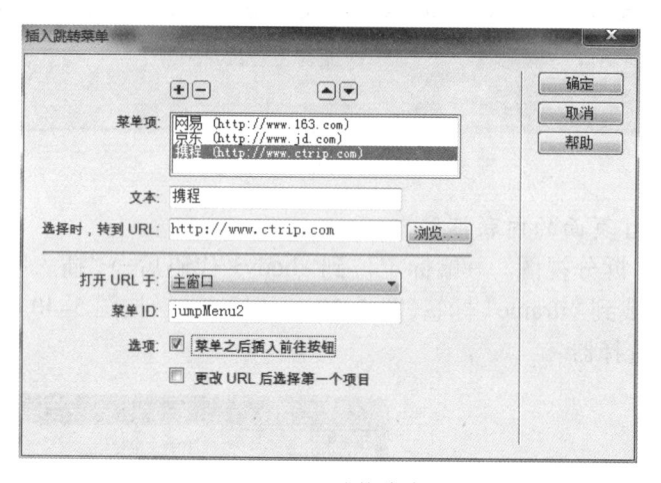

图 5-42 跳转菜单

7. 加载(onLoad)页面时打开浏览器窗口

"<body>标签"→"添加行为"→"打开浏览器窗口"。要显示的 URL 设置为"welcome.html"文件,窗口宽度 200、高度 150、名称"欢迎光临",行为面板中的触发事件为"onLoad",如图 5-43、图 5-44 所示。

8."链接(CSS)"设置

单击左框架中的"left.html"页面→"修改"→"页面属性"→在"页面属性"对话框中,设置链接四种不同状态的四种颜色,下划线样式为"始终有下划线",如图 5-45 所示。

图 5-43　打开浏览器窗口

图 5-44　行为面板

图 5-45　页面属性：链接（CSS）

网页最终效果如图 5-46 所示。

图 5-46　网页最终效果

三、实验分析及知识拓展

（1）超级链接的创建方法：使用属性面板中的"链接"文本框、指向文件图标和"浏览"按钮，使用"插入"→"超级链接"菜单命令，在代码中编辑 <a> 标记。

（2）超级链接目标属性指定打开链接的地方：_self（当前框架（默认））、_new（在同一个新窗口）、_blank（新窗口）、_top（当前浏览器窗口）、_parent（父框架）。

（3）空链接是链接目标地址为"#"的链接，在链接属性中输入空脚本"javascript:;"也能建立空链接。

（4）行为的三个要素是对象、事件和功能。如网页"主体（body）加载时，打开浏览器窗口"。在这里，"主体"是行为依附的对象，"加载"是触发操作的事件，"打开浏览器窗口"是行为实现的功能。

（5）当在页面属性中设置了"链接（CSS）"后，在网页头部的 <style> 标记中有对超级链接样式的定义。为查看超级链接的设置效果，在网页预览前，应清除浏览器的历史记录。

（6）关于文件下载链接。在超级链接上右击鼠标，在弹出的菜单中选择"目标另存为"可以把链接的目标文件下载下来。单击超级链接时，网页文件、图像文件、Flash 动画通常在浏览器窗口中显示，而压缩文件、程序文件会弹出下载对话框。

（7）本实验中对超级链接的所有设置实际上是保存在"left.html"文件中的。"index.html"文件只负责窗口的切割，即分为左右两个框架。每个框架都可以显示一个源文件。执行"文件"→"保存全部"命令时，会保存四个文件。

（8）链接路径分为相对路径、绝对路径和站点根目录路径。本地地点中的链接最好使用相对路径，这样便于站点整体移植。链接到网络上的路径（如 http://www.baidu.com）要使用绝对路径。

实验八　360 安全卫士的安装与使用

一、实验目的

（1）掌握 360 安全卫士的安装与基本使用方法及基本设置方法；
（2）灵活掌握其他杀毒软件及防火墙的安装与使用。

二、实验任务及操作过程

（1）打开 360 安全软件官网→找到"360 安全卫士"→"下载"，将 360 安全卫士下载到自己的计算机上。

（2）双击下载的软件→阅读"许可协议"→勾选"同意协议"，也可以选择安装 360 浏览器→"立即安装"。

（3）安装完成后，360 安全卫士自动运行，同时，在任务栏右侧的通知区域（又称系统托盘区）会出现图标，表示该杀毒软件已在系统中常驻运行。

（4）杀毒软件运行后，可以选择"电脑体检""木马查杀""电脑清理""系统修复""优化加速""功能大全"等计算机安全维护操作。例如：

① 单击"电脑体检"开始体检过程，如图 5-47 所示。如果发现问题，体检完成后可以单击"一键修复"。

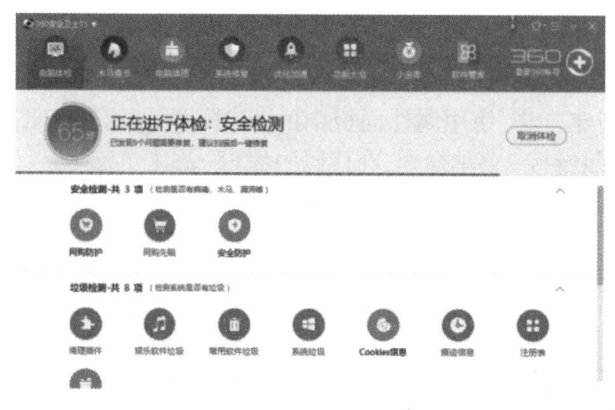

图 5-47　电脑体检界面

② 单击"木马查杀",将出现图 5-48 所示界面,可选择"快速查杀""全盘查杀""按位置查杀"三种方式进行扫描。建议安装完成后的第一次病毒扫描采用全盘扫描方式。

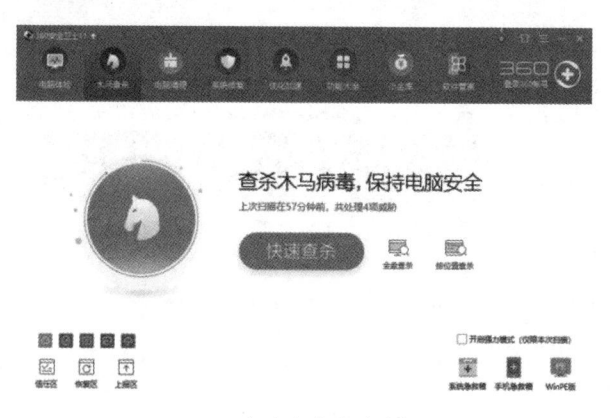

图 5-48　木马病毒查杀选择界面

单击"全盘查杀",将出现图 5-49 所示的扫描界面,从"系统设置""系统启动项""文件和系统内存""常用软件""全部磁盘文件"等方面开始进行扫描。在扫描过程中可以随时单击"暂停扫描"按钮暂停或单击"停止"按钮中止扫描过程。如扫描过程所用时间较长,还可以选择"扫描完成后自动关机(自动清除木马)"。

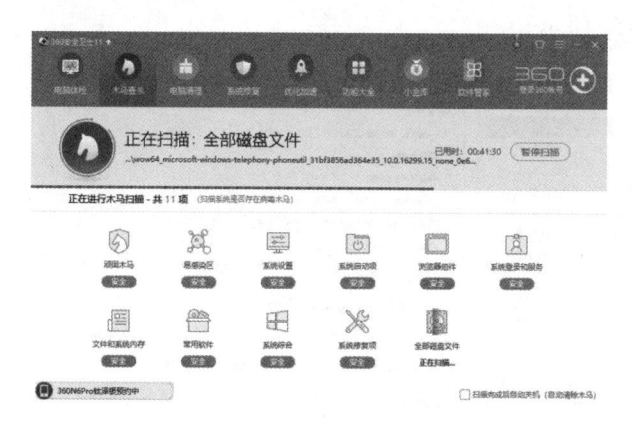

图 5-49　木马病毒查杀界面

扫描完成后,出现 5-50 所示界面。可以根据需要选择相应处理项,单击"一键处理"按钮进行处理。

图 5-50　扫描完成后界面

③ 单击"功能大全",将出现图 5-51 所示界面,可在左边列表选择"电脑安全""数据安全""网络优化""系统工具"等,查阅各项都有哪些安全维护功能,并练习使用。

图 5-51 功能大全界面

④ 单击"电脑管家"练习通过电脑管家查找安装所需软件(360 安装完成后,在桌面上也会出现电脑管家的快捷图标)。

(5) 在 360 安全卫士的主界面中单击右上角的主菜单按钮,选择"设置",弹出设置中心界面,可以根据个人需要进行"功能定制""升级设置""开机启动项设置""安全防护中心""漏洞修复"设置等,如图 5-52 所示。

图 5-52 设置界面

(6) 在 360 主菜单中选择"检测更新",可以自动升级 360 安全卫士。

综合练习

一、单项选择题

(一) 计算机网络基础部分

1. 计算机网络中,实现互联的计算机之间是_____进行工作的。
    A. 独立   B. 并行   C. 相互制约   D. 串行

2. 下列叙述中错误的是_____。
    A. 网卡的英文简称是 NIC   B. TCP/IP 模型的最高层是应用层

C. 国际标准化组织提出的开放系统互连参考模型(OSI)有七层
D. Internet 采用的是 OSI 体系结构

3. _____ 年中国把物联网发展写入了政府工作报告。
  A. 2000   B. 2008   C. 2009   D. 2010

4. 下列关于 Internet 的说法不正确的是_____。
  A. Internet 是目前世界上覆盖面最广、最成功的国际计算机网络
  B. Internet 的中文名称是"因特网"
  C. Internet 是一个物理网络
  D. Internet 在中国曾经有多个不同的名字

5. 物联网的英文名称是_____。
  A. Internet of Matters   B. Internet of Things
  C. Internet of Theorys   D. Internet of Clouds

6. 下列_____不属于"Internet 协议(TCP/IP)属性"对话框选项。
  A. IP 地址   B. 子网掩码   C. 诊断地址   D. 默认网关

7. 用户可以使用_____命令检测网络连接是否正常。
  A. Ping   B. FTP   C. Telnet   D. IPConfig

8. 网络要有条不紊地工作,每台联网的计算机都必须遵守一些事先约定的规则,这些规则称为_____。
  A. 标准   B. 协议   C. 公约   D. 地址

9. bps 是_____的单位。
  A. 数据传输速率   B. 信道宽度   C. 信号能量   D. 噪声能量

10. 常用的数据传输速率单位有 Kbps、Mbps、Gbps,1 Gbps 等于_____。
  A. 1×10^3 Mbps   B. 1×10^3 kbps   C. 1×10^6 Mbps   D. 1×10^9 kbps

11. 在 Windows 7 中,用于检查 TCP/IP 网络中配置情况的是_____。
  A. IPConfig   B. Ping   C. Ifconfig   D. Ipchain

12. 在下面给出的协议中,_____属于 TCP/IP 的应用层协议。
  A. TCP 和 FTP   B. IP 和 UDP   C. RARP 和 DNS   D. FTP 和 SMTP

13. OSI 模型包括_____层。
  A. 3   B. 5   C. 7   D. 8

14. 在 OSI 参考模型中,_____的任务是选择合适的路由。
  A. 传输层   B. 物理层   C. 网络层   D. 会话层

15. 局域网与广域网、广域网与广域网的互联是通过_____实现的。
  A. 服务器   B. 网桥   C. 路由器   D. 交换机

16. 一旦中心节点出现故障,则整个网络瘫痪的局域网拓扑结构是_____。
  A. 总线型结构   B. 星形结构   C. 环形结构   D. 工作站

17. 以下网络设备中,能够对传输的数据包进行路径选择的是_____。
  A. 网卡   B. 网关   C. 中继器   D. 路由器

18. IPv6 是一种_____。
  A. 协议   B. 图像处理软件   C. 浏览器   D. 字处理软件

（二）网站制作基础部分

1. 浏览器对于 HTML 文档起的作用是_____。
   A. 浏览器用于创建 HTML 文档　　　　B. 浏览器用于展示 HTML 文档
   C. 浏览器用于发送 HTML 文档　　　　D. 浏览器用于修改 HTML 文档

2. _____标记用于表示 HTML 文档的开始和结束。
   A.BODY　　　　B.HTML　　　　C.TABLE　　　　D.TITLE

3. 在 HTML 中，段落标签是_____。
   A.<html></html>　　C.<body></body>　　B.<head></head>　　D.<p></p>

4. 在页面中看不见的表单元素是_____。
   A. <input type="password"></input>　　　B.<input type="radio"></input>
   C. <input type="hidden"></input>　　　　D.<input type="reset"></input>

5. 关于 <a> 标签，下列说法错误的是_____。
   A. <a> 标签是超链接，可以使用 href 属性使其指向另一个资源
   B. 当点击 <a> 标签时触发的提交为 GET 提交
   C. <a> 标签可以嵌套 <img> 标签，使图片变为一个可点击的超链接
   D. <a> 标签可以指向一张图片从而在该位置显示一张图片

6. 以下标记符中，没有对应的结束标记的是_____。
   A.<body>　　　　B.
　　　　C.<html>　　　　D.<title>

7. 空格对应的 html 实体是哪个_____？
   A. &lt　　　　B. &gt　　　　C. 　　　　D. &amp

8. HTML 指的是_____。
   A. 超文本标记语言（Hyper Text Markup Language）
   B. 家庭工具标记语言（Home Tool Markup Language）
   C. 超链接和文本标记语言（Hyperlinks and Text Markup Language）
   D. 以上都不对

9. 在 Dreamweaver 中，添加背景音乐的 HTML 标签是_____。
   A.<bgmusic>　　　　B.<bgm>　　　　C.<bgsound>　　　　D.<music>

10. 关于电子邮件链接的格式，以下说法正确的是_____。
    A. mailto:邮件地址　　　　B. Mail:邮件地址
    C. E-mailto:邮件地址　　　D. E-mail:邮件地址

11. 插入日期的方法是_____。
    A. 在页面属性中设置　　　　B. 在属性检查器中添加
    C. "插入"面板→"常用"选项卡　　D. "插入"面板→"表单"选项卡

12. 为链接定义目标窗口时，_blank 表示的是_____。
    A. 在上一级窗口中打开　　　　B. 在新窗口中打开
    C. 在同一帧或窗口中打开　　　D. 在整个窗口中打开，忽略任何框架

13. <meta name="Keywords" content=" 海天 "/>，意思是_____。
    A. 该页面，关键字为"海天"　　　B. 该页面，作者和版权信息
    C. 设置刷新时间　　　　　　　　D. 设置描述信息

14. 下列选项代表层有溢出时会加滚动条，无溢出时不加滚动条的是_____。

A.Visible　　　　　B.Hidden　　　　　C.Scroll　　　　　D.Auto

15. 下列关于框架的描述正确的是_____。

　　A. 框架集只有一个文件组成

　　B. 每一个子窗口是一个框架，它显示一个独立的网页文档内容，而这组框架结构被定义在名叫框架集的 Html 网页

　　C. 框架集只是一个子窗口的框架文件的组合

　　D. 框架集里只有三个文件

16. 内联框架的 HTML 标签是_____。

　　A.<frameset>　　B.<frame>　　C.<iframe>　　D.<frames>

17. 要使一个网站的风格统一并便于更新,在使用 CSS 文件时,最好是使用_____。

　　A. 外部链接样式表　B. 内嵌式样式表　C. 局部应用样式表　D. 以上三种都一样

18. _____几乎可以控制所有文字的属性,也可以套用到多个网页上。

　　A.HTML 样式　　B.CSS 样式　　C.页面属性　　D.文本属性面板

19. 下列关于行为、事件和动作的说法正确的是_____。

　　A. 事件发生在动作以后　　　　B. 事件和动作同时发生

　　C. 动作发生在事件以后　　　　D. 以上说法都错误

20. 在 Dreamweaver 中,在设计中要区分男女性别,通常采用_____表单元素。

　　A. 复选框　　B. 单选按钮　　C. 单行文本域　　D."提交"按钮

（三）网络信息安全部分

1. 国际标准化组织已明确将信息安全定义为"信息的完整性、可用性、保密性和_____"。

　　A. 实用性　　B. 可靠性　　C. 多样性　　D. 灵活性

2. 信息安全包括四大要素:技术、制度、流程和_____。

　　A. 人　　B. 计算机　　C. 软件　　D. 网络

3. 在各种信息安全事故中,很大一部分是人们的不良安全习惯造成的。下列选项属于良好的密码设置习惯的是_____。

　　A. 使用自己的生日作为密码

　　B. 在邮箱、微博、聊天工具中使用同一个密码

　　C. 使用好记的数字作为密码,如 123456

　　D. 使用 8 位以上包含数字、字母、符号的混合密码,并定期更换

4. 为了降低被黑客攻击的可能性,下列习惯应该被推荐的是_____。

　　A. 安装防火墙软件太影响速度,不安装了　B. 自己的 IP 不是隐私,可以公布

　　C. 将密码记在纸上,放在键盘底下　　　　D. 不随便打开来历不明的邮件

5. 在密码技术中,非法接收者试图从被加密的文字中分析出明文的过程称为_____。

　　A. 解密　　B. 破译　　C. 加密　　D. 分析

6. 通过密码技术的变换和编码,可以将机密、敏感的消息变换成难以读懂的乱码型文字,这种乱码型文字称为_____。

　　A. 密文　　B. 秘密　　C. 编码　　D. 乱码

7. 计算机病毒的特点有很多,下列选项中不是计算机病毒的特点的是_____。

　　A. 破坏性　　B. 传染性　　C. 潜伏性　　D. 实时性

8. 计算机病毒的传播方式多种多样,下列媒介中不会传播计算机病毒的是_____。

A. 网络　　　　　　B. U盘　　　　　　C. 鼠标　　　　　　D. 电子邮件

9. 宏病毒是针对微软公司Office系列软件编写的病毒。下列文件肯定不会感染宏病毒的是_____。

　　A. 扩展名为.docx的文件　　　　　　B. 扩展名为.txt的文件
　　C. 扩展名为.doc的文件　　　　　　　D. 扩展名为.xlsx的文件

10. 计算机病毒的预防应该从_____两方面进行。

　　A. 软件和硬件　　B. 计算机和网络　　C. 管理和技术　　D. 领导和员工

11. 对计算机病毒的清除可以采用人工处理或反病毒软件两种方式进行。下列选项中,_____不是反病毒软件。

　　A. 卡巴斯基　　　B. Photoshop　　　C. 360　　　　　　D. 诺顿

12. 按照防火墙保护网络使用方法的不同,可以将其分为三种类型:网络层防火墙、应用层防火墙和_____防火墙。

　　A. 表示层　　　　B. 传输层　　　　　C. 链路层　　　　　D. 物理层

13. 防火墙有很多优点,下列选项不属于防火墙的优点的是_____。

　　A. 能防范病毒　　　　　　　　　　　B. 能强化安全策略
　　C. 能有效记录Internet上的活动　　　 D. 限制暴露用户点

14. 无线网络存在的核心安全问题归结起来有三点:_____、非法接入点连接问题和数据安全问题。

　　A. 病毒问题　　　　　　　　　　　　B. 非法用户接入问题
　　C. 软件漏洞问题　　　　　　　　　　D. 无线信号强弱问题

15. 目前,电子商务已经在人们的日常生活中发挥着越来越大的作用。为了保证电子商务的安全,下列_____安全技术没有使用在电子商务活动中。

　　A. 数字签名　　　　　　　　　　　　B. 认证中心CA
　　C. 自动连接　　　　　　　　　　　　D. 安全套接层协议SSL

16. 国家信息化领导小组建议从三个方面解决好我国的电子政务安全问题,即"一个基础,两根支柱",其中"一个基础"指的是_____。

　　A. 技术　　　　　B. 法律制度　　　　C. 管理　　　　　　D. 人员培训

二、多项选择题

(一) 计算机网络基础部分

1. 关于计算机网络的分类,以下说法正确的是_____。

　　A. 按网络拓扑结构划分,有总线型、环形、星形和树形等
　　B. 按网络覆盖范围和计算机间的连接距离划分,有局域网、城域网、广域网
　　C. 按传送数据所用的结构和技术划分,有资源子网、通信子网
　　D. 按通信传输介质划分,有低速网、中速网、高速网

2. 无线传输的主要形式有_____。

　　A. 无线电频率通信　B. 红外通信　　　C. 微波通信　　　　D. 卫星通信

3. 我国提出建设的"三金"工程是_____。

　　A. 金桥　　　　　B. 金税　　　　　　C. 金卡　　　　　　D. 金关

4. 关于Internet,下列说法正确的是_____。

　　A. 中国通过中国电信的ChinaNet才能接入Internet

B. 一台 PC 要接入 Internet，必须支持 TCP/IP 协议

C. Internet 是由许多网络互连组成的

D. Internet 无国界

5. 关于计算机网络，以下说法正确的是_____。

A. 网络就是计算机的集合

B. 网络可提供远程用户共享网络资源，但可靠性很差

C. 网络是通信技术和计算机技术相结合的产物

D. 当今世界规模最大的网络是因特网

6. 下列关于域名的叙述正确的是_____。

A. CN 代表中国，GOV 代表政府机构　　B. CA 代表美国，COM 代表非营利机构

C. AU 代表澳大利亚，GOV 代表教育机构　D. US 代表美国，NET 代表网络机构

7. 下列关于 TCP/IP 协议的描述中正确的是_____。

A. 地址解析协议 ARP/RARP 属于应用层

B. TCP、UDP 协议都要通过 IP 协议来发送、接收数据

C. TCP 协议提供可靠的面向连接服务

D. UDP 协议提供简单的无连接服务

8. 下列信息可在因特网上传输的是_____。

A. 声音　　　　　B. 图像　　　　　C. 文字　　　　　D. 普通邮件

9. 属于局域网的特点有_____。

A. 较小的地域范围　　　　　　　　B. 高传输速率和低误码率

C. 一般为一个单位所建　　　　　　D. 一般侧重共享位置准确无误及传输的安全

（二）网站制作基础部分

1. 管理站点对话框的功能有_____。

A. 复制／删除站点　B. 新建站点　　C. 编辑站点　　　D. 导入／导出站点

2. 使用"修改"菜单的"页面属性"可以设置网页文档的_____属性。

A. 页面背景颜色和背景图片　　　　B. 链接的颜色和下划线样式

C. 页面的标题和编码　　　　　　　D. 页面的边距

3. 在网页文件的头部标签中可以添加的内容有_____。

A. 标题　　　　　B. 关键词　　　　C. 刷新　　　　　D. 说明

4. 在 Dreamweaver 中，可以对图片进行的编辑有_____。

A. 重新取样　　　B. 裁剪　　　　　C. 亮度调整　　　D. 锐化

5. 图像替换文本的作用有_____。

A. 当鼠标移到这些图片上时，浏览器可以在鼠标旁弹出一个黄底的说明框

B. 当浏览器禁止显示图片时，可以在图片的位置显示出这些文本

C. 使图像下载速度变快

D. 使该图像优先下载

6. Dreamweaver MX 中选取框架或框架集有几种方法，下列选项中描述正确的是_____。

A. 按住 Alt 键，用鼠标直接单击所要选择的框架

B. 按快捷键 Shift+F2

C. 在"事件"中选择"窗口""帧"命令

D. 按快捷键 Ctrl+F2

7. 如果想在打开一个页面的同时弹出另一个新窗口,应该进行的设置是_____。
   A. 在"行为"中选择"弹出信息"   B. 在"行为"中选择"打开浏览器窗口"
   C. 在"事件"中选择"onLoad"   D. 在"事件"中选择"onUnload"

8. 在 Dreamweaver 中,下列选项中_____是使用表单的作用。
   A. 收集访问者的浏览印象
   B. 访问者登记注册免费邮件时,可以用表单来收集一些必需的个人资料
   C. 在电子商场购物时,收集每个网上顾客具体购买的商品信息
   D. 使用搜索引擎查找信息时,查询的关键词都是通过表单递交到服务器上的

9. 在 Dreamweaver 中,下列关于建立新层的说法不正确的有_____。
   A. 不能使用样式表建立新层
   B. 当样式表建立新层,层的位置和形状不可以和其他样式因素组合在一起
   C. 通过样式表建立新层,层的样式可以保存到一个独立的文件中,可以供其他页面调用
   D. 以上说法都错

10. 在 Dreamweaver 中,下列对象中能对其设置超链接的是_____。
    A. 任何文字   B. 图像   C. 图像的一部分   D. FLASH 影片

(三) 网络信息安全部分

1. 信息安全是一门以人为主,涉及_____的综合学科。
   A. 技术   B. 管理   C. 法律   D. 政治

2. 信息安全所面临的威胁大致可以分为自然威胁和人为威胁两大类,下列属于人为威胁的是_____。
   A. 人为攻击   B. 安全缺陷   C. 软件漏洞   D. 结构隐患

3. 网络黑客按照行为特征分为_____等几种表现形式。
   A. 恶作剧型   B. 隐蔽攻击型   C. 职业杀手型   D. 业余爱好型

4. 为了降低被黑客攻击的可能性,以下行为应该被推荐的是_____。
   A. 采用生日作为自己的密码   B. 不要随便打开来历不明的邮件
   C. 使用防火墙   D. 做好数据的备份

5. 以下选项中,属于计算机病毒的特点的是_____。
   A. 寄生性 B. 传染性 C. 潜伏性 D. 公开性

6. 为了防止计算机病毒的传播,可以从管理上对病毒传播进行预防,以下属于防止病毒传播正确措施的有_____。
   A. 正版的计算机软件不需定时更新
   B. 定期检测计算机上的磁盘和文件并及时清除病毒
   C. 对系统中的数据和文件要定期进行备份
   D. 公用的计算机上不需安装杀毒软件

7. 以下选项属于防火墙的缺点的是_____。
   A. 不能防范恶意的知情者   B. 不能防范不通过它的连接
   C. 不能防备全部威胁   D. 防火墙不能防范病毒

8. 目前,电子政务安全中一般存在以下_____隐患。
   A. 窃取信息   B. 篡改信息   C. 冒名顶替   D. 恶意破坏

三、判断题

（一）计算机网络基础部分

1. IEEE 802.3 物理层标准中的 10BASE-T 标准采用的传输介质为双绞线。（　）
2. TCP/IP 是一个事实上的国际标准。（　）
3. 网络中的软件和数据可以共享，但计算机的外部设备不能共享。（　）
4. HTTP 协议是一种电子邮件协议。（　）
5. 路由器的功能在数据链路层。（　）
6. TCP/IP 协议实际上是一组协议，是一个完整的体系结构。（　）
7. 网卡又叫网络适配器，英文缩写为 NIC。（　）
8. FTP 与 HTTP 位于 TCP/IP 的传输层。（　）
9. 光纤的信号传播利用了光的全反射原理。（　）
10. 利用 IPConfig 命令可以检查 TCP/IP 协议的安装情况。（　）
11. 计算机网络层次结构模型和各层协议的集合叫作计算机网络体系结构。（　）
12. 用户在连接网络时，可使用 IP 地址或域名地址。（　）
13. Internet 采用的通信协议是 TCP/IP 协议。（　）

（二）网站制作基础部分

1. 在 Dreamweaver MX 中预览网页用快捷键 F12，调试网页用 Alt+F12。（　）
2. 行为的特点是它能根据访问者鼠标的不同动作来让网页执行相应的操作。（　）
3. CSS 是区别大小写的。（　）
4. 在 Dreamweaver 中，除了预设的框架类型以外，还可以用重复插入或分割的方法创建各种形式的框架。（　）
5. 列表分为有序列表和无序列表两种，不可以创建嵌套列表。（　）
6. GIF 图像最多显示 256 种颜色。（　）
7. 图像属性的替换文本每过段时间都会定时在图像上显示。（　）
8. 在默认情况下，给文字插入超链接后文字变成蓝色，并且出现下划线。（　）
9. 在 Dreamweaver 表单中，单行文本域只能输入单行的文本。（　）
10. 在 Dreamweaver 中可导入 XML 模板、表格式数据、Word 及 Excel 文档等应用程序文件。（　）

（三）网络信息安全部分

1. 信息安全主要指保护信息系统，使其没有危险、不受威胁、不出事故地运行。（　）
2. 信息安全所面临的威胁来自很多方面，大致可分为自然威胁和人为威胁。电磁辐射和电磁干扰属于人为威胁。（　）
3. 一种计算机病毒能传染所有计算机系统或程序。（　）
4. 在信息安全领域中，被动攻击是指在不干扰网络信息系统正常工作的情况下，进行窃听、截获、窃取、破译和业务流量分析及电磁泄漏等。（　）
5. 计算机病毒不能够破坏硬件。（　）
6. 密码设置好了就一劳永逸了，不需要定期更换。（　）
7. 为了降低被黑客攻击的可能性，应该定时进行数据备份。（　）
8. 在密码学中，由明文到密文的变换过程称为加密。（　）
9. 计算机病毒的破坏性主要有两方面：一是占用系统资源，影响系统正常运行；二是干扰或

破坏系统的运行,破坏或删除程序或数据文件。   (   )
  10. 防火墙可以防范病毒。   (   )
  11. 在使用 Windows 7 的过程中,有些不必要的服务可以停止。   (   )
  12. 为保证数据不被非法读取,而且在接入点和无线设备之间传输的过程中不被修改,可以使用加密技术。   (   )
  13. 为了保证电子政务的安全,内网与外网应该物理隔离。   (   )

第 6 章 多媒体技术与应用

实验一 Photoshop 图像处理

一、实验目的
(1) 初步了解 Photoshop 在数字图像处理中的功用；
(2) 掌握在 Photoshop 中打开、新建、处理、保存图像的基本方法；
(3) 掌握几种常用工具、命令、对话框的使用。

二、实验任务及操作过程

1. 修复图像

要求：将一幅污损图像修复完好。

"文件"→"打开"，打开"污损图像.jpg"（图 6-1）→浮动面板中"设置背景色"（图 6-2）→用拾色器（设置背景色）的吸管，选取污损处附近的背景色（图 6-3）→工具栏中的"橡皮擦工具"（图 6-4）→在工具属性栏中，根据修复处的大小设置大小、硬度等参数（图 6-5、图 6-6）→将鼠标

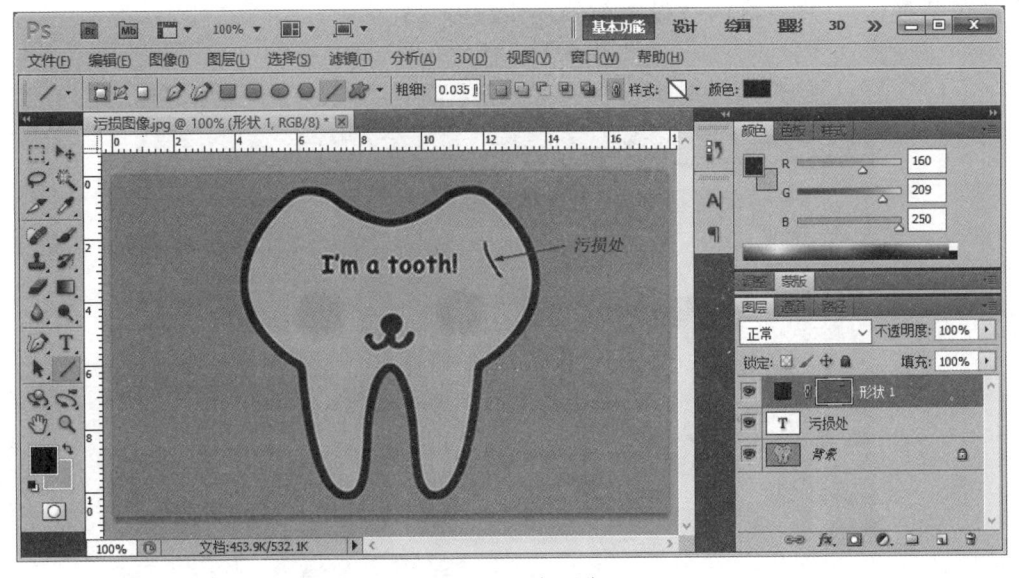

图 6-1　污损图像

图 6-2 浮动面板中"设置背景色"

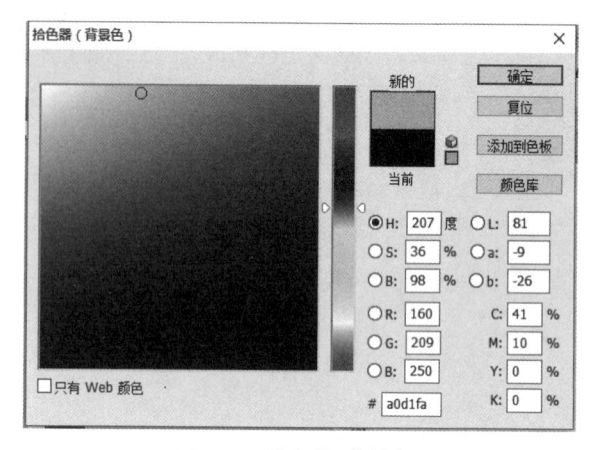

图 6-3 拾色器(背景色)

图 6-4 橡皮擦工具

图 6-5 橡皮擦工具属性

指针移到当前图像中,在需要修复处,按住鼠标左键移动即可修复污损处→"文件"→"存储为",保存文件为"修复照片效果.jpg"。

2. 综合实验

(1)颜色替换。要求:将图像的某部分颜色替换为其他颜色。

"文件"→"打开",打开"牙齿.jpg"→为避免破坏原图,右击浮动面板中的"图层"→"复制图层"(图 6-7),创建"图层副本"→双击,修改名称为"牙齿副本"→工具栏中的"魔棒工具",设置容差等参数,在"牙齿副本"中选定颜色替换区域(图 6-8)→"设置前景色"为 R=85,

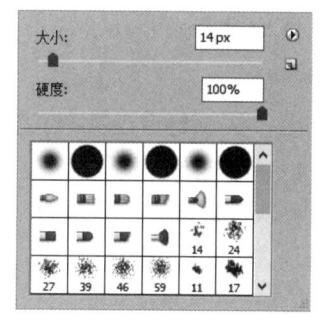

图 6-6 设置橡皮擦的大小和硬度等参数

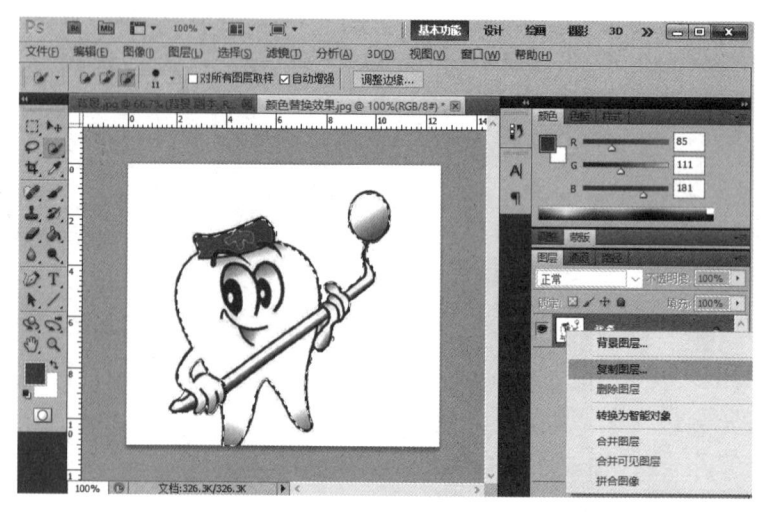

图 6-7 复制图层

G=111，B=181→工具栏中的"油漆桶工具"，替换颜色（图 6-9）→快捷键 Ctrl+D，取消蚂蚁线（选中区域）→"文件"→"存储为"，选择图像格式，保存文件为"颜色替换效果.jpg"。

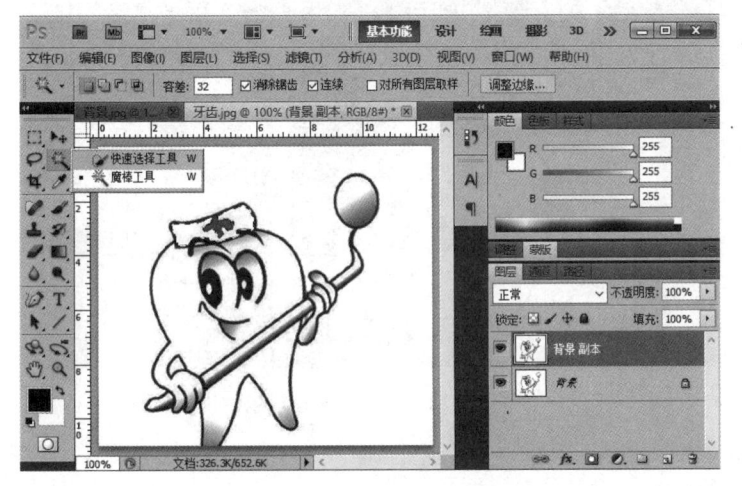

图 6-8　使用魔棒工具

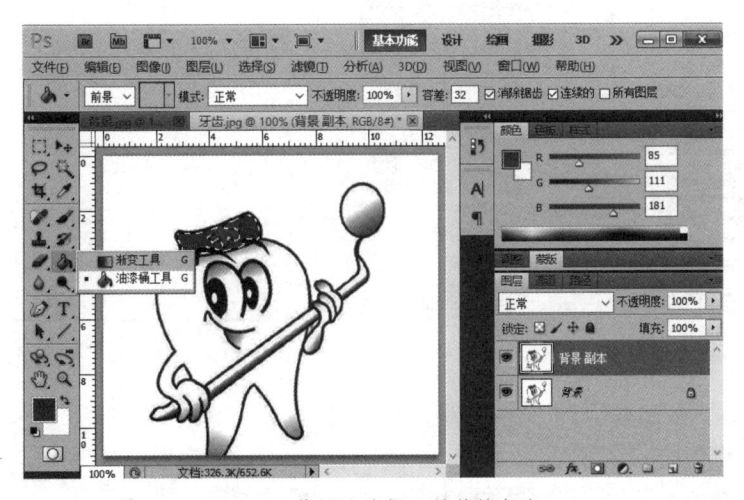

图 6-9　使用油漆桶工具替换颜色

（2）更换背景。要求：将图像的背景替换为其他图像。

"文件"→"打开"，打开"颜色替换效果.jpg"和"背景.jpg"→工具栏中的"快速选择工具"，设置大小、硬度等参数（图 6-10、图 6-11）→在"颜色替换效果.jpg"图像中，交替使用 （添加到选区）和 （从选区中减去），精确选择前景图像区域（图 6-12）→"选择"→"修改"→"收缩"，设置收缩量（图 6-13、图 6-14）→选中浮动面板中的"牙齿副本"，快捷键 Ctrl+C→在"背景.jpg"中，选中"背景副本"，快捷键 Ctrl+V→工具栏中的"移动工具"，设置参数（图 6-15），移动图像到合适的位置→"编辑"菜单→"自由变换"→粘贴的图像出现一个调整框，把鼠标放到任意一个角，再按住 Shift 键进行等比例缩放→属性栏中的 （进行变换）→"图层"→"合并可见图层"→"文件"→"存储为"，选择图像格式，保存文件为"更换背景效果.jpg"，如图 6-16 所示。

图 6-10　快速选择工具　　　　　　　　图 6-11　快速选择工具属性

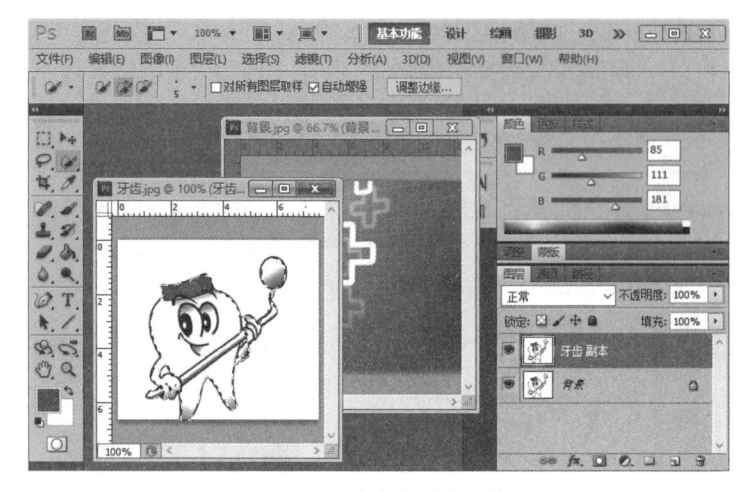

图 6-12　选中的图像区域

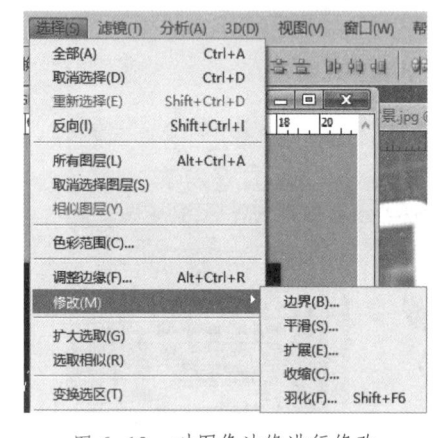

图 6-13　对图像边缘进行修改

图 6-14　收缩选区中的收缩量

图 6-15　移动工具属性

图 6-16　更换背景效果

（3）粗糙蜡笔滤镜效果。

"文件"→"打开"，打开"更换背景效果.jpg"→复制图层→"快速选择工具"，设置参数，选中选区→"选择"→"反选"→工具箱中的"以快速蒙版模式编辑"（图6-17、图6-18）→"以标准模式编辑"（图6-19）→"滤镜"菜单→"艺术效果"→"粗糙蜡笔"（图6-20）→在对话框中设置参数值，选择效果→快捷键Ctrl+D取消选区，如图6-21所示。

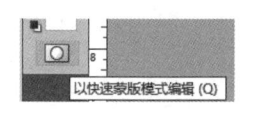

图6-17　快速蒙版模式

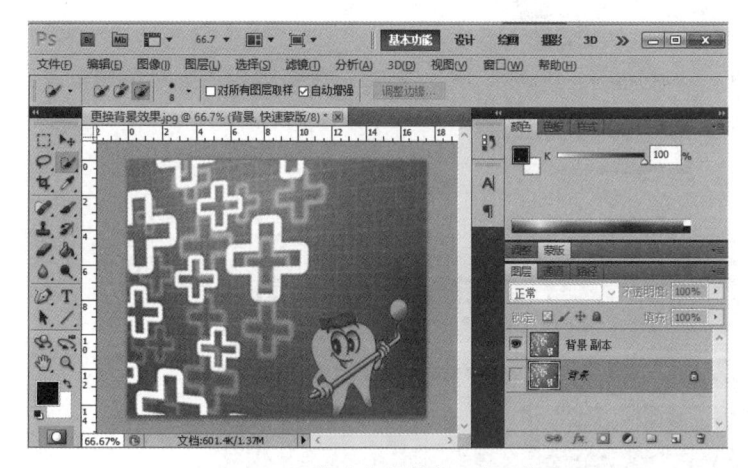

图6-18　快速蒙版模式下的图像

图6-19　标准模式

图6-20　滤镜

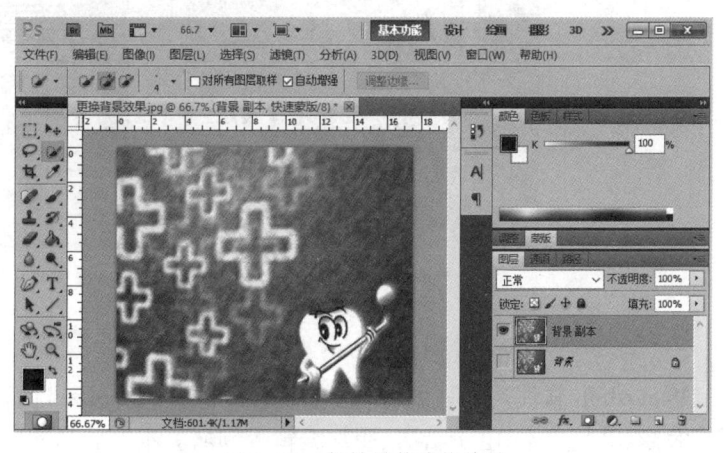

图6-21　粗糙蜡笔滤镜效果

（4）增加文字蒙版。

"文件"→"打开"，打开"粗糙蜡笔滤镜效果.jpg"→工具栏中的"横排文字工具"，设置参数（图6-22、图6-23）→输入文字→✓（提交当前所有编辑）→"图层"→"栅格化"→"文字"→双击"文字图层"，设置"图层样式"，选中"投影"（图6-24）→"图层"→"合并可见图层"→"文件"→"存储为"，选择图像格式，保存文件为"添加文字效果.jpg"，如图6-25所示。

图6-22　横排文字工具

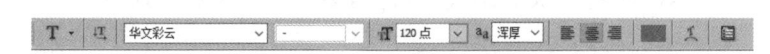

图6-23　横排文字工具属性

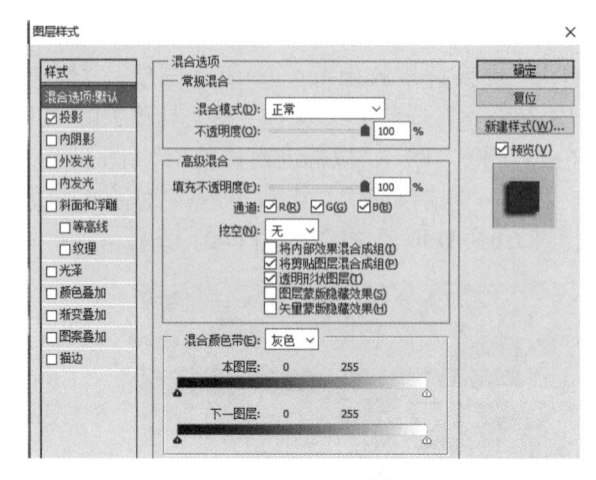

图 6-24 图层样式

图 6-25 添加文字效果

三、实验分析及知识拓展

Photoshop 软件功能强大,广泛应用于印刷、广告设计、封面设计、网页图像设计、影视制作、建筑装修、电脑美术、电子暗房、照片编辑等领域。本实验从实际应用出发,力求使用最简单的工具和最少的命令实现相关操作,为以后深入学习 Photoshop 软件和图像处理打下良好的基础。

实验二 GoldWave 音频处理

一、实验目的
(1) 熟悉 GoldWave 的工作界面及基本功能;
(2) 掌握使用 GoldWave 进行音频文件管理的基本方法。

二、实验任务及操作过程

1. 录制音频文件

(1) 安装声音输入设备,启动 GoldWave,单击工具栏的"新建"按钮或执行"文件"→"新建",打开"新建声音"对话框,进行参数设置,分别选择"单声道"和"立体声"两种模式进行录音,并将在两种模式下录音得到的音频文件分别保存为"音乐.wav"和"歌曲.wav",如图6-26所示。

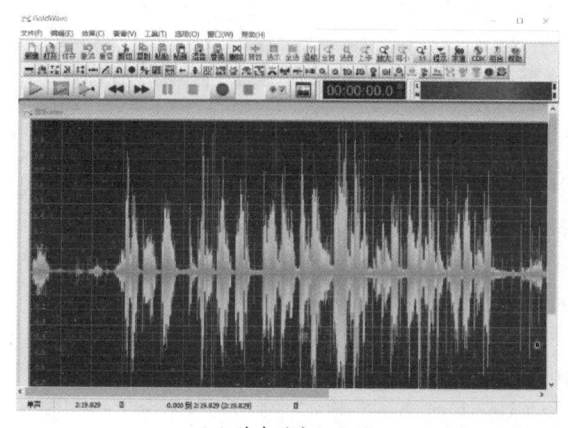

(a)单声道音频文件　　　　　　　　(b)立体声音频文件

图 6-26　录制的音频文件

2. 音频文件剪辑

(1)播放"音乐.wav"声音文件。

单击工具栏的"打开"按钮,打开"音乐.wav"文件,在编辑区将显示音频文件的波形图。单击▶按钮即可播放该音频。

(2)删除不符合要求的音频事件。

在试听过程中,在编辑区右击设置要删除音频事件的开始标记与结束标记,选择的音频事件以高亮度显示,拖动两侧的边界线可以改变音频事件的选择范围,如图6-27所示。使用"编辑"→"删除"命令,可将选择的音频事件删除,也可以直接使用 Del 键将其删除。

若要保留选择的音频事件而删除其余部分,则需使用"编辑"→"裁剪"命令。若只对某个声道进行编辑,则需要选择左声道或右声道(使用"编辑"→"声道"命令可实现声道选择)。

(3)复制音频事件。

选择音频事件,按 Ctrl+C 复制,然后在编辑窗口的插入点单击,按 Ctrl+V 粘贴。

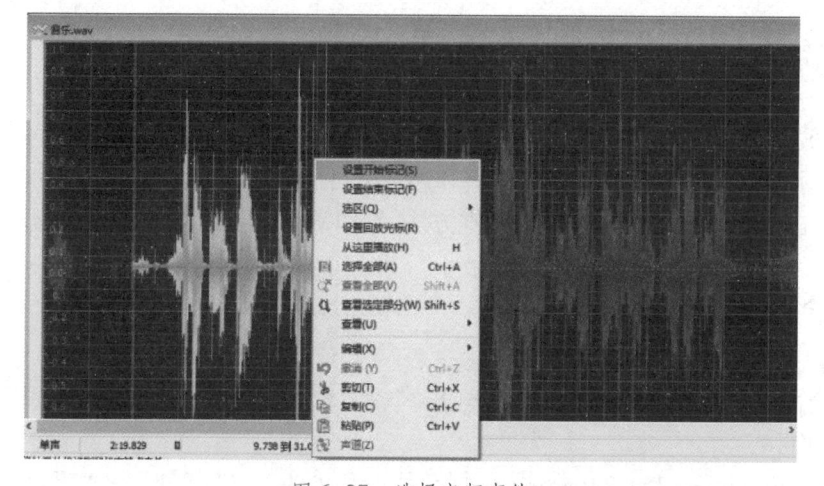

图 6-27　选择音频事件

3. 将波形声音文件压缩为 MP3 格式

（1）打开音频波形文件"音乐.wav"，执行"文件"→"另存为"命令，打开"保存声音为"对话框。

（2）选择"保存类型"为"MPEG 音频(*.mp3)"，在"音质"弹出菜单中选择一种合适的音质，单击"保存"按钮，进行压缩保存。

完成格式转换后，请注意比较压缩前后的音频文件"音乐.wav"和"音乐.mp3"的大小。

（3）选择一种更低的音质，将"音乐.wav"压缩保存为一种新的 MP3 文件，播放试听，比较与原波形文件的音质区别。

4. 声音特效处理

（1）设置"音乐.wav"文件的"回声"效果。

打开"音乐.wav"文件，执行"效果"→"回声"命令，打开"回声"对话框，设置一种回声效果。图 6-28 所示是选择"隧道混响"预置音效的"回声"参数设置情况。图 6-29 和图 6-30 分别是设置回声效果前后的波形情况。设置完成后播放音频，试听音效效果。

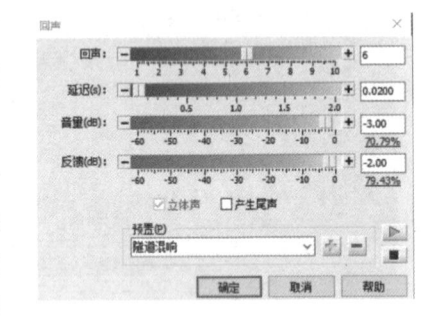

图 6-28 选择"隧道混响"预置音效

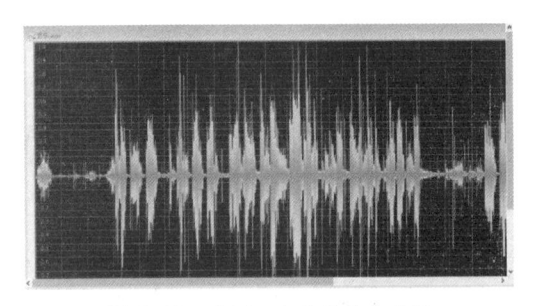

图 6-29 设置回声效果前的波形

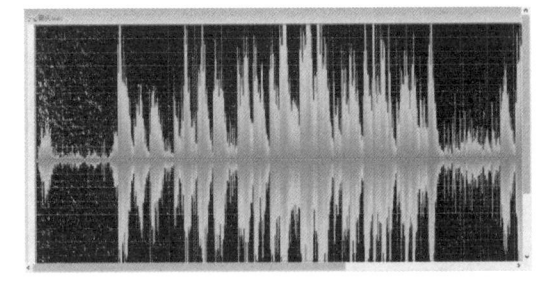

图 6-30 设置回声效果后的波形

（2）使用"音效"命令设置其他音效。

三、拓展作业

将两个音频文件合并为一个音频文件。

实验三　Premiere 视频处理

一、实验目的

（1）初步了解 premiere 在视/音频编辑和影音节目制作中的功用；

（2）掌握在 Premiere 中编辑视频的基本方法、制作常用字幕的基本方法、编辑背景音乐的简单方法、输出影片的方法。

二、实验任务及操作过程

1. 编辑视频

利用四段视频素材，在 Premiere 中组接成一个"自然风景"小影片。

1）建立项目

运行 Adobe Premiere Pro 2.0 简体中文版，执行"文件"→"新建"→"项目"或在欢迎界面上单击"新建项目",打开"新建项目"对话框,在"可用的预置模式"中选择"DV-PAL"→"Standard 48 kHz",在"位置"框处通过"浏览"选定文件的保存位置。在"名称"文本框处输入该项目文件名称"自然风景","确定"后进入项目编辑界面。

2) 导入视频素材

执行"文件"→"导入"命令,打开"导入"对话框→选择视频素材文件"风景1.avi",单击"打开","风景1.avi"即被导入"项目"窗口。

3) 在"来源"监视器设入点和出点,选择所需要的视频内容

(1) 单击"来源"面板,将"项目"窗口中的"风景1.avi"拖曳到"来源"监视器中,监视器显示图像内容,单击"来源"监视器下方的"播放"按钮(或按空格键),察看视频素材,确定需要的镜头内容。

(2) 根据察看的素材情况,通过拖曳播放指针,配合使用"单步后退""单步前进"等按钮将播放指针定位在影片所需要的第一个镜头的起点位置,单击"设定入点"按钮"{"设置编辑的入点。此时,在播放指针所停放位置(即入点位置)右侧的时间标尺呈浅蓝显示,如图6-31所示。

图 6-31　设置入点

(3) 正常播放或拖曳播放指针,根据需要找到该镜头应该结束的位置,使播放指针停在这个位置,单击"设定出点"按钮"}"设置编辑的出点。此时,只有入点和出点的时间标尺呈浅蓝显示,表示这一段镜头被选中,如图6-32所示。

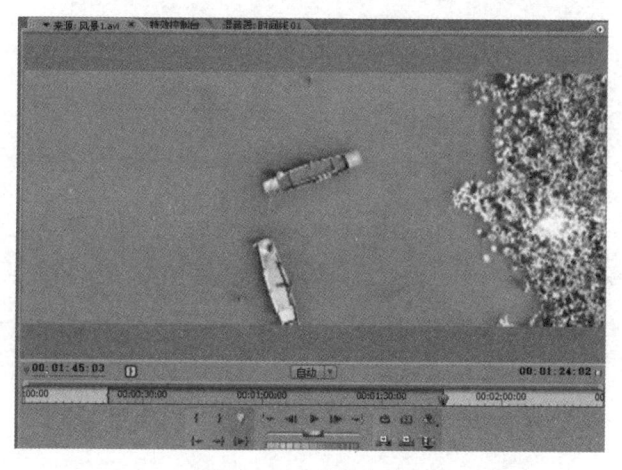

图 6-32　设置出点

（4）在"来源"监视器的图像上按住鼠标左键将选中的镜头拖曳到时间线"视频1"轨道上，并靠左侧对齐。该素材的同期声音部分被自动添加到"音频1"轨道上。这时，"来源"监视器右边的"节目"监视器显示了该镜头第一帧画面，如图6-33所示。

图6-33 将选出的镜头拖曳到时间线视频轨道上

（5）查看时间线上所编辑的镜头效果。选中"节目"监视器，"节目"监视器面板被黄线框住，按空格键开始播放，再按一次空格键停止播放。也可直接按"节目"监视器下的"播放"按钮。

至此，第一个镜头编辑完成。下面换一种方法编辑素材2。

4）用剃刀工具删除不想要的视频内容

（1）将素材文件"风景2.avi"导入"项目"窗口，并将其拖曳到时间线轨道上"风景1.avi"的右边，并与之对齐，如图6-34所示。

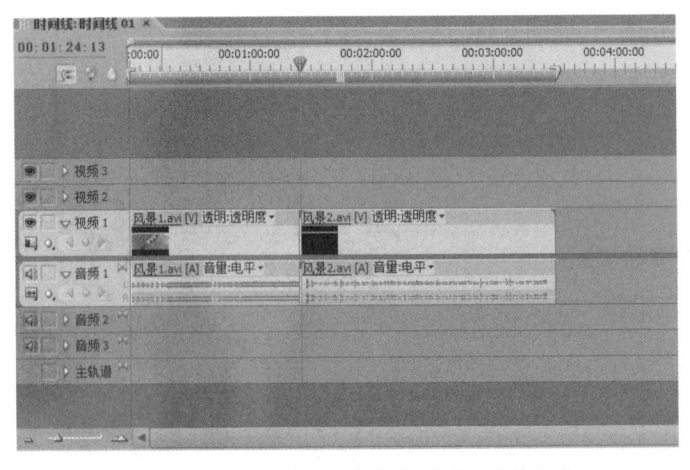

图6-34 将"风景2.avi"拖曳到时间线轨道上

（2）预览"风景 2.avi"，发现中间有一段明暗闪烁的镜头影响了镜头的流畅感，应该去掉。在工具箱中选择剃刀工具，移动鼠标指针到时间线上，此时鼠标指针变为剃刀形状，将鼠标指针放在"视频 1"轨道当前播放指针处的视频上单击，在单击处视频被一分为二，原本连在一起的一段视频被分割成两个独立的剪辑，如图 6-35 所示。这个要删掉的镜头就与前面需要保留的镜头脱离开来，但还与后面需要保留的片段相连，需要再分割一次。

图 6-35 使用剃刀工具进行分割

（3）在"节目"监视器窗口，将播放指针停在这个镜头结束的位置，选用剃刀工具，在"视频 1"轨道当前播放指针处的视频上单击，在单击处视频片段又被一分为二，要去掉的这一小段闪烁画面完全分离出来了，如图 6-36 所示。

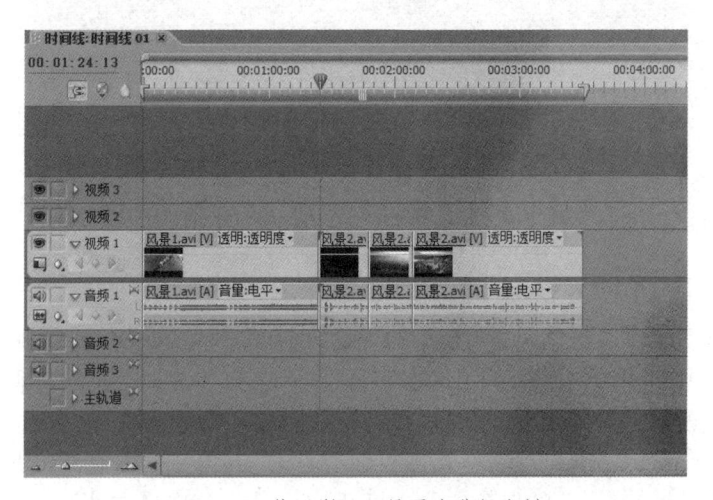

图 6-36 使用剃刀工具再次进行分割

（4）在工具箱中选中选择工具，在"视频 1"轨道上选中要删除的这段画面，按 Del 键（或右击→"清除"），该片段被清除后在"视频 1"轨道上出现一段空白，如图 6-37 所示。

（5）选中工具箱中的轨道选择工具，将空白处右面的片段向左移动靠齐，如图 6-38 所示。

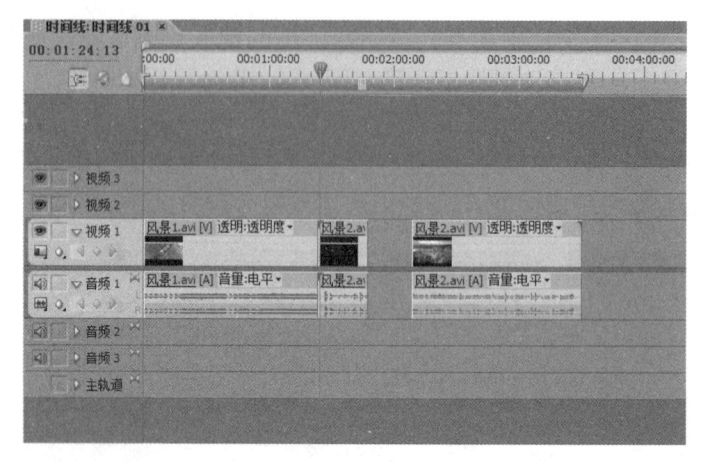

图 6-37　清除不需要的视频片段

图 6-38　使用轨道选择工具移动视频片段

5）保存项目文件

选用以上两种方法,继续编辑素材 3、素材 4,形成一个完整的片段。执行"文件"→"保存",保存该项目文件。

2. 制作字幕

在以上实验中完成了"自然风景"镜头的编辑,现在需要在 Premiere 中制作字幕,包括片名、风景介绍、工作人员和制作单位等,练习静态字幕、爬行字幕和滚动字幕的实现方法。

1）打开项目(若接着 1 操作,此步省略)

运行 Adobe Premiere pro 2.0 后,在欢迎界面上单击"打开项目",在"查找范围"中选择 1 中创建的文件"自然风景.prproj"的保存位置,"打开"后,载入该项目文件。

2）制作静态字幕

(1) 将时间线上的播放指针移到段落开始位置,执行"文件"→"新建"→"字幕"(快捷键 F9),在"新建字幕"对话框中将字幕名称改为"片名",单击"确定"后打开字幕设计窗口。

在字幕设计窗口左侧工具栏中单击"水平文本"按钮 T ,在窗口屏幕区域单击后,在窗口的"字体"列表中选择汉字常用的字体,此处选择"LiSu"(隶书),在文本框中输入"自然风景"四个字，如图 6-39 所示。

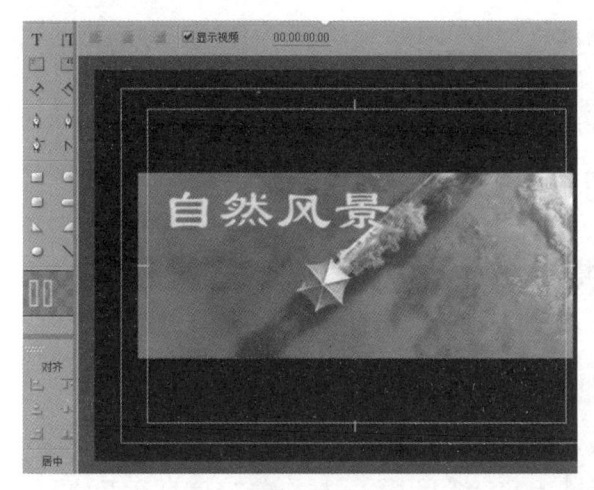

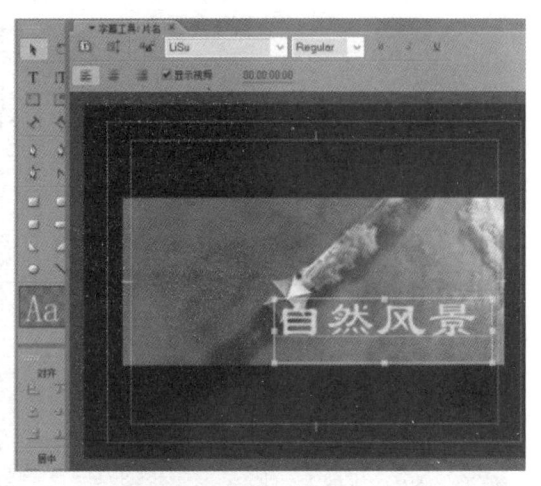

图 6-39　输入片名　　　　　　　　　图 6-40　调整文字的大小和位置

（2）在字幕设计窗口左侧工具栏中单击"选择工具"按钮，"自然风景"四个字四周出现八个控制点，拖曳这些控制点可以改变字的大小。将鼠标指针移到控制区内，按左键将这四个字移到屏幕右下方的位置，如图 6-40 所示。

（3）在"字幕属性"栏中勾选"填充"并展开，单击"色彩"右侧的白色按钮，出现"色彩"对话框，选中红色，单击"确定"按钮后，字色变为红色，如图 6-41 所示。

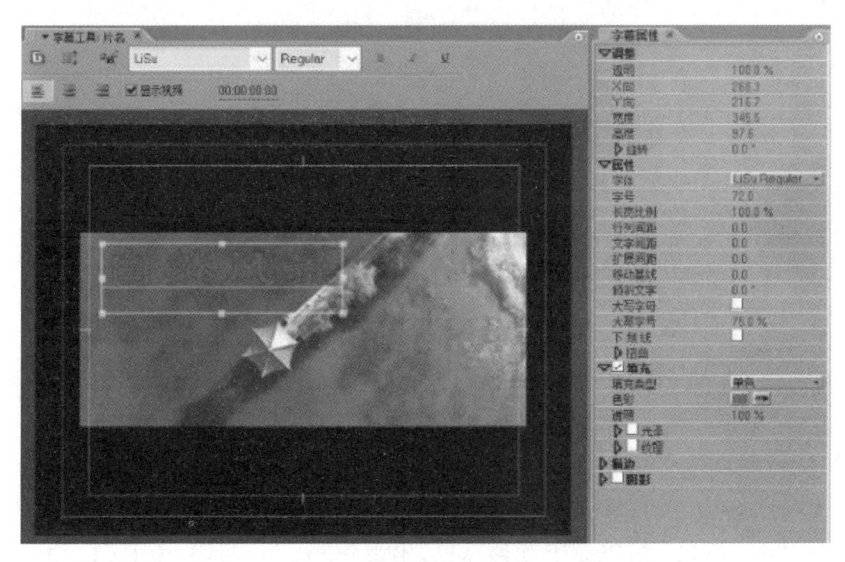

图 6-41　更改字色

（4）关闭字幕设计窗口，在"项目"窗口找到"片名"字幕文件，将该文件拖曳到"时间线"窗口"视频 2"窗口左侧，将播放指针拖到"视频 2"轨道"片名"片段左侧，在"节目"监视器中可以看到片名字幕叠加在视频图像上的效果，如图 6-42 所示。

（5）执行上一步操作后，系统默认的字幕持续播放时间为 6 秒。如果想延长或缩短播放时间，单击"时间线"窗口左侧的选择工具，根据需要拖动"片名"字幕片段的两端，通过更改字幕片段的长短来更改字幕持续时间,片段越长,持续时间越长,如图6-43所示。

图6-42　将片名字幕添加到视频2轨道

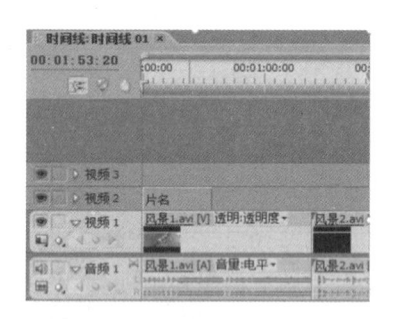

图6-43　更改字幕持续播放的时间

（6）双击时间线上的"片名"字幕或"项目"窗口中的"片名"文件,打开字幕设计窗口。在"字幕属性"窗口（如果此窗口没有出现,单击字幕设计窗口右上角的小三角按钮,选中"属性"）设置字体、字号、外观、字距、行距、倾斜等属性。如果想把字幕由红色改成从绿到黄的渐变色,那么就需要将"填充"选项中的"填充类型"由"单色"改为"线性渐变",然后选中"色彩"后面的"起点色彩",打开的"颜色"拾色器中选择绿色,单击"确定"。同样,选中"色彩"后面的"终点色彩",在打开的"颜色"拾色器中选择黄色,"确定"后,字幕颜色就变成了由绿到黄的渐变色,如图6-44所示。

（7）在"字幕属性"栏中改变色彩渐变的"角度",添加"光泽"和"阴影"效果,形成最终效果,如图6-45所示。关闭字幕设计窗口后,调整后的字幕效果会直接反映到时间线上,一个静态的片名文件就制作完成了。

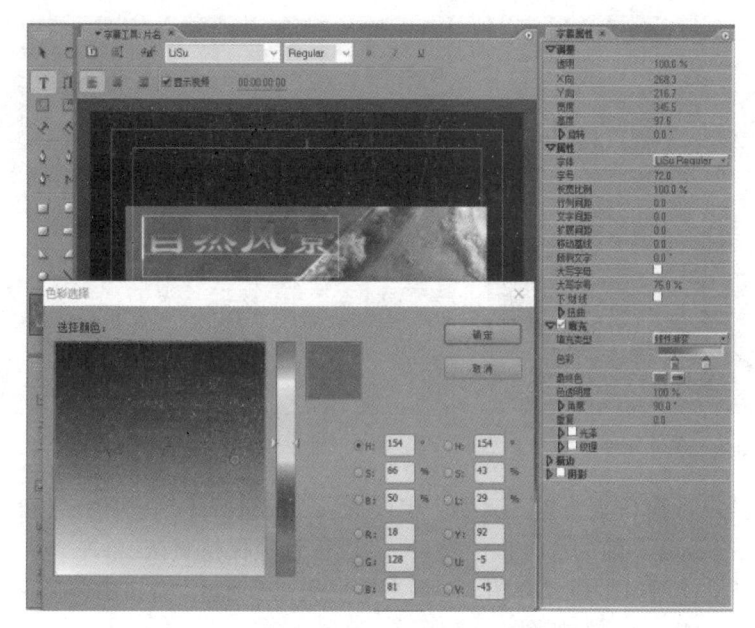

图 6-44 将字色改为渐变色

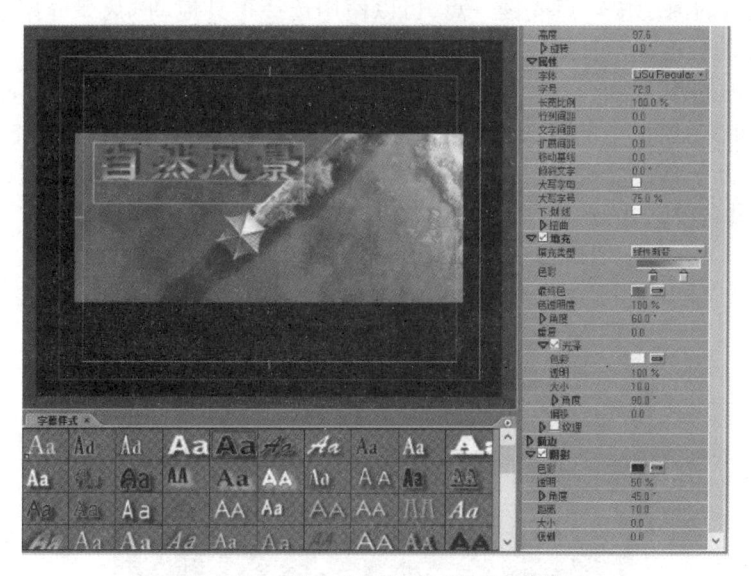

图 6-45 添加"光泽"和"阴影"效果

3）爬行字幕的制作

在大堡礁的镜头上叠加提示信息"大堡礁纵贯蜿蜒于澳大利亚东海岸，全长 2011 公里"，信息从右入画，贯穿屏幕底部向左移动，从左边出画，实现爬行字幕的效果。

（1）将"时间线"窗口中的播放指针置于要加爬行字幕的镜头位置，按快捷键 F9，在"新建字幕"对话框中将"名称"内容改为"风景介绍"，"确定"后打开字幕设计窗口。选择"水平文本"按钮，在窗口屏幕安全框区域下部位置单击，设置字体为"YouYuan"（幼圆）后，输入文字，设置字号等属性，如图 6-46 所示。

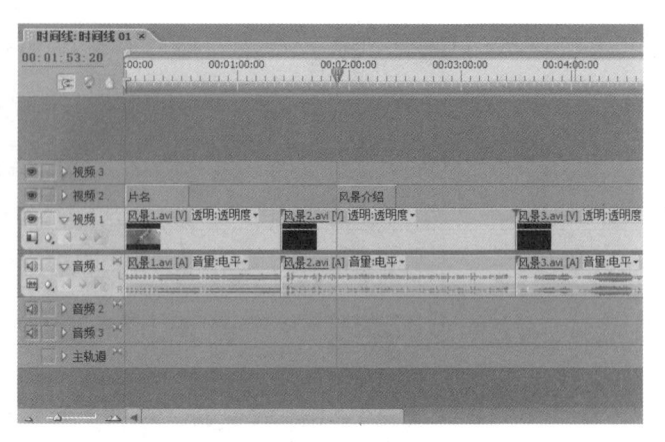

图6-46 输入风景介绍字幕　　　　　　　　图6-47 将字幕添加到"视频2"轨道

（2）单击字幕设计窗口上方的"滚动／爬行选项"按钮，选中"爬行"和"向左爬行"，在"开始屏幕"和"结束屏幕"前的小方框中打"√"，其他选项保持默认，单击"确定"按钮。

（3）关闭字幕设计窗口，"风景介绍"字幕文件出现在"项目"窗口中，将它拖曳到"时间线"窗口"视频2"轨道的相应位置，如图6-47所示。

如果想使爬行的速度快一点或慢一点，可以使用选择工具拖动"风景介绍"字幕片段的两端，更改文件片段的长度来延长或缩短字幕持续时间。

4）滚动字幕的制作

（1）将"时间线"窗口中的播放指针置于要加滚动字幕的片尾位置，创建名为"工作人员"的字幕文件，并打开字幕设计窗口。在窗口左侧工具栏中单击"水平文本"按钮，选择字体后，输入导演等工作人员名单，如图6-48所示。

图6-48 输入工作人员字幕

（2）对文字属性进行设定后，单击字幕设计窗口上方的"滚动／爬行选项"按钮，打开"滚动／爬行选项"对话框，选中"滚动"，在"开始屏幕"和"结束屏幕"前的小方框中单击打"√"，其他选项保持默认，单击"确定"按钮。

（3）关闭字幕设计窗口，将"项目"窗口中的"工作人员"字幕文件拖曳到"时间线"窗口"视频4"轨道影片要结束的位置，如图6-49所示。

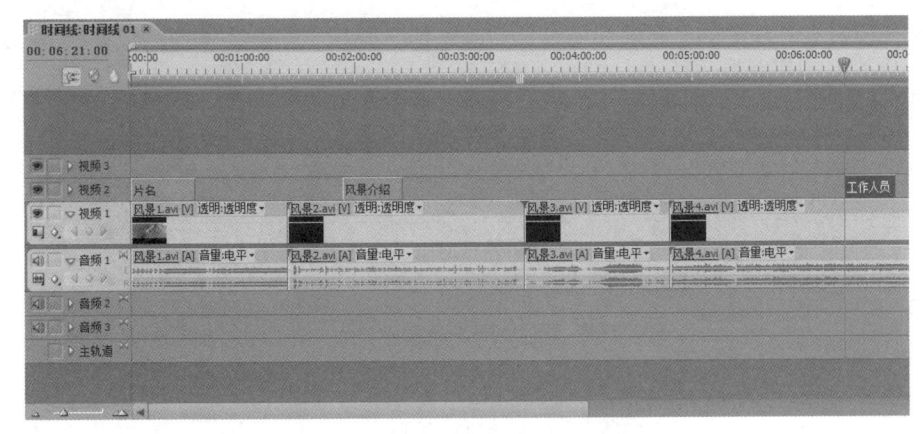

图 6-49　将字幕添加到"视频 4"轨道

将播放指针置于字幕前面,播放一遍,演职员字幕由屏幕下方入画,向上滚动,由屏幕上方出画。如果想使滚动的速度快一点或慢一点,使用选择工具拖动"工作人员"字幕片段的两端,缩短或延长字幕持续播放时间即可。

5) 摄制单位字幕的制作

(1) 将"时间线"窗口中的播放指针置于"工作人员"字幕后面的片尾位置,创建"制作单位"字幕文件并打开其设计窗口。在窗口屏幕安全框区域输入"光明影视工作室 2017 年 10 月"并统一调整文字属性。也可以单独处理局部文字,如拖动鼠标选中"光明"二字,然后设置这两个字的属性。

(2) 将"制作单位"字幕文件拖曳到"时间线"窗口"视频 4"轨道"工作人员"字幕的后面,如图 6-50 所示。

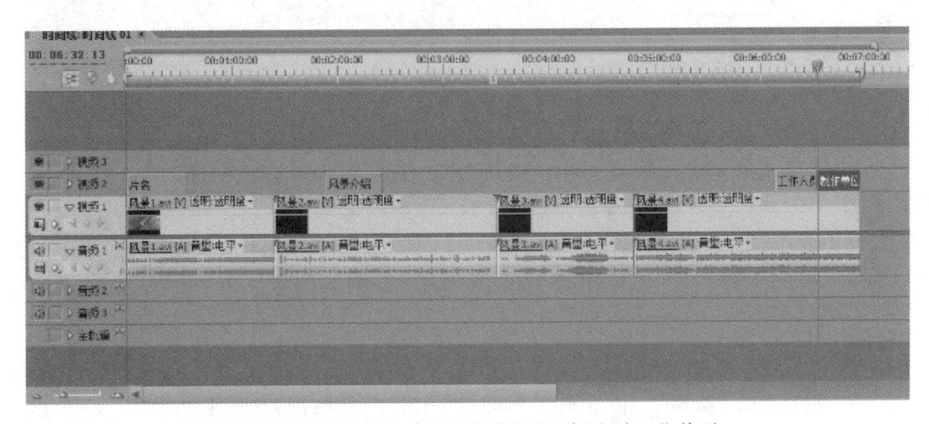

图 6-50　将"制作单位"字幕添加到"视频 4"轨道

6) 保存项目文件

至此,所有字幕编辑制作完成。执行"文件"→"保存"命令,保存该项目文件。

3. 添加背景音乐

为影片添加背景音乐可以起到表达情感、烘托气氛、强化节奏的作用。

(1) 打开项目文件"自然风景.prproj",执行"文件"→"导入",在"查找范围"中选择音频素材文件"背景音乐.wav",单击"打开","背景音乐.wav"即被导入"项目"窗口。

(2)将"项目"窗口中的"背景音乐.wav"拖曳到时间线"音频 2"轨道上,如图 6-51 所示。

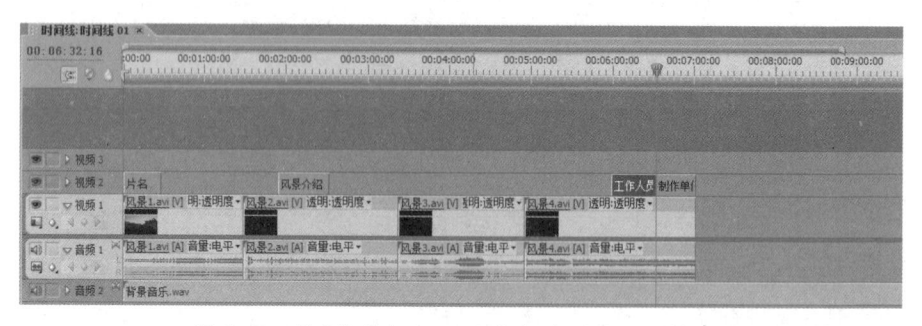

图 6-51　将"背景音乐.wav"拖曳到"音频 2"轨道上

(3)背景音乐长度超过了影片长度,应该将多余的一段截去。移动播放指针到影片视频结束位置,在工具箱中选择剃刀工具,将鼠标指针移到"音频 2"轨道,此时鼠标指针变为剃刀形状,在播放指针处的音频上单击。在工具箱中单击选择工具,在"音频 2"轨道上选中要删除的这段音频,按 Delete 键(或右击→"清除"),则多余的音频被删除,如图 6-52 所示。

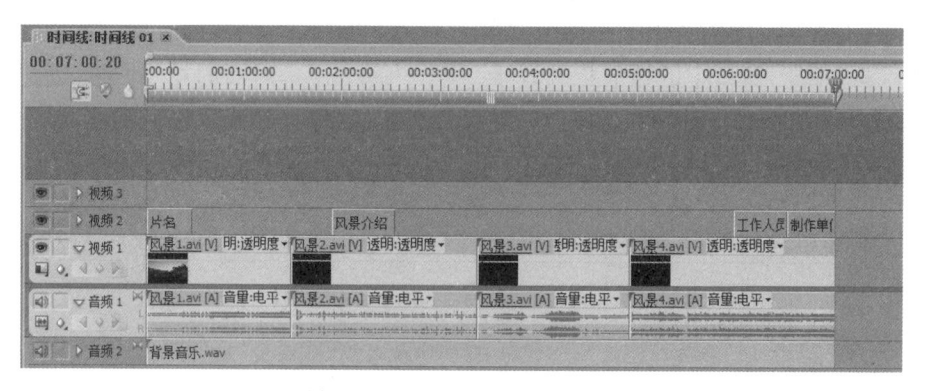

图 6-52　删除多余的背景音乐

(4)至此,背景音乐编辑完成。执行"文件"→"保存"命令,保存该项目文件。

4. 输出影片

将 3 中编辑好的添加了字幕和背景音乐的项目文件"自然风景.prproj",分别输出为 AVI 和 WMV 格式的影片。要求输出全部时间线上的音、视频等相关信息。

1)输出 AVI 格式影片

打开项目文件"自然风景.prproj",执行"文件"→"输出"→"影片"命令(快捷键 Ctrl+M),打开"输出影片"对话框→将默认的文件名"时间线 01"改为自己影片的名字,此处输入"自然风景 1.avi"→在"保存在"处选择保存位置→"保存"→"渲染"对话框,渲染完成后该窗口自动关闭,输出成功。

2)输出 WMV 格式影片

执行"文件"→"输出"→"Adobe Media Encoder"命令,打开输出设置"Export Settings"对话框→在"Format"栏中选中"Windows Media"→单击"OK",出现"保存文件"对话框,保存类型显示为"Windows Media(*.wmv)",输出文件名"自然风景 2",单击"保存"后渲染即可。

实验四　SWFText 文本动画设计

一、实验目的
（1）熟悉 SWFText 的工作界面及基本功能；
（2）掌握使用 SWFText 制作文本特效动画的基本方法。

二、实验任务及操作过程
利用 SWFText 制作一个具有背景特效和文本特效的欢迎新生动画，添加文本、背景图片和背景音乐，最后输出动画。

1. 启动 SWFText
启动 SWFText，可以看到软件由 Flash 动画设置窗口和影片预览窗口组成。Flash 动画设置窗口分为左、右两栏，左侧为导航栏，右侧为具体设置窗口。当用户点击导航栏的项目时，右侧设置窗口显示选项的具体设置和预览窗口，如图 6-53、图 6-54 示。

图 6-53　Flash 动画设置窗口　　　　图 6-54　影片预览窗口

2. 设置动画尺寸和播放速度
在导航栏选择"影片"命令，在右侧设置窗口中设置动画的尺寸，"宽度"为"600"，"高度"为"400"，"速度（帧频）"为"12"，如图 6-55 所示。

图 6-55　影片尺寸和播放速度设定

3. 设置背景

可以设置单一颜色、渐进色，也可以设置图片作为背景或者选择背景透明，这里选择图片作为背景。在导航栏选择"背景"命令，在右侧选择"背景图像"→"图像文件"→"浏览"→"SWFText 素材 1.jpeg"→"打开"，素材"SWFText 素材 1.jpeg"被导入"影片预览"窗口，再选择"背景图像"→"品质"为"100"，如图 6-56 所示。

图 6-56　背景图像设定

图 6-57　背景特效设定

4. 设置背景特效

在已有背景上添加特效，如光晕、旧影片、金鱼等，属性框可以设置元素的个数，这里我们设置"烟花"作为背景特效。在导航栏选择"背景特效"命令，在右侧选择"使用背景特效"→"烟花"→"属性"→"3"，如图 6-57 所示。

5. 添加动画文字

在导航栏选择"文本"命令，在右侧选择"添加"→"输入文本"→"欢迎新同学"→"确定"→"添加"→"输入文本"→"欢迎来到医学院"→回车→"我们一路同行"→"确定"，如图 6-58 所示。如需修改文字内容，选择"编辑"命令；如需删除文字，选择"删除"命令；如需调整文本的先后顺序，选择"向上"命令。

图 6-58　添加动画文字

6. 设置文本特效

可为动画文字设置文字特效，如滑入、激光、海浪等，这里我们设置"光束"作为文本特效。

在导航栏选择"文本特效"命令，在右侧选择"使用文本特效"→"光束"选项，如图 6-59 所示。

图 6-59　文本特效设定　　　　　　　　图 6-60　字体、大小、颜色、位置设定

7. 设置字体类型、大小、颜色，以及在动画影片中所处的位置

在导航栏选择"字体"命令，在右侧选择"字体名称"为"华文行楷"，"颜色"为"红色"，"文本大小"为"50"，"垂直偏移"为"60"，"字间距"为"60"，如图 6-60 所示。

8. 设置交互方式

交互用于指定动画播放次数及循环时间，也可以添加网站链接，这里设置为动画循环播放 2 次后，让文本在最后一个页面保持可见。在导航栏选择"交互"命令，在右侧选择"指定循环时间后停止影片动画"，"循环时间"为"2"，"循环结束后让文本在最后一个页面保持可见"选项，如图 6-61 所示。

图 6-61　交互方式设定　　　　　　　　图 6-62　背景音乐设定

9. 添加背景音乐

在导航栏选择"声音"命令，在右侧选择"在 Flash 影片中播放背景音乐或声音"→"声音文件"→"浏览"→"打开"→"SWFText 素材 2.mp3"，如图 6-62 所示→"打开"，素材"SWFText 素材 2.mp3"被导入。

10. 保存和发布

（1）为以后编辑此动画方便，选择"保存"命令，以文件名"新生欢迎动画"保存该文件，程序会将当前设置自动保存为一个 INI 文件，以后要再次编辑时，单击"载入"命令载入即可。

(2)单击"发布"→"保存 Flash 文件"→"确定"→"另存为",在对话框中以"欢迎新生动画"保存该文件,就可以快速形成 Flash 文件了。最终效果如图 6-63 所示。

图 6-63 最终效果

三、实验分析及知识拓展

SWFText 是一款 Flash 文本特效动画制作软件,可以制作近 200 种文字效果和 30 多种背景效果,可以插入 MP3 背景音乐,还可以完全自定义文字属性,包括字体、大小、颜色等。它没有复杂的操作程序,没有专业手法,在可视窗中进行,所见即所得,使用 SWFText,完全不需要任何 Flash 制作知识,就可以轻松地做出专业的 Flash 文本特效动画。

该软件支持 WAV 及 MP3 音乐,由于这两种音乐格式的文件容量都比较大,因此建议用一些音频编辑软件取一段乐曲来用,这样才能保证制作出来的 Flash 文件不会过大。

"保存"功能并不可以把我们制作的效果保存为图片,而是保存为源文件,也就是把我们当前编辑的设置记录下来,方便我们进行下一次编辑,只有 SWFText 软件才能打开。

实验五 Flash 动画设计

一、实验目的

(1)初步了解 Flash 在动画设计中的作用;
(2)掌握在 Flash 中新建、制作、测试、保存、发布动画的基本方法;
(3)掌握文档属性设置、图片导入、声音导入、元件创建、图层管理、动画制作、声音同步的方法;
(4)掌握属性面板、库面板、图层、时间轴、工具箱的使用。

二、实验任务及操作过程

1. 新建 Flash 项目,设置项目属性

(1)执行"开始"→"所有程序"→"Adobe"→"Adobe Flash Professional CS 5.5",启动 Adobe Flash Professional CS 5.5 软件。

(2)执行"文件"→"新建"→"Flash 项目"→"确定"命令,打开"创建新项目"对话框,"项目名称"为"心跳动画"→"根文件夹"→"浏览",选定文件的保存位置,如"E:\实验素材\第

6章\实验五\动画实验",如图6-64所示。执行"创建项目"命令,进入动画编辑界面。

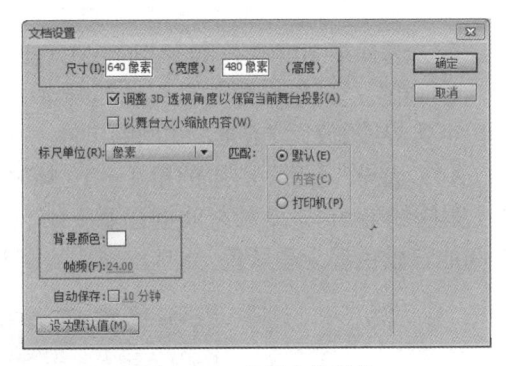

图 6-64 创建新项目　　　　　　　图 6-65 设置文档属性

(3) 执行"修改"→"文档"→"文档设置"对话框,修改文档的尺寸为宽度640像素,高度480像素。修改舞台的背景颜色,设置背景颜色为黄色,帧频为24→"确定",该项目的属性被修改,如图6-65所示。

2. 导入外部图片,创建元件

(1) 执行"文件"→"导入"→"导入到舞台",在对话框中选中素材文件"心形.png"→"打开",将外部图片导入文档。

(2) 执行"修改"→"转换为元件"→"转换为元件"对话框→设名称为"心形",类型为"图形"→"确定",将图片保存为图形元件,如图6-66所示。

图 6-66 "转换为元件"对话框

3. 调整实例位置、尺寸

(1) 执行"工具箱"-"选择工具",选择舞台中的"心形"实例,拖放"心形"实例到舞台中合适的位置。

(2) 执行"工具箱"-"任意变形工具",选择舞台中的"心形"实例,"心形"实例周围出现调整框,如图6-67所示,拉动调整框边界线,调整"心形"实例到合适的尺寸。

图 6-67 调整实例大小

4. 制作动画

(1) 在时间轴面板中,在"图层1"字样上双击,即可修改图层的名称为"心形",如图6-68所示。

(2) 选择第20帧,右击→"插入关键帧",插入关键帧后第20帧出现实心黑色圆点,效果如图6-69所示。

图 6-68　修改图层名称　　　　　　　　　图 6-69　插入关键帧

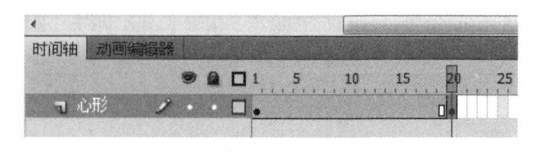

（3）选择第 10 帧，右击→"插入关键帧"→"工具箱"-"选择工具"，框选"心形"实例→执行"工具箱"-"任意变形工具"，选择舞台中的"心形"实例，"心形"实例周围出现调整框→拉动调整框边界线，放大"心形"实例的尺寸。

（4）选择"心形"图层的第 1～10 帧之间的任意一帧，右击→"创建传统补间"→选择"心形"图层的第 11～20 帧之间的任意一帧，右击→"创建传统补间"。传统补间动画创建成功后，补间的背景色变为淡紫色，并且出现实线箭头，效果如图 6-70 所示。

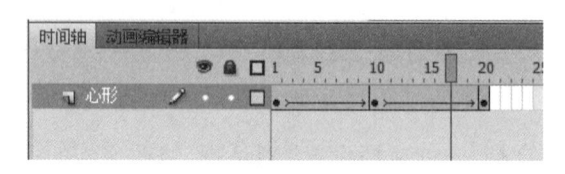

图 6-70　创建传统补间动画

5. 导入外部声音文件

（1）执行"文件"→"导入"→"导入到库"，在对话框中选中声音文件"心跳 .mp3"→"打开"，则外部声音导入文档，并会自动添加到库面板的列表中。在列表中选择声音，库面板中将显示声音的波形图，如图 6-71 所示。

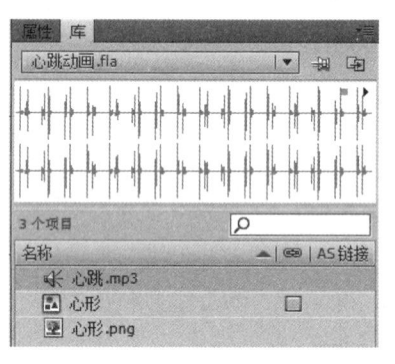

图 6-71　导入外部声音到库

（2）在时间轴面板中选择"新建图层"命令，新建图层 2，双击修改图层名称为"心跳"。

（3）选择"心跳"图层→"库面板"→"心跳"元件，拖放"心跳"元件至舞台。此时在"心跳"图层上将显示心跳声音的波形图，"心跳"声音被添加到文档中，如图 6-72 所示。

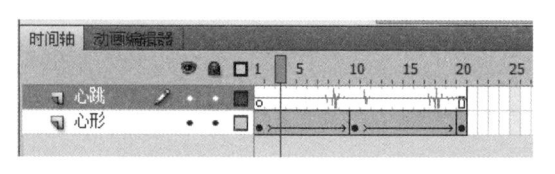

图 6-72　"心跳"声音添加到图层

(4) 在"心跳"图层选择任意一帧,执行"属性面板"→"同步"→"数据流",同步声音和图像,如图 6-73 所示。

6. 测试、保存文件

(1) 执行"控制"→"测试影片"→"测试",浏览动画效果。

(2) 执行"文件"→"保存",保存文件,扩展名为 .fla。

7. 发布

执行"文件"→"发布",可以在与 .fla 源文件同一目录下得到发布后的文件。若执行"文件"→"发布设置"→"确定",发布设置中设置导出 SWF 格式的 Flash 动画和 Html 格式的网页文件,则发布后将在与 .fla 源文件同一目录中得到 SWF 动画和 Html 网页两个文件,如图 6-74 所示。

图 6-73 声音同步设置

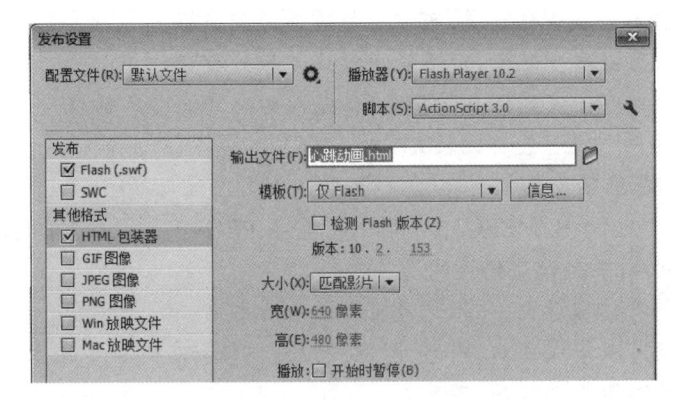

图 6-74 "发布设置"对话框

三、实验分析及知识拓展

(1) Flash 是矢量图形编辑和动画创作的软件,利用 Flash 可以创作集成性和交互性强的动画作品。其强大的动画表现力和存储文件数据量小的特性,已令其成为制作医学动画的优选软件工具。

(2) Flash 中导入素材到库与导入到舞台的区别在于:"导入到库"是把素材引入到 Flash 文件中,但没有将其使用在舞台上;"导入到舞台"表示将素材引入到 Flash 文件中,并且已经在舞台上使用。即导入到舞台相当于导入到库并从库中拖放到舞台上。

(3) 实验中既可以选择"创建传统补间",也可以选择"创建补间动画",二者的区别在于:传统补间动画先在时间轴上的不同时间点定好关键帧,然后在关键帧之间选择传统补间,动画就形成了,动画的实现基于点对点平移,需要利用运动引导层来实现传统补间动画图层(被引导层)中对象按指定轨迹运动的动画;补间动画只需首关键帧即可,对首关键帧应用补间动画,补间动画的路径可以直接显示在舞台上。一般做 Flash 项目,选用传统补间比较多,而且传统补间比补间动画产生的数据量小,更易于加载、传播。

综合练习

一、单项选择题

1. 多媒体技术的特点不包括_____。

A. 多样性　　　　　B. 集成性　　　　　C. 持续性　　　　　D. 实时性

2. 多媒体信息不包括_____。

A. 音频、视频　B. 动画、影像　　　C. 声卡、光盘　　　D. 文字、图像

3. 多媒体计算机系统的两大组成部分是_____。

A. 多媒体外部设备和多媒体主机

B. 音箱和声卡

C. 多媒体输入设备和多媒体输出设备

D. 多媒体计算机硬件系统和多媒体计算机软件系统

4. 下列不属于多媒体输入设备的是_____。

A. 鼠标　　　　　　B. 数码相机　　　　C. 键盘　　　　　　D. 调制解调器

5. 下列说法正确的是_____。

A. 无损压缩法不会减少信息量，可以原样恢复原始数据

B. 无损压缩法可以减少冗余，但不能原样恢复原始数据

C. 无损压缩法也有一定的信息量损失，但是人的感官觉察不到

D. 无损压缩的压缩比一般都比较大

6. 动态图像压缩标准不包括_____。

A. H.263　　　　　B. MPEG-1　　　　C. MPEG-2　　　　D. JPEG

7. 对于电子出版物，下列说法错误的是_____。

A. 电子出版物存储容量大，一张光盘可存储几百本书

B. 电子出版物可以集成文本、图形、图像、动画、视频和音频等多媒体信息

C. 电子出版物不能长期保存

D. 电子出版物检索快

8. 下列_____是 Photoshop 图像最基本的组成单元。

A. 节点　　　　　　B. 色彩　　　　　　C. 像素　　　　　　D. 路径

9. 色彩深度是指在一个图像中_____的数量。

A. 颜色　　　　　　B. 饱和度　　　　　C. 亮度　　　　　　D. 灰度

10. 使用钢笔工具可以绘制的最简单的线条是_____。

A. 直线　　　　　　B. 曲线　　　　　　C. 锚点　　　　　　D. 像素

11. Alpha 通道最主要的用途是_____。

A. 保存图像色彩信息　　　　　　　　B. 创建新通道

C. 存储和建立选择范围　　　　　　　D. 是为路径提供的通道

12. 图像分辨率的单位是_____。

A. dpi　　　　　　　B. ppi　　　　　　　C. lpi　　　　　　　D. pixel

13. 将位图与矢量图进行比较，可以看出_____。

A. 位图比矢量图占用空间更少

B. 位图与矢量图占用空间相同

C. 矢量图占用存储空间的大小取决于图像的复杂性

D. 位图放大后，细节仍然精细

14. 若要进入快速蒙版状态，应该_____。

A. 建立一个选区　　　　　　　　　　B. 选择一个 Alpha 通道

C. 单击工具箱中的快速蒙版图标　　　D. 选择"编辑"→"快速蒙版"命令

15. 在打开的图像窗口的名称栏部分不会显示下列_____信息。
    A. 图像文件的名称　　　　　　　B. 图像当前显示大小的百分比
    C. 图像的色彩模式和通道数量　　D. 图像当前选中的图层名称
16. 下列工具可以选择连续的相似颜色的区域的是_____。
    A. 矩形选框工具　　B. 椭圆选框工具　　C. 魔棒工具　　D. 磁性套索工具
17. 图像文件所占存储空间与以下_____无关。
    A. 图像分辨　　B. 颜色深度　　C. 显示分辨率　　D. 压缩比
18. Windows 中使用录音机录制的声音格式是_____。
    A. MIDI　　B. WAV　　C. MP3　　D. MOD
19. _____文件是 Windows 所使用的标准数字音频文件
    A. WAV　　B. VOC　　C. MIDI　　D. PCM
20. 通常我们所说的声音的音调高低是指_____。
    A. 声音信号变化频率的快慢　　B. 声音的振幅大小
    C. 泛音的多少　　　　　　　　D. 声音的响亮程度
21. 在数字音频回放时,需要用_____还原。
    A. 数字编码器　　　　　　　　　　　　B. 数字解码器
    C. 模拟到数字的转换器(A/D 转换器)　　D. 数字到模拟的转换器(D/A 转换器)
22. 音频和视频信息在计算机内是以_____表示的。
    A. 模拟信息　　B. 数字信息　　C. 模拟或数字信息　　D. 某种转换公式
23. MIDI 文件中记录的是_____。
    A. 乐谱　　　　　　　　　　　B. 波形采样
    C. 声道　　　　　　　　　　　D. MIDI 量化等级和采样频率
24. 下列采样频率中,_____是标准的采样频率。
    A. 20 kHz　　B. 22.05 kHz　　C. 200 Hz　　D. 48 kHz
25. 人的视觉和听觉器官分辨能力有限,将人不能分辨的那部分数据去掉,就达到了数据压缩的目的,这称为_____。
    A. 无损压缩　　B. 有损压缩　　C. 冗余数据压缩　　D. 都不对
26. 常见的网络视频格式不包括_____。
    A. MOV　　B. RM　　C. ASF　　D. PNG
27. _____泛指数字音乐的国际标准。
    A. WAV　　B. VOC　　C. MIDI　　D. MOD
28. 根据人眼的视觉暂留特性,如果要让人的眼睛看到连续的动画,画面刷新频率理论上应该达到_____。
    A. 5 帧/秒　　B. 24 帧/秒　　C. 10 帧/秒　　D. 12 帧/秒
29. 下列名词中不是 Flash 专业术语的是_____。
    A. 关键帧　　B. 引导层　　C. 遮罩层　　D. 交互图标
30. Flash 是一款_____制作软件。
    A. 图像　　B. 矢量图形　　C. 矢量动画　　D. 非线性编辑

二、多项选择题

1. MPEG-1 动态图像压缩标准包括_____三个部分。

A. MPEG 视频　　　B. MPEG 音频　　　C. MPEG 动画　　　D. MPEG 系统

2. 把一台普通的计算机变成多媒体计算机要解决的关键技术是_____。
   A. 视频音频信号的获取　　　　　　B. 多媒体数据编码和解码技术
   C. 视频音频数据的实时处理和特技　D. 视频音频数据的输出技术

3. 多媒体创作工具的作用有_____。
   A. 简化多媒体创作过程
   B. 降低对多媒体创作者的要求，创作者不再需要了解多媒体程序的各个细节
   C. 比用多媒体程序设计的效果更强
   D. 需要创作者懂得较多的多媒体程序设计知识

4. 下列选项属于规则选择工具的是_____。
   A. 矩形工具　　　B. 椭圆形工具　　　C. 魔术棒工具　　　D. 套索工具

5. 路径是由_____组成的。
   A. 直线　　　B. 曲线　　　C. 锚点　　　D. 像素

6. 下列色彩模式的图像包含 256 种颜色的是_____。
   A. RGB 模式　　　B. Lab 模式　　　C. 灰度模式　　　D. 索引颜色模式

7. 关于图像的颜色模式，以下说法中正确的是_____。
   A. 不同的颜色模式所能表现的色域范围不同
   B. 从 CMYK 模式到 RGB 模式的转换过程中会损失色彩信息
   C. 双色调模式图像中包含两个原色通道
   D. 索引色模式的图像中最多可以有 256 种颜色

8. 对于文字图层中的文字信息，可以进行修改和编辑的是_____。
   A. 文字颜色
   B. 文字内容，如加字或减字
   C. 文字大小
   D. 将文字图层转换为像素图层后可以改变文字的排列方式

9. 下列关于 dpi 的叙述不正确的是_____。
   A. 每英寸的 bit 数　　　　　　B. 每英寸像素点
   C. dpi 越高图像质量越低　　　D. 描述分辨率的单位

10. 下列文件格式中，_____是视频文件格式。
    A. AVI　　　B. RAB　　　C. MPEG　　　D. MOV

11. 下列各组应用不属于虚拟现实的应用的是_____。
    A. 辅助教学　　　B. 远程医疗　　　C. 电子邮件　　　D. 康复医疗

12. 视频采集卡能支持多种视频源输入，下列_____是视频采集卡支持的视频源。
    A. 放像机　　　B. 摄像机　　　C. 影碟机　　　D. CD-ROM

13. 下列采样频率中，_____是目前音频卡所支持的。
    A. 44.1 kHz　　　B. 22.05 kHz　　　C. 100 kHz　　　D. 50 kHz

14. Flash 中，帧的类型有_____。
    A. 关键帧　　　B. 空白帧　　　C. 过渡帧　　　D. 空白关键帧

15. 以下文件格式中，不是动画格式的是_____。
    A. BMP 格式　　　B. FLA 格式　　　C. JPEG 格式　　　D. SWF 格式

三、判断题

1. 多媒体数据的特点是数据量巨大、数据类型少、数据类型间区别大和输入输出复杂。（   ）
2. 多媒体系统是指将多种媒体进行有机组合而成的一种新的媒体应用系统。（   ）
3. 视频捕捉卡又称为视频采集卡，是当前多媒体计算机不可缺少的部件。（   ）
4. 数字化后的视频和音频等多媒体信息数据量巨大，不利于存储和传输，所以要以压缩的方式存储和传输数字化的多媒体信息。（   ）
5. 多媒体的同步功能就是解决声、图、文等多种感觉媒体信息的综合处理，协调多媒体在时空上的同步问题。（   ）
6. 视频会议系统是一种集中式的多媒体应用软件系统。（   ）
7. 图像都是由一些排成行列的像素组成的，通常称位图或点阵图。（   ）
8. 图形是用计算机绘制的画面，也称矢量图。（   ）
9. Photoshop 生成的文件默认的文件格式扩展名为 .psd。（   ）
10. 矢量图形是由一组指令组成的。（   ）
11. 位图可以用"画图"程序获得。（   ）
12. 对于位图来说，采用 1 位位图时每个像素可以有黑白两种颜色，而用 2 位位图时每个像素则可以有 5 种颜色。（   ）
13. 在相同的条件下，位图所占的空间比矢量图小。（   ）
14. 计算机中的图像主要分为矢量图和位图，而 Photoshop 中绘制的是矢量图。（   ）
15. HSB 色彩模式中的 S 是指饱和度。（   ）
16. 图形文件中只记录生成图的算法和图上的某些特征点，数据量较小。（   ）
17. Windows 自带的"录音机"工具可以进行任意长度时间的录音。（   ）
18. 声音的三要素是采样、量化和编码。（   ）
19. 声音是通过一定介质（如空气、水等）传播的一种连续的波。（   ）
20. 采样是把时间上连续的信号变成在时间上不连续的信号序列，通常由 A/D 来实现，其目的是使连续的模拟信号变成离散信号。（   ）
21. Flash 动画可以逐帧制作，也可以只制作其中的一些关键帧，中间的过渡帧由计算机自动生成。（   ）
22. Flash 库中的元件可以重复利用，但文件容量会随着重复使用次数的增加而等量增加。（   ）
23. 时间轴由帧构成，不同的帧对应了不同的场景。（   ）
24. Flash 的遮罩动画中，被遮罩层上的对象可以透过遮罩层中的对象所挡住的部分显示出来，而没有挡住的部分则无法显示。（   ）

第 7 章

医学信息基础

实验一　医院信息系统

一、实验目的

了解以电子病历为核心的医院信息系统（HIS）。

二、实验任务及操作过程

以电子病历为核心的医院信息系统特点是以患者为中心，以电子病历为核心，以医嘱为主线，实现信息一体化、业务专科化、管理精细化、操作智能化（图7-1）。

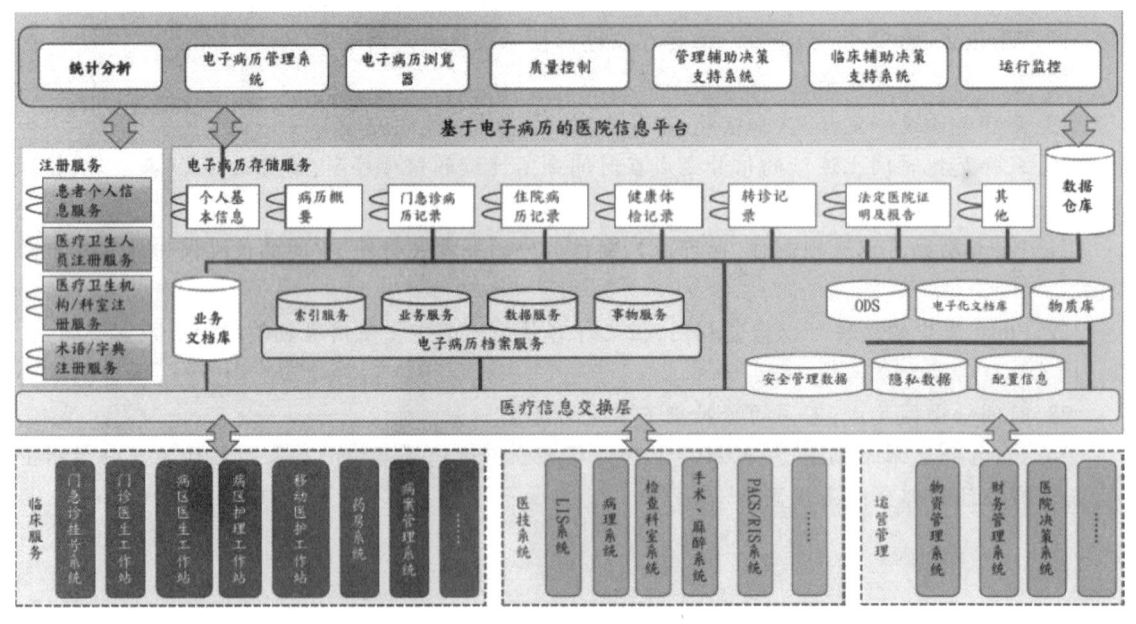

图7-1　以电子病历为核心的医院信息系统结构

系统由基于电子病历系统的医院集成平台的基本业务系统和综合运营管理系统构成。其中基本业务系统含基于临床数据中心的门诊、住院、医技、医护等子系统；综合运营管理系统含基于管理数据中心的行政、财务、后勤等职能子系统。

1. 系统软件架构（图7-2）

图7-2 系统构成

2. 系统的架构（图7-3）

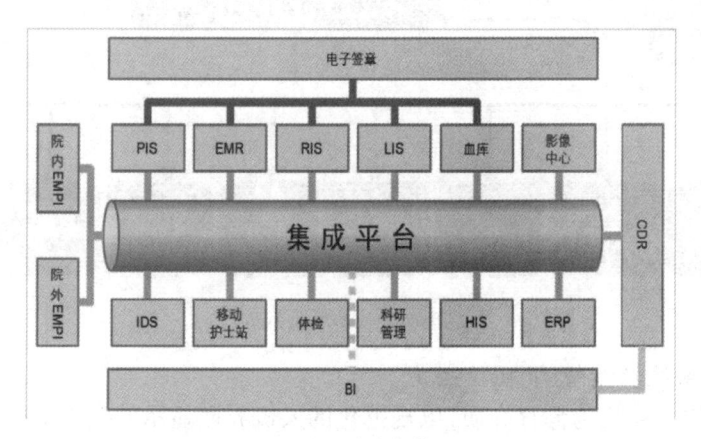

图7-3 系统架构

3. 系统主索引（图7-4）

HIS的每个业务系统都至少有一个主索引作为牵引，通常由两个以上主索引来带动整个业务过程的全程管控。医嘱执行这个业务就有两个主索引：一是需要对医嘱执行的对象（病人）建立主索引，通过病人主索引建立临床数据中心；二是医嘱本身需要建立主索引，通过医嘱主索引才能实现闭环的医嘱功能，实现对医嘱执行过程的全程管控。

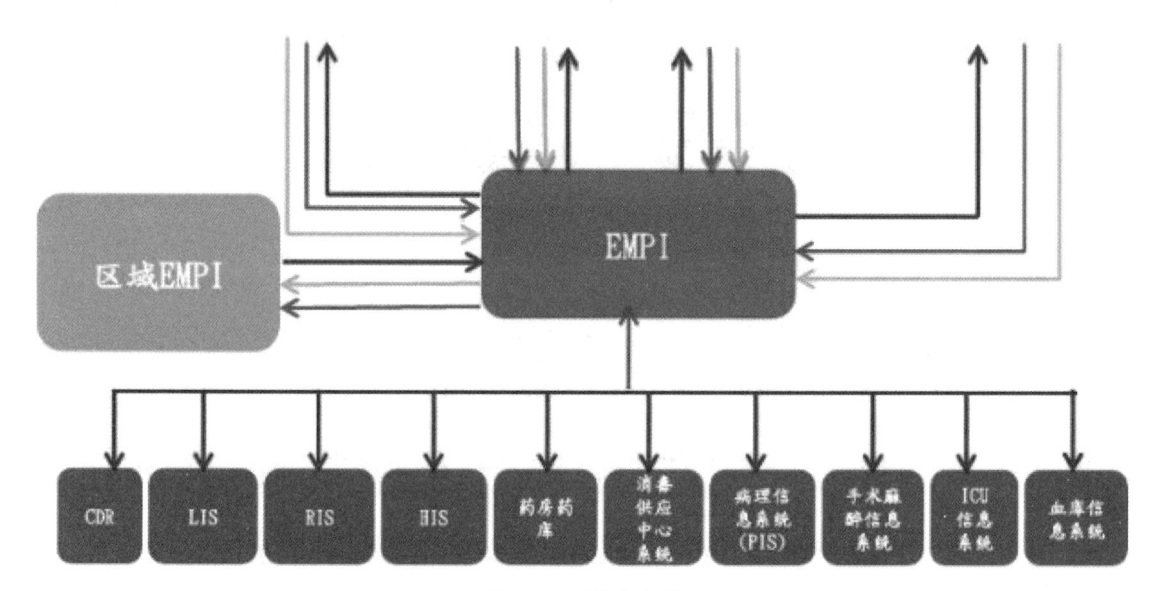

图 7-4　系统主索引

4. 电子病历系统功能架构（图 7-5）

电子病历是以计算机为储存介质，以规范化的人机界面显示的病人病历资料的集合是临床信息系统的核心，也是医疗、护理、医技各子系统共享的轴心，是医生、护士、医技及医务管理人员所面对的共同界面。

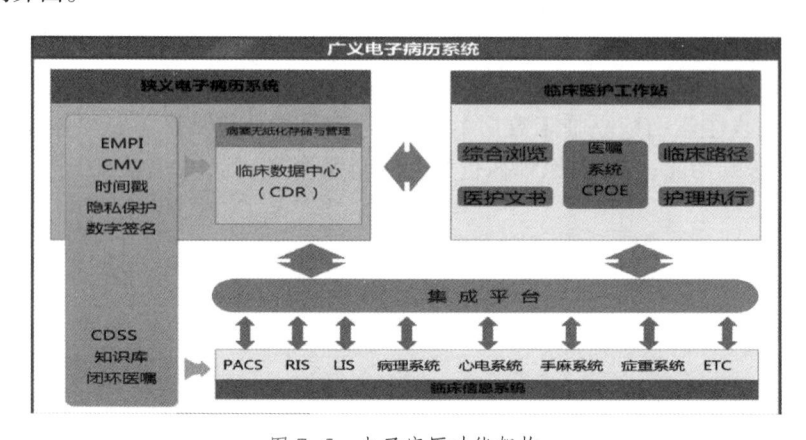

图 7-5　电子病历功能架构

5. 电子病历书写系统(图7-6)

住院病历书写系统和医嘱、检查检验整合为一体。

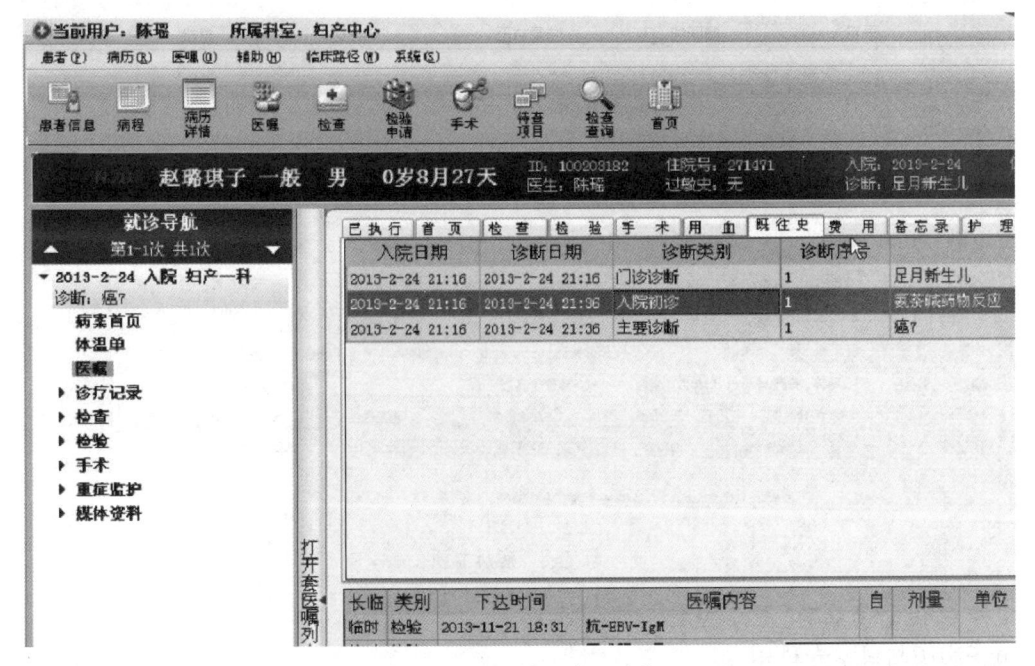

图7-6 电子病历书写系统

6. 病历信息集成(图7-7)

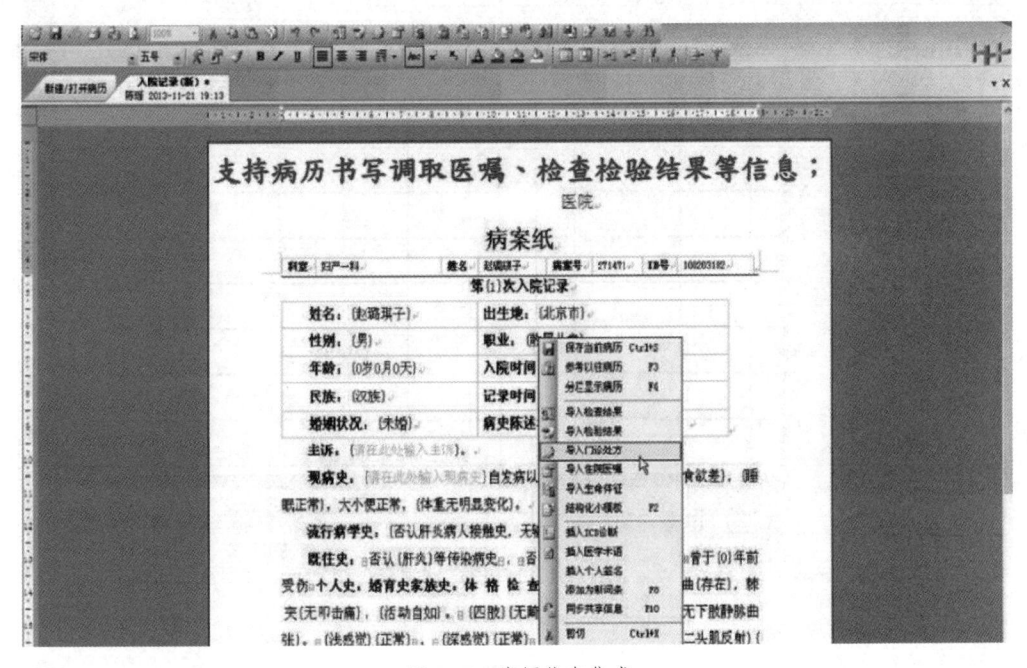

图7-7 病历信息集成

7. 病历首页（图 7-8）

首页信息一般自动提取信息并形成。

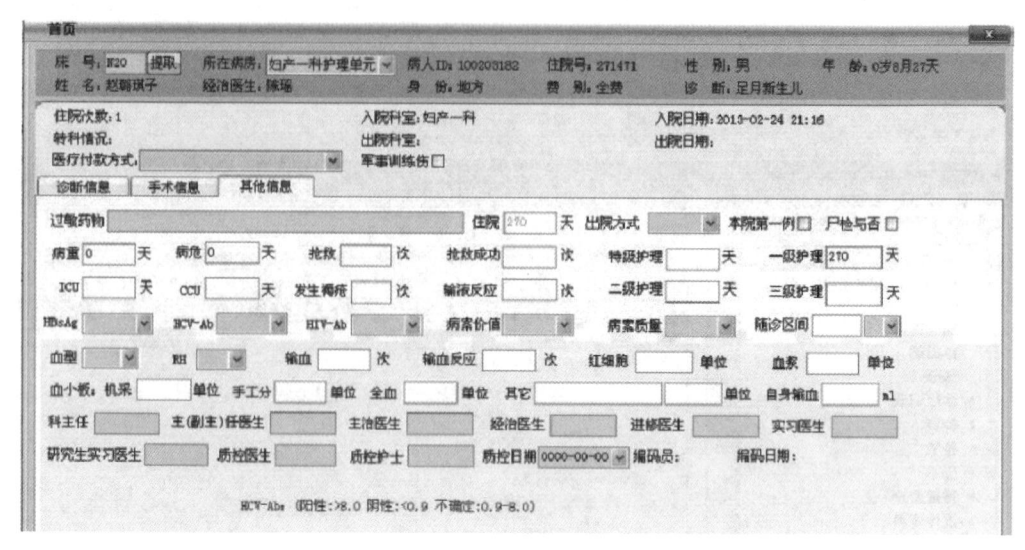

图 7-8　病历首页

8. 专科化电子病历（图 7-9）

电子病历与科室专科相关。

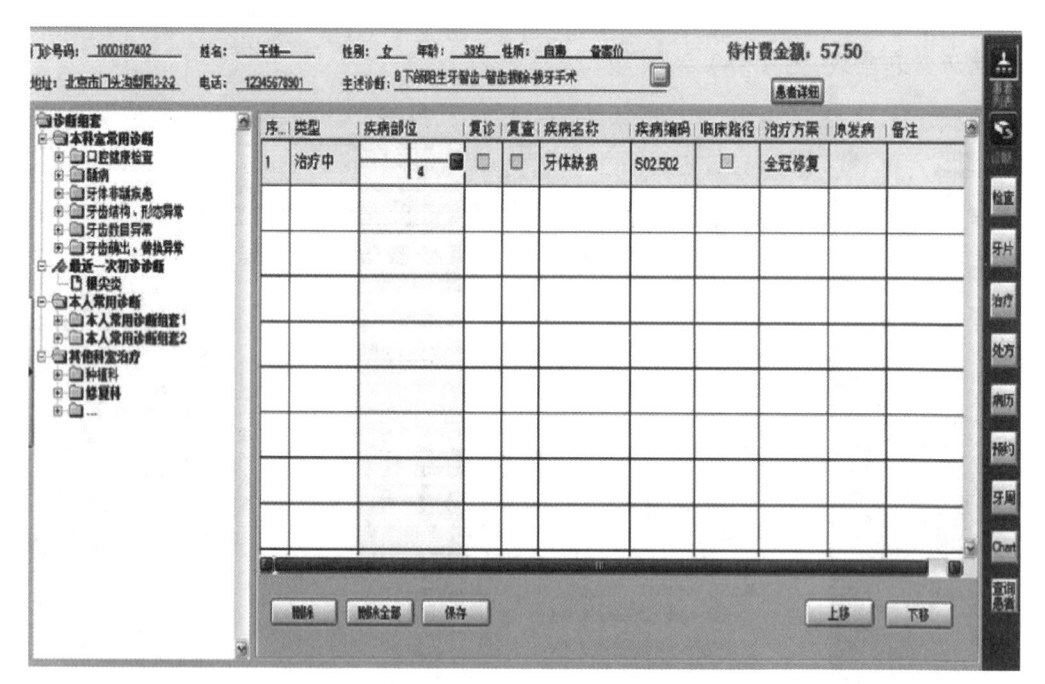

图 7-9　口腔科电力病历管理

9. 阅片

预览影像、检验等图片。阅片窗口如图 7-10 所示。

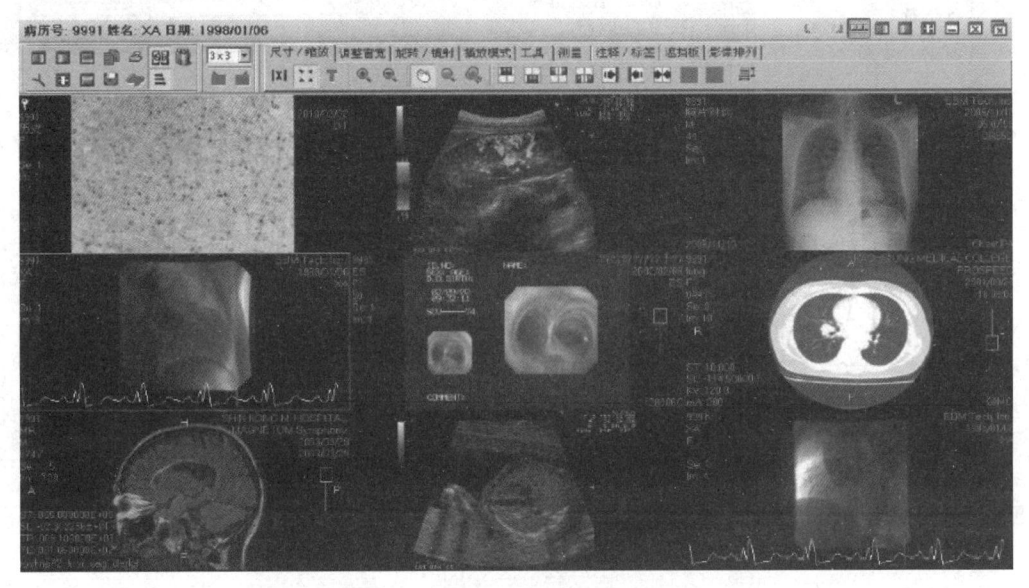

图 7-10 阅片窗口

10. 挂号子系统（图 7-11）

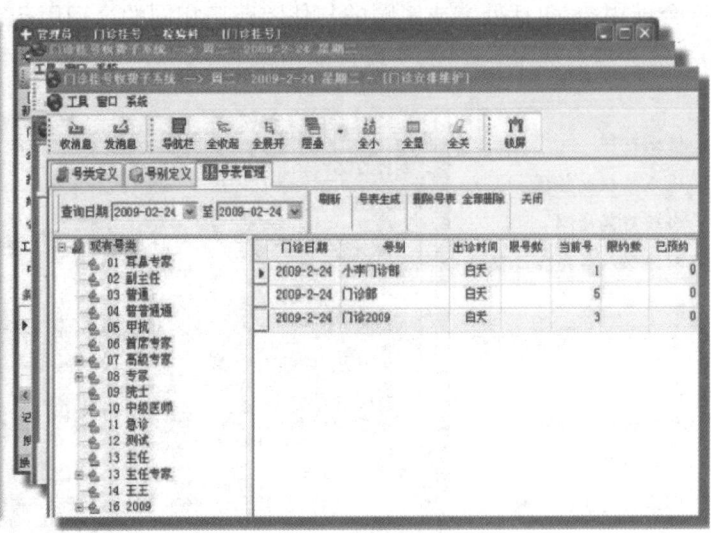

图 7-11 挂号子系统

11. 医生工作站（图7-12）

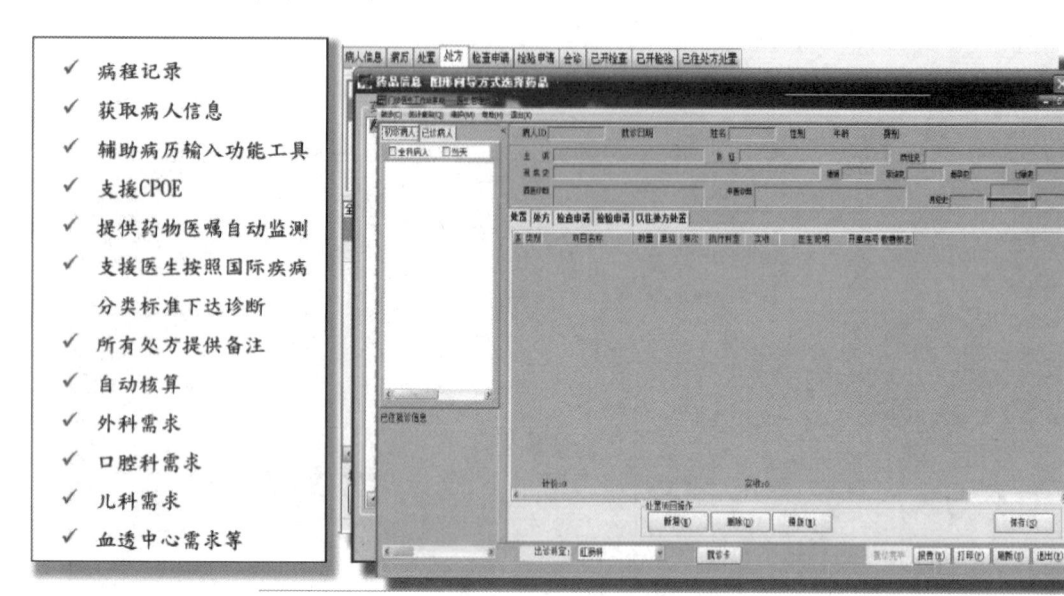

- ✓ 病程记录
- ✓ 获取病人信息
- ✓ 辅助病历输入功能工具
- ✓ 支援CPOE
- ✓ 提供药物医嘱自动监测
- ✓ 支援医生按照国际疾病分类标准下达诊断
- ✓ 所有处方提供备注
- ✓ 自动核算
- ✓ 外科需求
- ✓ 口腔科需求
- ✓ 儿科需求
- ✓ 血透中心需求等

图7-12 医生工作站

12. 药房子系统（图7-13）

门诊药房子系统用于门（急）诊药房药品配发管理，其主要任务是药品配发过程管理以及辅助临床合理用药，包括处方或医嘱的与住院药房相同的合理用药审查、药物信息咨询、用药咨询等，与物资管理系统无缝连接，实现自动扣库工作。

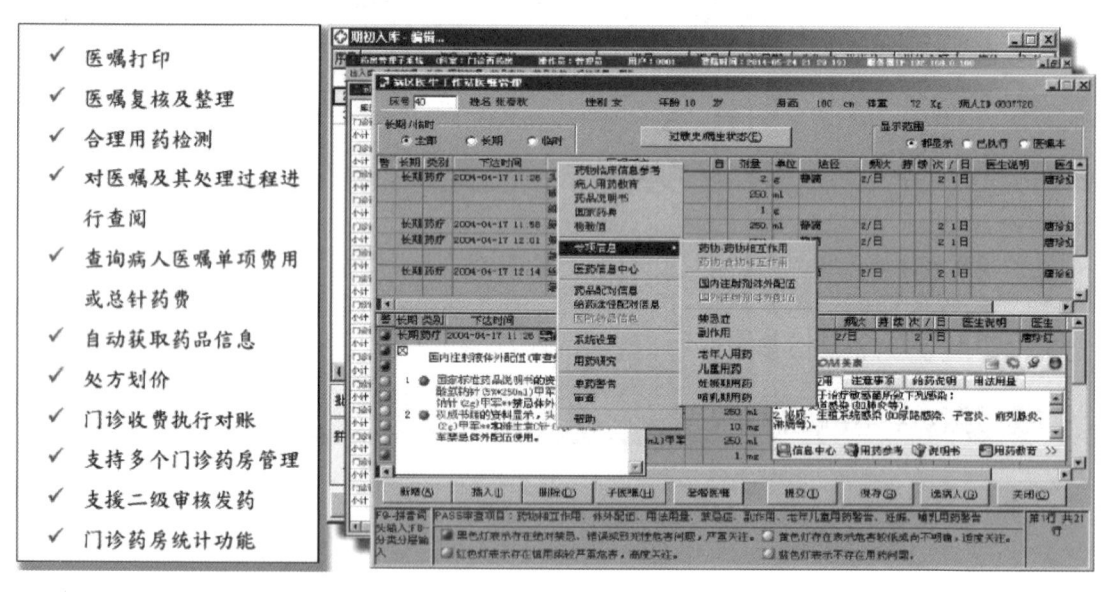

- ✓ 医嘱打印
- ✓ 医嘱复核及整理
- ✓ 合理用药检测
- ✓ 对医嘱及其处理过程进行查阅
- ✓ 查询病人医嘱单项费用或总针药费
- ✓ 自动获取药品信息
- ✓ 处方划价
- ✓ 门诊收费执行对账
- ✓ 支持多个门诊药房管理
- ✓ 支援二级审核发药
- ✓ 门诊药房统计功能

图7-13 药房子系统

13. 护理工作站（图7-14）

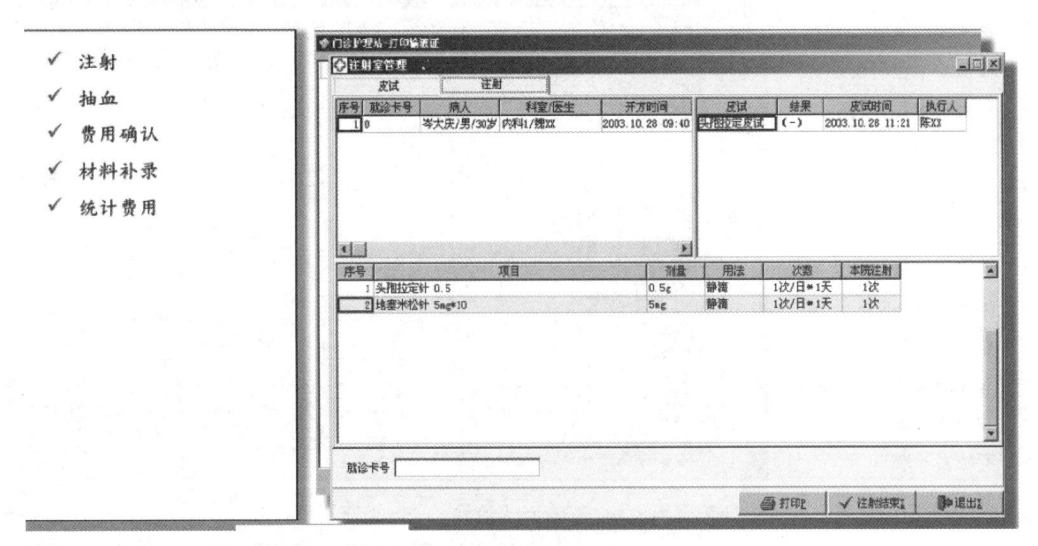

护理工作站用于帮病人做注射、护理治疗。医生根据病人的病情开出处方，之后药房收到医生开出的处方。药房收到医生开的处方后，进行审药和发药操作。

✓ 注射
✓ 抽血
✓ 费用确认
✓ 材料补录
✓ 统计费用

图7-14 护理工作站

14. 医学影像工作站（图7-15）

医学影像工作站医学影像的采集、诊断，提供操作界面。

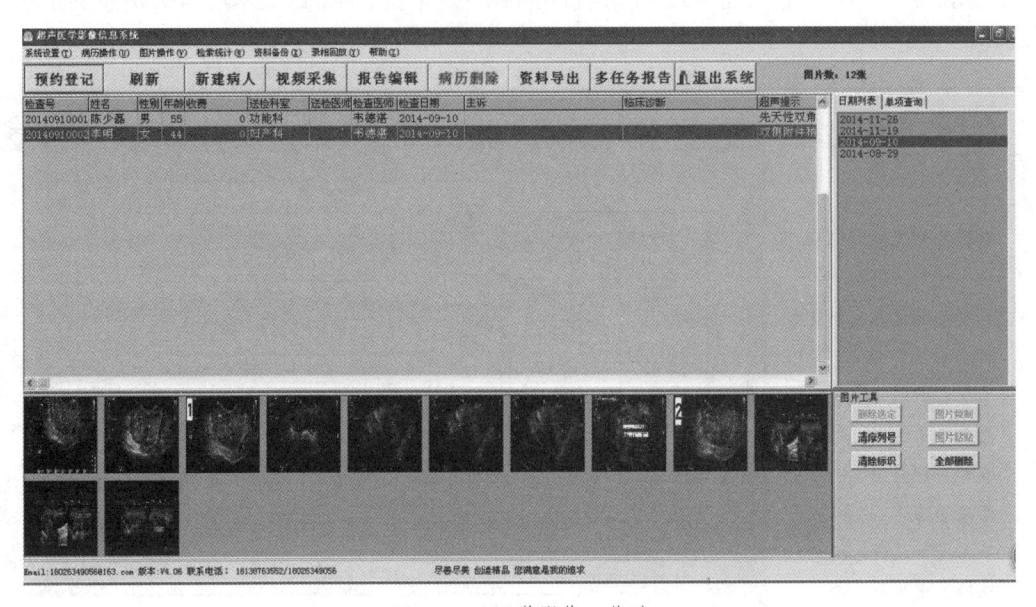

图7-15 医学影像工作站

15. 医学检验子系统(图 7-16)

医院检验科提供血液学、血库、生物化学、免疫学、微生物学和分子生物学等范畴检验服务。

- ✓ 基本检验模块
- ✓ 检验质量控制模块
- ✓ 微生物专业检验
- ✓ 酶免专业检验
- ✓ 细胞形态学及镜检
- ✓ 主任统计管理模块
- ✓ 仪器通讯接口
- ✓ 试剂管理系统
- ✓ 危急值报警提示
- ✓ 系统安全性及应急处理
- ✓ 安全通报管理
- ✓ 实验室管理

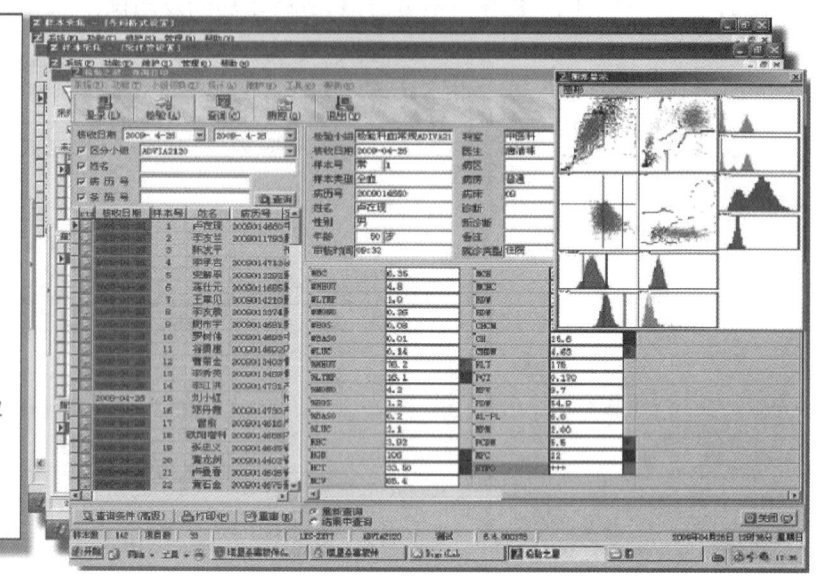

图 7-16 医学检验子系统

16. 手术麻醉子系统(图 7-17)

手术麻醉子系统用于住院病人手术与麻醉的申请、审批、安排以及术后有关信息的记录和跟踪等功能。

- ✓ 手术前、中、后
- ✓ 各类统计报表
- ✓ 手术排班
- ✓ 麻醉计划及核对记录
- ✓ 手术通知及进程提示
- ✓ 术中麻醉信息采集及报告
- ✓ 术中麻醉记录
- ✓ 手术费用管理
- ✓ 麻醉质控管理
- ✓ 疼痛管理
- ✓ 手术通知及进程提示
- ✓ 麻醉病案统计检索
- ✓ 手术安全管理

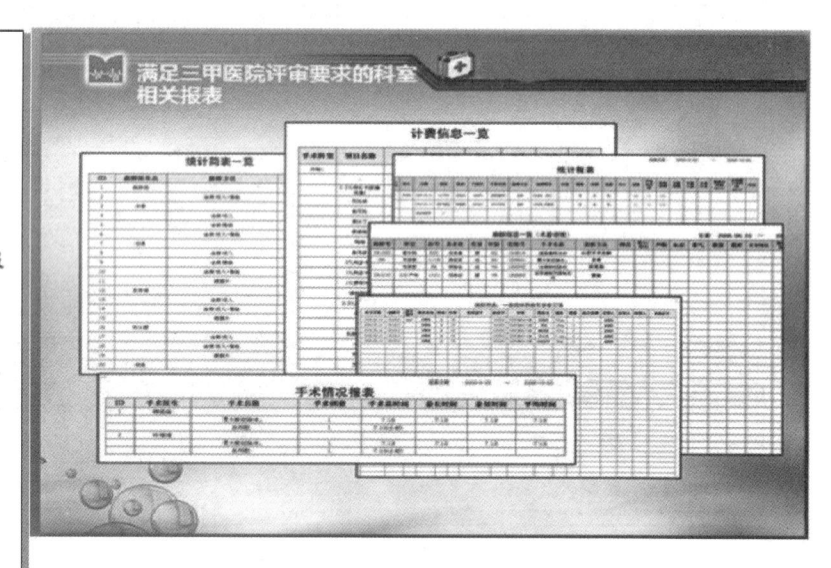

图 7-17 麻醉子系统

17. DIAS 子系统（图 7-18）

DIAS 子系统将纸面医学文件转化（扫描）为电子文件图像并进行储存和管理。

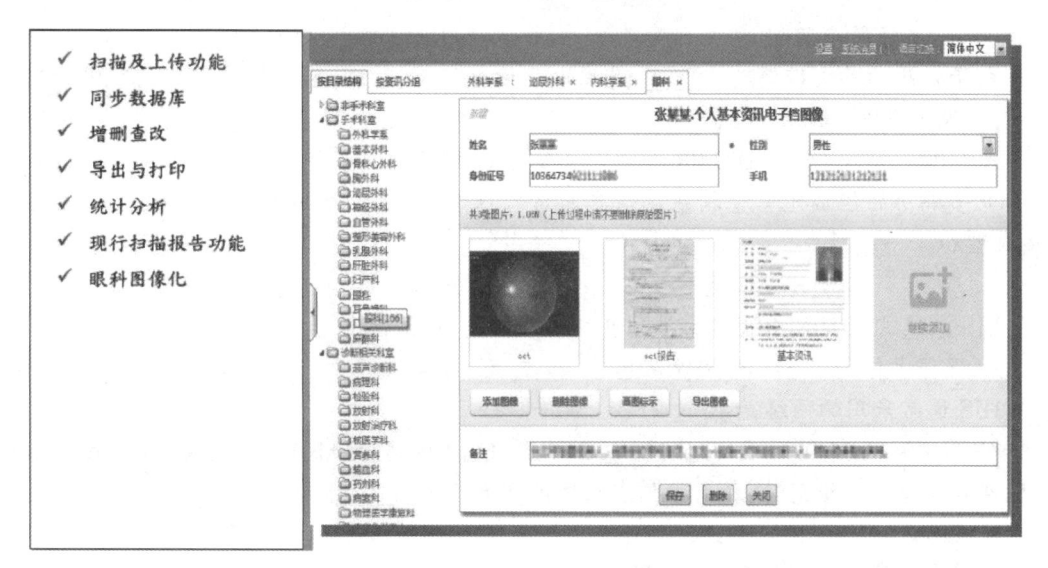

- ✓ 扫描及上传功能
- ✓ 同步数据库
- ✓ 增删查改
- ✓ 导出与打印
- ✓ 统计分析
- ✓ 现行扫描报告功能
- ✓ 眼科图像化

图 7-18　DIAS 子系统

18. 远程医疗系统（图 7-19）

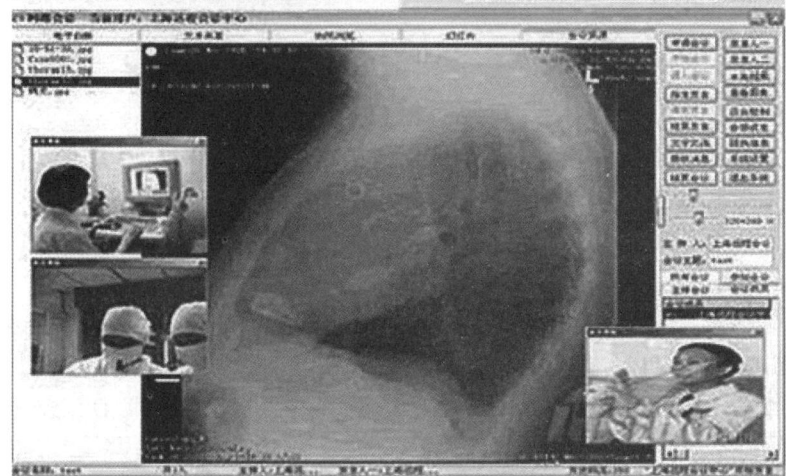

远程医疗系统主要包括远程诊断、专家会诊。

图 7-19　远程医疗系统

综合练习

一、单项选择题

1. 电子病历的英文缩写为_____,是用电子设备保存、管理、传输和重现的数字化的病人医疗记录,取代手写纸张病历。
   A. HPR　　　　　B. EPR　　　　　C. EHR　　　　　D. PIVR

2. 电子病历的组成元素包括基础信息与诊疗信息,其从信息的表现形式上,可以分为文字型、图表型和_____型。
   A. 声音　　　　　B. 影像　　　　　C. 图像　　　　　D. 视频

3. LIS 系统需从 HIS 中获取的信息包括病人信息、申请信息与_____。
   A. 医保卡信息　　B. 收费信息　　　C. 医嘱信息　　　D. 标本信息

4. HIS 通常采用的网络是_____。
   A. 局域网(LAN)　B. 广域网(WAN)　C. 城域网(MAN)　D. 互联网(Internet)

5. 在临床信息系统范畴,放射学信息系统通常表达为_____。
   A. CIS　　　　　B. LIS　　　　　C. RIS　　　　　D. HIS

6. 医学影像诊断过程包含在 PACS 的_____中。
   A. 影像采集系统　　　　　　　　　B. 影像存储管理系统
   C. 影像拷贝输出系统　　　　　　　D. 影像工作站系统

7. 下列有关国家公共卫生信息系统基础网络建设的说法完整、正确的是_____。
   A. 国家公共卫生信息系统网络建设是一个十分巨大的工程,纵向连接国家、省、地(市)、县(区)四级
   B. 建立省级公共卫生信息网络平台,作为公共卫生信息系统的骨干网络
   C. 国家公共卫生信息系统网络横向连接各级卫生行政部门、各级医疗卫生机构
   D. 省级卫生行政部门,医疗、预防、卫生监督机构依托国家公用数据网接入三级公共卫生信息网络平台,形成国家和区域公共卫生信息虚拟专网

二、多项选择题

1. 信息系统包含_____。
   A. 信息处理系统　B. 数据采集系统　C. 信息传输系统　D. 信息分析系统

2. 医学信息学是一门交叉学科,_____。
   A. 供体学科是计算机科学　　　　　B. 供体科学是医学科学
   C. 受体学科是计算机科学　　　　　D. 受体科学是医学科学

3. HIS 与 CIS 相互区别,下列各项属于 CIS 特点的是_____。
   A. 以医院为中心　　　　　　　　　B. 以病人为中心
   C. 主要数据为人流、物流、财流数据　D. 主要数据为病人医疗数据

4. 按照数据来源分类,医学信息数据可分为_____。
   A. 临床型　　　　B. 护理型　　　　C. 社会型　　　　D. 科研型

5. 电子病历的真实性主要体现在_____。
   A. 随机性　　　　B. 真实性　　　　C. 不可篡改型　　D. 全面性

6. 国际上和 PACS 有关的行业标准主要是_____。
   A. ICD　　　　　B. CCD　　　　　C. DICOM　　　　D. HL7

7. 我国已建成的与医学有关的计算机网络包括_____。
   A. 金关工程　　　　B. 金卫工程　　　　C. 金药工程　　　　D. 金贸工程
8. 关于检验系统与医院信息系统的接口与分工，以下说法正确的是_____。
   A. 医院信息系统不能修改检验系统的任何数据
   B. 检验系统能接收医院信息系统的任何数据
   C. 检验系统不能修改医院信息系统的任何数据
   D. 两个系统中任何一个的相关数据发生变化都能立即反映到另一个系统中
9. 关于DICOM标准，以下说法正确的是_____。
   A. 它是医学图像格式的标准，也是医学图像通信的标准
   B. 它是医学图像及其相关信息通信的标准
   C. 它是医学图像通信的标准，但不是医学图像格式的标准
   D. 它是医学图像格式的标准，但不是医学图像通信的标准
10. 电子病历系统的发展趋势主要包括_____。
    A. 更加人性化　　B. 更加标准化　　C. 区域一体化　　D. 更加系统化

三、判断题

1. 以病人为中心的HIS的核心是CIS。　　　　　　　　　　　　　　　　　　（　　）
2. 中文文字和符号分全角和半角，体现在电子病历中数字一般应输入全角。　（　　）
3. EMR的全称是Electronic Medical Record，EMR系统包括门(急)诊EMR和住院EMR。
　　　　　　　　　　　　　　　　　　　　　　　　　　　　　　　　　　（　　）
4. 远程医疗是指以计算机技术、遥感、遥测、遥控技术为依托，充分发挥大医院或专科医疗中心的医疗技术和医疗设备优势，对医疗条件较差的边远地区、海岛或舰船上的伤病员进行远距离诊断、治疗和咨询。　　　　　　　　　　　　　　　　　　　　　　　　　（　　）
5. HIS的研究对象是信息技术以及信息技术与管理业务的结合，主要的应用对象包括医院，医院内从事管理、医疗、医技等的各方面人员，HIS狭义上包括两个方面，一是HMIS，另一个是DBS。　　　　　　　　　　　　　　　　　　　　　　　　　　　　　　　　（　　）

附录 ASCII 码表

表1　7位 ASCII 码表完整版

ASCII值	字符	ASCII值	字符	ASCII值	字符	ASCII值	字符	ASCII值	字符	ASCII值	字符	ASCII值	字符	ASCII值	字符
0	NUL	16	DLE	32	(space)	48	0	64	@	80	P	96	`	112	p
1	SOH	17	DC1	33	!	49	1	65	A	81	Q	97	a	113	q
2	STX	18	DC2	34	"	50	2	66	B	82	R	98	b	114	r
3	ETX	19	DC3	35	#	51	3	67	C	83	X	99	c	115	s
4	EOT	20	DC4	36	$	52	4	68	D	84	T	100	d	116	t
5	ENQ	21	NAK	37	%	53	5	69	E	85	U	101	e	117	u
6	ACK	22	SYN	38	&	54	6	70	F	86	V	102	f	118	v
7	BEL	23	ETB	39	,	55	7	71	G	87	W	103	g	119	w
8	BS	24	CAN	40	(	56	8	72	H	88	X	104	h	120	x
9	HT	25	EM	41	)	57	9	73	I	89	Y	105	i	121	y
10	LF	26	SUB	42	*	58	:	74	J	90	Z	106	j	122	z
11	VT	27	ESC	43	+	59	;	75	K	91	[	107	k	123	{
12	FF	28	FS	44	,	60	<	76	L	92	/	108	l	124	|
13	CR	29	GS	45	−	61	=	77	M	93	]	109	m	125	}
14	SO	30	RS	46	.	62	>	78	N	94	^	110	n	126	~
15	SI	31	US	47	/	63	?	79	O	95	—	111	o	127	DEL

表2　ASCII 码表基本控制字符说明

NUL	空	VT	垂直制表	SYN	空转同步
SOH	标题开始	FF	走纸控制	ETB	信息组传送结束
STX	正文开始	CR	回车	CAN	作废
ETX	正文结束	SO	移位输出	EM	纸尽
EOT	传输结束	SI	移位输入	SUB	换置
ENQ	询问字符	DLE	空格	ESC	换码
ACK	承认	DC1	设备控制1	FS	文字分隔符
BEL	报警	DC2	设备控制2	GS	组分隔符
BS	退一格	DC3	设备控制3	RS	记录分隔符
HT	横向列表	DC4	设备控制4	US	单元分隔符
LF	换行	NAK	否定	DEL	删除